国家科学技术学术著作出版基金资助出版

"十三五"国家重点出版物出版规划项目

"中国海岸带研究"丛书

渤海及海岸环境与生态系统演变

骆永明 等 著

科学出版社
龙门书局
北京

内 容 简 介

本书主要是中国科学院战略性先导科技专项（A 类）"热带西太平洋海洋系统物质能量交换及其影响"之专题任务"外海和陆源输入对渤海生态环境的影响"研究的系统性成果。本书系统介绍了渤海水文学、化学、生物学方面的最新研究进展，估算了渤海海峡水交换通量、渤海周边河流中生源要素和污染物的入海通量及大气颗粒物的沉降通量，建立了渤海陆源和外海输入物质的同位素及环境磁学识别方法，揭示了渤海海域及海峡微生物、微微型浮游生物、浮游植物群落的结构及时空分布特征，探讨了黄海暖流和营养盐对渤海生态环境变化的影响，为认识高强度人类活动及气候变化影响下半封闭浅海生态环境的演变、利用、保护和治理提供了基础数据与科学依据。

本书可作为国家和地方海岸带生态环境保护部门的重要参考资料，也可供海洋、海岸、环境、生物、生态、管理等学科领域的科研、教学及管理人员参考。

图书在版编目(CIP)数据

渤海及海岸环境与生态系统演变 / 骆永明等著. —北京：科学出版社，2020.6

（中国海岸带研究丛书）

ISBN 978-7-03-063592-1

Ⅰ. ①渤… Ⅱ. ①骆… Ⅲ. ①渤海-海岸-区域生态环境-研究

Ⅳ. ①X321.220.2

中国版本图书馆CIP数据核字(2020)第079367号

责任编辑：朱 瑾 习慧丽 / 责任校对：郑金红
责任印制：赵 博 / 封面设计：图阅盛世

科学出版社
龙门书局 出版

北京东黄城根北街16号
邮政编码：100717
http://www.sciencep.com

涿州市般润文化传播有限公司印刷
科学出版社发行 各地新华书店经销

*

2020年6月第 一 版 开本：720×1000 1/16
2025年1月第二次印刷 印张：19 1/4
字数：400 000

定价：208.00 元
（如有印装质量问题，我社负责调换）

丛 书 序

　　海岸带是地球表层动态而复杂的陆-海过渡带，具有独特的陆、海属性，承受着强烈的陆海相互作用。广义上，海岸带是以海岸线为基准向海、陆两个方向辐射延伸的广阔地带，包括沿海平原、滨海湿地、河口三角洲、潮间带、水下岸坡、浅海大陆架等。海岸带也是人口密集、交通频繁、文化繁荣和经济发达的地区，因而其又是人文-自然复合的社会-生态系统。全球有40余万千米海岸线，一半以上的人口生活在沿海60千米的范围内，人口在250万以上的城市有2/3位于海岸带的潮汐河口附近。我国大陆及海岛海岸线总长约为3.2万千米，跨越热带、亚热带、温带三大气候带；11个沿海省（区、市）的面积约占全国陆地国土面积的13%，集中了全国50%以上的大城市、40%的中小城市、42%的人口和60%以上的国内生产总值，新兴海洋经济还在快速增长。21世纪以来，我国在沿海地区部署了近20个战略性国家发展规划，现在的海岸带既是国家经济发展的支柱区域，又是区域社会发展的"黄金地带"。在国家"一带一路"倡议和生态文明建设战略部署下，海岸带作为第一海洋经济区，成为拉动我国经济社会发展的新引擎。

　　然而，随着人类高强度的活动和气候变化，我国乃至世界海岸带面临着自然岸线缩短、泥沙输入减少、营养盐增加、污染加剧、海平面上升、强风暴潮增多、围填海频发和渔业资源萎缩等严重问题，越来越多的海岸带生态系统产品和服务呈现不可持续的趋势，甚至出现生态、环境灾害。海岸带已是自然生态环境与经济社会可持续发展的关键带。

　　海岸带既是深受相连陆地作用的海洋部分，又是深受相连海洋作用的陆地部分。海岸动力学、海域空间规划和海岸管理等已超越传统地理学的范畴，海岸工程、海岸土地利用规划与管理、海岸水文生态、海岸社会学和海岸文化等也已超越传统海洋学的范畴。当今人类社会急需深入认识海岸带结构、组成、性质及功能，以及陆海相互作用过程、机制、效应及其与人类活动和气候变化的关系，创新工程技术和管理政策，发展海岸科学，支持可持续发展。目前，如何通过科学创新和技术发明，更好地认识、预测和应对气候、环境与人文的变化对海岸带的冲击，管控海岸带风险，增强其可持续性，提高其恢复力，已成为我国乃至全球未来地球海岸科学与可持续发展的重大研究课题。近年来，国际上设立的"未来地球海岸（Future Earth-Coasts，FEC）"国际计划，以及我国成立的"中国未来海洋联合会""中国海洋工程咨询协会海岸科学与工程分会""中国太平洋学会海岸管理科学分会"等，充分反映了这种迫切需求。

　　"中国海岸带研究"丛书正是在认识海岸带自然规律和支持可持续发展的需求下应运而生的。该丛书邀请了包括中国科学院、教育部、自然资源部、生态环境部、农业农村部、交通运输部等系统及企业界在内的数十位知名海岸带研究专家、学者、管理者和企业家，以他们多年的科学技术部、国家自然科学基金委员会、自然资源部及国际合作项目等研究进展、工程技术实践和旅游文化教育为基础，组织撰写丛书分册。分册涵盖海岸带的自然科学、社会科学和社会-生态交叉学科，涉及海岸带地理、土壤、地质、生态、环境、资源、生物、灾害、信息、工程、经济、文化、管理等多个学科领域，旨在持续向国内外系统性展示我国科学家、工程师和管理者在海岸带与可持续发展研究方面的新成果，包括新数据、新图集、新理论、新方法、新技术、新平台、新规定和新策略。出版"中国海岸带研究"丛书在我国尚属首次。无疑，这不但可以增进科技交流与合作，促进我国及全球海岸科学、技术和管理的研究与发展，而且必将为我国乃至世界海岸带的保护、利用和改良提供科技支撑与重要参考。

中国科学院院士、厦门大学教授
2017 年 2 月于厦门

前　言

　　渤海是中国唯一的内海,也是中国最浅的半封闭内海,三面环陆,仅通过渤海海峡与黄海相通。渤海海域面积约 7.7 万 km^2,平均水深约 18m,最大水深 83m。渤海由辽东湾、渤海湾、莱州湾(称为"三湾")和中央海盆组成,入海的主要河流有黄河、辽河、滦河和海河,年径流总量达 888 亿 m^3。渤海海底较平坦,多为泥沙和软泥质,地势呈由三湾向渤海海峡倾斜的态势。由于环渤海地区拥有丰富的海洋渔业资源、矿产黄金资源、油气资源、煤炭资源和旅游资源,该地区已成为国家环渤海经济区和山东半岛蓝色经济区的核心区域,在我国对外开放的沿海发展战略中占有十分重要的地位。近 30 年来,随着沿海区域经济和海洋经济的快速发展,除近岸海域养殖、交通、资源开采等人类活动产生的污染物输入渤海外,沿岸人类活动产生的污染物质还通过河流输送和大气沉降进入渤海海域,显著影响近海的水文、生源要素与污染物分布,并通过物质循环和能量流动作用于整个渤海生态系统。此外,在全球气候变化的背景下,黄渤海环流输运和跨锋面引起的黑潮水与沿岸水混合交换也是影响我国陆架边缘海生态系统的关键物理过程。因此,关注人类活动和外海输入双重影响下渤海生态环境的演变规律,对于我国近海生态环境管理和生物资源可持续利用具有重要的战略意义。

　　我国《国家中长期科技发展规划纲要(2006—2020 年)》与《国家"十二五"科学和技术发展规划》都明确提出,将海洋生态与环境保护技术、近海环境及生态的关键过程研究列入国家重大科技需求,显示了国家保护海洋环境和发展海洋理论的决心与需求。作为国家战略科技力量,中国科学院面向国家重大战略需求和国际海洋科技前沿,于 2013 年超前部署了中国科学院战略性先导科技专项(A类)"热带西太平洋海洋系统物质能量交换及其影响"。该专项的核心科技问题和目标之一,就是通过对黑潮和中国近海环境的协同研究,揭示黑潮和陆源输入对中国近海生态系统演变的驱动机制。中国科学院烟台海岸带研究所承担了其中的专题任务"外海和陆源输入对渤海生态环境的影响"。该专题以渤海海洋生态系统为主要研究对象,以"渤海水交换通量、变化及其控制因素,渤海及海峡重要化学物质的输运及通量,渤海生物多样性和初级生产力及其对水环境变化的响应,渤海关键生物群落演变及其与外海、陆源输入的耦合机制"为主要研究内容,在强化观测和数值模拟的基础上,研究渤海水交换通量、变化及其控制因素;在陆海综合观测的基础上,定量分析陆源营养盐与污染物通过河流和大气沉降进入渤海的输入通量、动态变化、输送过程及环境影响；探索识别陆源物质和外海输入物质的指示方法；在大面与锋面水体调查、沉积物调查与遥感反演等多尺度的观测基础上，揭示渤海海域生物多样性和初级生产力的时空变化特征，以及关键生物种群的百年演变特征与渤海生态环境变化的关系；并通过室内模拟与现场试验手段，揭示外海输入与陆源物质输入叠加环境效应下重要种群的演变机制及预测未来的态势。为近海生态系统保护和生物资源可持续利用提供科学支撑。

《渤海及海岸环境与生态系统演变》一书，正是中国科学院烟台海岸带研究所参与海洋先导专项的多个研究团队近年来系统性研究成果的结晶。全书共分 10 章：第 1 章——渤海水文环境特征。介绍了渤海温盐、叶绿素、溶解氧的变化特征及渤海环流特征。第 2 章——渤海海峡水交换。介绍了渤海海峡水交换特征及其影响因素。第 3 章——渤海区域大气颗粒物污染特征及多环芳烃沉降通量。分别介绍了环渤海大气监测网中的砣矶岛、北隍城岛、圮岠岛、黄河三角洲 PM2.5 的污染特征，以及渤海区域多环芳烃的沉降通量。第 4 章——黄渤海 OPEs 的分布特征。主要介绍了有机磷酸酯类阻燃剂在黄渤海海水和表层沉积物中的浓度、分布及其影响因素。第 5 章——渤海沉积物中抗生素及黄河三角洲土壤中碳氮的源汇关系研究。探讨了渤海和黄河三角洲地区土壤-河口-海湾沉积物中抗生素和碳氮的源汇关系，并通过样品磁学特征，结合碳、氮、重金属等元素，探讨了水动力变化、物源变化、海相作用和人类活动对黄河三角洲及其河口环境的影响。第 6 章——黄海暖流对渤海海峡微生物群落结构变化的影响。介绍了渤海海峡冬季与夏季表、底层海水中浮游病毒和浮游细菌的丰度分布，以及冬季受黄海暖流影响的细菌群落结构变化特征。第 7 章——微微型浮游生物随季节变化的分布特征。介绍了渤海海域表、中、底层水体中浮游病毒和浮游细菌的丰度随季节变化的特征，浮游细菌群落结构的多样性，以及温度和盐度等环境因子对微微型浮游生物分布的影响。第 8 章——渤海海峡表层海水浮游细菌群落结构对水环境变化的响应。介绍了渤海海峡细菌群落结构的多样性与时空分布模式，以及渤海海峡细菌群落结构对环境变化的响应。第 9 章——渤海浮游植物群落的分布特征。介绍了渤海浮游植物群落的组成、数量、优势类群与群落多样性的分布和变化趋势，探讨了渤海浮游植物群落的环境调控机制。第 10 章——渤海营养盐及浮游植物群落结构的时空分布特征。介绍了渤海湾营养盐与浮游植物群落结构的变化特征，莱州湾水质与浮游植物群落的变化特征，渤海中部营养盐及浮游植物群落结构的变化特征，黄海暖流与陆源输入对渤海硅藻空间分布的影响，以及百年尺度的渤海浮游植物群落结构的反演。

本书除涵盖了中国科学院战略性先导科技专项之重点任务"近海生态灾害成因分析与应对措施"中"外海和陆源输入对渤海生态环境的影响"专题（XDA11020305-5）的研究成果以外，还吸收了国家重点研发计划项目课题（2016YFC1402202）、中国科学院前沿科学重点研究项目（QYZDJ-SSW-DQC015）、中德合作项目（MEGAPOL，No.03F0786A）、中国科学院国际伙伴计划（13337KY8B20160003）等的部分研究成果。本书的主要执笔人为：骆永明、刘东艳、张华、胡晓珂、唐建辉、田崇国、涂晨、王玉珏、李艳芳、李远、王彩霞、王毅波、张海坤；参加本书撰写工作的还有唐诚、李连祯、马海青、孙西艳、王晓平、宗政、孙溶、钟鸣宇、王润梅等。全书由涂晨、李远和骆永明统稿，骆永明定稿。在本书的编写与出版过程中，还得到了中国科学院海洋研究所俞志明研究员、周名江研究员的支持与指导，以及科学出版社朱瑾编辑的热心帮助，在此一并表示感谢。

　　由于作者水平有限，书中错漏在所难免，敬请各位同仁批评指正。

中国科学院烟台海岸带研究所研究员

2019 年 6 月 18 日

目　录

第 1 章

渤海水文环境特征

渤海作为我国唯一的内海，仅通过渤海海峡与外海水域相通，平均水深约18m，是典型的半封闭浅海。环渤海经济区的高速发展及高强度的人类活动，正在不断地给渤海海洋环境带来污染和破坏。调查数据与历史数据比较表明，渤海的海洋环境正在发生变化，尤其是水温、盐度，与历史调查数据相比，存在一定的差异（图 1.1）。

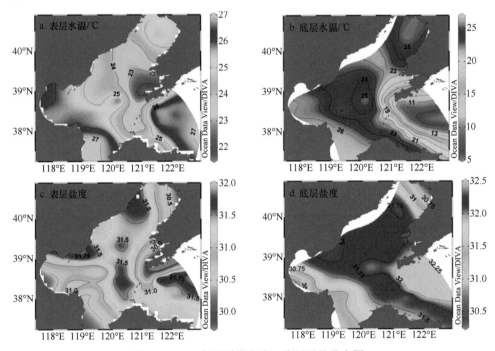

图 1.1　2017 年夏季渤海表、底层温盐分布图

1.1　渤海温盐变化特征

渤海的水温和盐度受陆地影响具有明显的季节变化特征（冯士筰等，1999），其分布状况可划分为冬季、夏季和过渡三种类型（黄大吉等，1996）。冬季受大风影响，海水混合较强，温度垂直分布均匀或近似均匀；夏季受太阳辐射和冬季冷水影响，是温度层化和温跃层出现的强盛时期；过渡型分为春、秋季两类，其共同特征是等温线基本与等深线平行分布，区别在于春季开始出现温度层化现象，而秋季温度垂直分布已近似均匀。

1.1.1　夏季温盐分布特征

图 1.1 显示的是 2017 年夏季渤海表、底层的温盐分布。夏季渤海表层水温为

22～27℃，平均温度为 25℃，受近岸影响，岸边水温较高，为 26～27℃，渤海湾和莱州湾因水深浅而呈现高温，并向东北方向扩展，在渤海中部形成一个相对高温区。此外，辽东湾近岸也形成一个相对高温区。渤海中东部水温较低，在辽东半岛西北侧长兴岛海域有一温度低于 23℃ 的封闭低温区，该低温区的存在与岬角地形产生的海水涌升有关，并且受老铁山水道强潮流引起的潮汐混合影响（鲍献文等，2004），分别向西北端扩至秦皇岛外海和向南延伸至老铁山水道，水温低于 24℃（图 1.1a）。在渤海海峡处，来自北黄海表层的高温水向西输运，在海峡东端与冷水相遇，形成较强的温度锋面。

底层水温分布最突出的特点是渤海中部被一温度高于 24℃ 的高温水体控制，北侧与辽东湾的高温水体被一低温水带分割（图 1.1b），北黄海冷水团向西输运，穿过渤海海峡沿着老铁山水道向西北方向运移，形成明显的冷水舌分布。辽东湾口至东北部水温上下基本均匀一致，可能是由于夏季该区域的垂向混合作用加强，导致上下水体混合，削弱了温度层化现象，具体的形成机制有待进一步深入探讨研究。同比 2014～2016 年的调查结果，渤海夏季底层水温分布存在年际变化，层化现象的发生也随之变化，强层化时期会形成温跃层。例如，2014 年夏季渤海底层出现双冷中心，导致渤海南北纵断面上形成双冷涡中心，该冷涡中心的存在加剧了渤海季节性缺氧区的形成（张华等，2016）。

2017 年夏季，受入海径流和雨量的影响，渤海表层盐度普遍降低（图 1.1c）。辽东湾、渤海湾和莱州湾因分别受辽河、海河、黄河等近岸河流的影响，湾顶盐度最低，低于 30.5。此外，辽东半岛东南端受大连港等的影响，其沿岸至老铁山水道方向存在盐度最低值（<30.0），形成低盐水舌深入渤海并绕道沿岸向北伸展。与以往的调查结果（鲍献文等，2004；吴德星等，2004a）不同，渤海的表层盐度普遍低于北黄海西部。莱州湾的表层盐度普遍偏低，表明黄河淡水的影响区域覆盖了整个莱州湾，在黄河净流量增大时，莱州湾的表层盐度可低至 28.0。表层盐度分布的总体趋势是从渤海中部向三个海湾递减，其值由 31.5 降至 30.0。该结果与往年的调查结果相差较大，2000 年夏季渤海绝大部分海区表层盐度高于 31.7，最高达 32.2；而 1958 年夏季渤海表层盐度最高为 30.5，最低为 22.0（吴德星等，2004b；毕聪聪等，2015）。以往的研究结果显示，渤海表层盐度在不断上升，并且高于北黄海西部的表层盐度，但近几年（2014～2017 年）的调查结果显示，渤海表层盐度没有继续升高，与 2007 年以前的调查结果相比表层盐度有所降低，2017 年渤海表层平均盐度为 31，且盐度的水平梯度明显减小。

底层盐度分布与表层盐度分布趋势大致相同（图 1.1d）。渤海中部盐度高，近岸盐度低，分布形态与 20 世纪 50 年代的调查结果及出版的海洋图集中的相似，水平方向上大致呈现出由渤海海峡和渤海中部向三个海湾湾顶递减的分布态势（毕聪聪等，2015）。

1.1.2　冬季温盐分布特征

2017 年冬季偏北风加强，产生较强的垂向混合作用，使渤海温盐等水文要素的垂直分布均匀一致。冬季渤海海峡及渤海中东部海域因受黄海暖流余脉影响，水温较高，高水温出现在渤海海峡中部，其值高于 7℃。渤海中部等温线从该暖中心向三个海湾方向伸展（图 1.2a）。同时，秦皇岛外海有一较冷水舌向渤海中部伸展。盐度分布表明，除了黄河口附近海域，冬季渤海总体盐度要高于渤海海峡，秦皇岛外海盐度最大（>32.5），最小盐度在渤海海峡口（<32.0）（图 1.2b）。与 2001 年调查结果相比，2013～2017 年渤海中部马鞍形的等温线分布均不明显。相较于往年的研究结果，渤海的温盐分布发生了一定变化，造成变化的原因有待进一步研究。

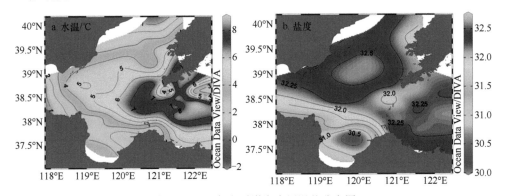

图 1.2　2017 年冬季渤海表层温盐分布图

1.1.3　温盐垂直分布特征

渤海水温的垂直分布特点为：冬季受偏北大风影响，上下混合均匀，表、底层水温分布基本一致；夏季则有季节性温跃层的存在。如图 1.3 所示，M 断面横穿渤海中部和辽东湾，其水温剖面（图 1.4）出现两个冷中心，分别位于渤中浅滩两侧的凹槽处，这两个冷中心在历年夏季渤海水温分布调查资料中均有出现。虽然冷中心的水温随年份有所变化，但都表现出北部中心水温比南部高的特征（鲍献文等，2001，2004）。近几年的调查数据显示，虽然夏季渤海水温垂直方向上会出现层化现象，但不一定形成季节性温跃层，冷水团的存在是产生温跃层的根本原因。对比 2014 年和 2017 年夏季 M 断面的水温剖面（图 1.4），可以看出 2014 年在渤海中部有明显的温跃层形成，跃层深度为 8～12m，而 2017 年则没有形成温跃层，在渤海中部虽然出现了双冷中心，但是冷中心的水温相对升高，最低为

21℃，导致上下水层的温差很小。而渤海海峡 L 断面的水温剖面分布显示，2014年与 2017 年渤海海峡北端底层低温一致，但在水层分布上 2014 年冷水团垂向上最大扩展至 20m 水深，而 2017 年只局限到 40m 水深。可见与 2014 年相比，2017年黄海输入渤海的冷水量大大减少，导致渤海底部冷水团减弱，加之海面潮致混合作用的增强，使得渤海中部水温分层现象弱化，不能形成温跃层。

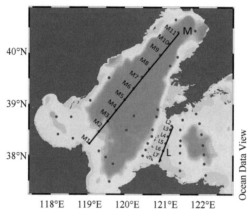

图 1.3　夏季渤海调查站点分布图

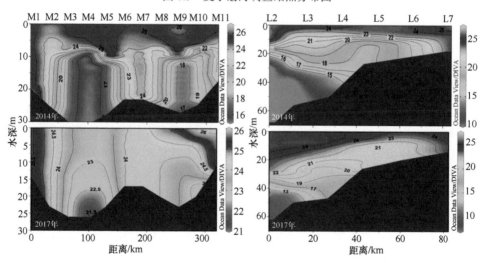

图 1.4　2014 年和 2017 年夏季渤海 M、L 断面的水温（℃）分布图

1.2　渤海叶绿素 a、溶解氧变化特征

　　叶绿素 a 是浮游植物中最主要的色素，也是藻类植物的主要色素，其浓度能够间接表征浮游植物与藻类植物的种类，其时空分布特征能够反映海洋初级生产力的变化情况。

2014 年夏季渤海表层叶绿素 a 分布如图 1.5a 所示。渤海表层叶绿素 a 分布不均匀，其浓度主要集中在 3～5μg/L，近海水域浓度高于深海水域，内湾浓度高于外海，叶绿素 a 浓度整体上呈现从渤海海峡到三大海湾湾口递增的趋势（张华等，2016）。渤海中央海盆、渤海海峡和北黄海的叶绿素 a 浓度最低为 0～2μg/L，高浓度的叶绿素主要位于沿岸近海，并且在渤海湾、莱州湾和辽东湾湾顶浓度增加，其中渤海湾的叶绿素浓度最大，这可能与渤海湾的赤潮日趋增多有关。在老铁山水道西北端金州湾附近，出现了一个叶绿素高值区，这一区域正对应着低温区，该区域受岬角地形影响产生的海水涌升，可以将海底的营养盐输送至海面，适宜浮游植物生长，导致叶绿素浓度增加。在秦皇岛附近存在叶绿素的相对高值区，浓度为 5～7μg/L，这可能与近年来秦皇岛近岸海域高频次发生的赤潮有关（许士国等，2015；张志峰等，2012）。另外，黄河口北端叶绿素浓度也较高。2014 年夏季渤海表层叶绿素的分布形态与往年同期表层相比差异较大，1999 年夏季表层叶绿素浓度出现由南到北的降低趋势，黄河口附近叶绿素浓度最高；2000 年则在渤海中央海区西北部和渤海海峡浓度最高（吴强明，2001）；而 2002 年中、表层浓度高值区主要集中在南北两端（郭全，2005）。可见，近年来渤海夏季表层叶绿素分布变化较大，这种差异可能与渤海温盐变化有关。许士国等（2015）基于 MODIS 遥感数据分析了 2003～2013 年渤海海表叶绿素的分布，发现渤海湾、辽东湾、渤海中部与渤海海峡的叶绿素均呈波动上升趋势，这可能与近年来渤海赤潮频发相关（周明江等，2001）。初级生产力逐年提高的主要原因可能为江河入海携带的营养物质增多、工业废水与生活污水排放量增多、沿岸开发程度增高及大气沉降增强等（于春艳等，2013）。

2014 年夏季渤海底层叶绿素的分布形态与表层存在一致性，渤海三个海湾近岸海域叶绿素浓度较高，而中央海区叶绿素浓度较低（图 1.5b）（钱莉等，2011）。在 40℃以下环境中，海洋浮游植物生长率与水温有统计对数分布关系，升温将使浮游植物生长茂盛、光合作用增强（石强，2016），因此冬季叶绿素的浓度整体偏低，为 0.2～1.5μg/L。冬季渤海叶绿素表、底层分布近似，北黄海南侧和渤海中部叶绿素浓度较高，而渤海海峡北端与沿西北向以北叶绿素浓度较低。这一结果与赵骞等（2004）的冬季叶绿素浓度高于夏季的结论正好相反，叶绿素 a 的季节差异主要与浮游植物的生长情况有关。

海水中的溶解氧（DO）主要来源于大气中氧气的溶解和海洋生物光合作用所产生的氧，通过生物呼吸、有机物分解、无机物的氧化作用消耗。其浓度变化与海水中生物过程及水文条件等有密切关系。

缺氧是指水环境中氧的浓度处于较低水平或者氧被大量消耗，通常定义水体中的溶解氧浓度<3.0mg/L 或者<2.0mg/L 为缺氧状态。自 1925 年首次发现缺氧现象以来，许多海域中层或深层水体甚至大陆架近岸海域、河口区等浅水海域底层

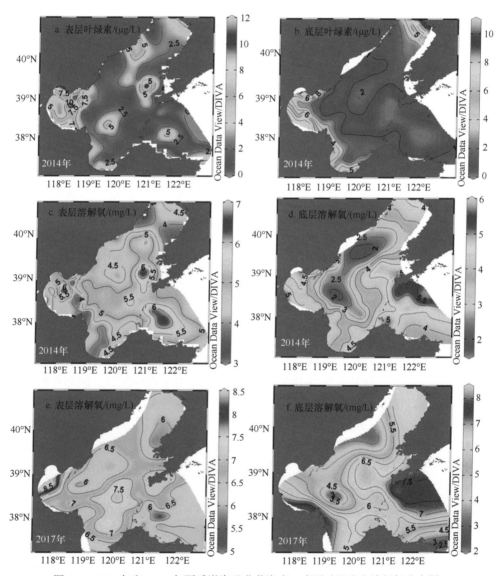

图 1.5 2014 年和 2017 年夏季渤海及北黄海表、底层叶绿素和溶解氧分布图

水体均陆续出现了缺氧现象，我国长江口、珠江口外海域底层水体也存在缺氧的现象。长江口外海域中、底层水体季节性缺氧现象是由富营养化、有机质降解耗氧和水体层化共同导致的（李宏亮等，2011；邹建军等，2008），而渤海缺氧区的形成主要是由季节性水体层化导致的（张华等，2016）。

溶解氧（DO）浓度分布除受生物过程的影响外，还受温盐、海流输送、水团分布等物理环境的影响（赵骞等，2004）。渤海是受大气、陆地、海洋系统交互作用的半封闭浅海。研究表明，渤海春季表、底层浮游细菌丰度与 DO 浓度显著负相关（白洁等，2003），秋季叶绿素 a 分布与 DO 浓度显著正相关，而春季叶绿素 a 分布与 DO 浓度无显著相关性，但是浮游植物群落细胞丰度与 DO 浓度显著正相关（孙军等，2003，2004）。渤海 DO 浓度呈现季节性循环变化特征，其准周期季节变化受水温、盐度、环流和浮游生物生长等物理生物过程季节循环的复杂影响（石强，2015）。

张华等（2016）的调查发现，2014 年夏季渤海大范围底层出现 DO 低浓度区，DO 浓度<3.0mg/L 的总面积约为 $4.2×10^3m^2$，缺氧区具有南、北"双核"结构。其中，北部缺氧区位于秦皇岛以东辽东湾中部，面积约为 $2.9×10^3km^2$；南部缺氧区位于渤海湾东部，面积约为 $1.3×10^3km^2$。夏季渤海底层 DO 浓度普遍偏低，最低为 2.3mg/L，最高为 7.6mg/L，除水深<15m 的近岸海域和渤海海峡以外，其余大部分海域底层 DO 浓度<5.0mg/L。渤海春季所有调查站点底层 DO 浓度均>8.0mg/L，空间分布不存在明显规律；秋季在大连外海存在一个 DO 低浓度区（最低为 4.5mg/L），而渤海内所有调查站点底层 DO 浓度均>8.0mg/L。与春季和秋季调查结果的对比表明，渤海缺氧现象主要出现在夏季（8 月），春季（5 月）和秋季（11 月）尚不存在缺氧现象。

石强（2015）采用旋转经验正交函数法对 1978～1981 年渤海的温盐、DO 场数据进行了分析，发现底层 DO 场第一模态的季节变化主要由底层温盐场第一模态控制。2014 年渤海夏季底层 DO 的空间分布形态与石强（2015）的第一模态空间分量相似，说明渤海的 DO 主要受温盐影响。2014 年夏季渤海底层存在明显的双冷中心结构，与缺氧区所处位置一致，pH 测定结果表明两个缺氧区底层海水都存在明显酸化，并且在对应区域存在明显的有机碳、氮含量高值，说明该区域存在有机质累积（张华等，2016）。综合分析后发现，2014 年夏季渤海缺氧区形成的主要动力控制因素是季节性水体层化（张华等，2016）。

2014 年夏季随着水温升高，层化现象开始形成，垂向混合作用减弱，温跃层的出现限制了大气及表层对海底 DO 的补充（俎婷婷等，2005；林军等，2014），海底 DO 浓度降低，甚至出现缺氧现象。但夏季渤海底层的缺氧区并不是常年存在的，2011 年翟惟东等（2012）的调查发现，在渤海西北部近岸海域出现 DO 低浓度区（<4.0mg/L），但是未形成缺氧区。同样地，2017 年夏季渤海底层也存在两个 DO 低浓度区（<4.0mg/L）。推测缺氧区的存在与否与渤海底层双冷中心的强弱有关，两者之间的关系有待进一步研究。

1.3 渤海环流特征

渤海是一个典型的正压天文潮占优势运动的、受季风控制且具有明显季节性变化的弱非线性斜压浅海动力学系统。渤海是一个潮汐、潮流显著的海区，其余流很弱，在表层一般为 3~15cm/s，最大也不超过 20cm/s，仅为渤海潮流最大值的 1/10 左右。渤海的环流弱而不稳定，受风的影响较大。

传统观念认为，渤海的环流由外海流系和沿岸流系组成。黄海暖流余脉在北黄海北部转向西伸，自渤海海峡北部进入渤海。管秉贤等（1977）和 Guan（1994）指出，冬季进入渤海的黄海暖流余脉通过渤海中部直达西岸，因海岸受阻分为南北两支：北支沿西北海岸进入辽东湾形成一个顺时针的大环流，而南支进入渤海湾，并沿岸南下，途径莱州湾流出渤海海峡，形成一个逆时针的大环流。但是夏季的情况正好相反，黄海暖流余脉在渤海海峡西北口便分支：一支沿辽东湾东岸北上，形成逆时针环流；另一支西行进入渤海湾，在渤海南部形成逆时针环流，最后流出渤海海峡（图 1.6）。Guan（1994）认为，夏季辽东湾的逆时针环流是不稳定的，在长时间平均条件下，顺时针环流更具代表性。赵保仁等（1995）根据渤海石油平台等的测流数据结果分析，辽东湾内的海水是沿顺时针方向流动的，并未出现逆时针环流的迹象。除某些年份夏季的个别月份外，辽东湾的环流总是沿顺时针方向流动的。

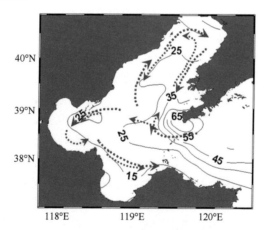

图 1.6　冬（红色）、夏季（蓝色）渤海环流流型示意图
根据管秉贤等（1977）的绘图重新绘制

早期渤海环流的研究主要是根据温盐分布和短期海流观测资料来开展的，自 20 世纪 80 年代以来，数值模式成了环流结构研究的主要手段。张淑珍等（1984）利用浅海风生-热盐环流定常模型，分别对渤海冬、夏季环流做了数值诊断计算，结果表明除 3 个海湾中存在的各自独立的小回旋以外，整个渤海冬、夏季环流的流型与前述 Guan（1994）描述的流型大致相同，并强调了进入渤海的黄海暖流余脉及渤海地形对冬、夏季环流的重要影响，冬季环流风生作用占主导，而夏季环流热盐效应较风生作用大 1 个量级。考虑到渤海上空被东亚季风所控制，冬季多偏北大风，平均风速 6~7m/s，夏季盛行偏南风，平均风速 4~6m/s。对于渤海这一

平均水深仅约 18m 的浅海来说，季风产生的风生环流对其有一定影响。因此，Miao 和 Liu（1988）采用深度平均的正压模型模拟渤海冬、夏季环流，发现冬季风生环流流型大体与张淑珍等（1984）的结果相似。刘兴泉等（1989）采用实测风速计算渤海冬季环流，其结果与管秉贤等（1977）的早期观测结果基本一致。王宗山等（1992）数值模拟了渤海正压风生环流，得出冬季辽东湾为顺时针环流、渤海中部为逆时针环流的结论。之后的研究结果（赵保仁和曹德明，1998；Fang et al.，2000；黄磊等，2002）基本都与管秉贤等（1977）的结论一致。其中，赵保仁和曹德明（1998）分析了渤海冬季环流的形成机制，指出渤海冬季环流主要是风应力负涡度驱动的，海底地形变化只会在水深较浅海域产生近岸小涡旋，并且在黄河三角洲附近余流起主要作用。

渤海的环流具有明显的三维结构，采用二维模式来研究有很大的局限性。黄大吉等（1998）采用三维陆架海模式 HAMSOM 研究了夏季渤海环流并指出，渤海环流有显著的三维结构：冬季上层主要为风漂流，下层为补偿流；夏季潮、风和密度对环流贡献都较大，表现为复杂的三维结构。魏泽勋等（2003）采用 POM 诊断模式研究了渤海的夏季环流，认为渤海海水的垂向运动主要是密度流引起的。夏季渤海的密度流比风海流要强一些，在辽东湾基本为顺时针结构，渤海湾表层存在一个弱顺时针环流，而莱州湾则存在较强的顺时针环流。万修全等（2004）采用 ECOMSED 三维诊断模式分析了渤海夏季潮致-风生-热盐环流，指出热盐环流在夏季总环流中为主要成分，其次是风生环流和潮致环流。模拟结果显示渤海夏季存在多个涡旋结构，渤海湾湾口、辽东湾中部和渤海海峡北部均存在逆时针涡环，渤海中部存在顺时针涡环，并且逆时针涡环对应低温中心，顺时针涡环对应高温中心。多项研究均指出了涡旋结构的存在（赵保仁等，1995；Liu et al.，2003）。徐江玲等（2007）模拟了渤海中部夏季环流的结构，结果表明夏季渤海中部呈顺时针环流结构，正对应渤海中部的浅滩。这一结构的形成主要是地形的原因。使用 FVCOM 模拟了渤海环流，指出渤海夏季环流较冬季强，辽东湾冬季是顺时针环流，而夏季则是逆时针环流；渤海湾冬季存在双圈环流，北部为逆时针，南部为顺时针。冬季环流主要受风与潮流控制，夏季风生流与密度流影响显著。韩亚琼和沈永明（2013）建立了渤海三维斜压模型，指出夏季渤海环流的三维结构较冬季明显，并且冬季环流主要是风应力主导的，而夏季环流中密度流占优势。冬季渤海中部存在明显的顺时针环流，渤海湾内形成双圈环流，该结果与赵保仁和曹德明（1998）结论一致。而夏季渤海环流存在显著的三个逆时针环流与中部的顺时针环流，这与万修全等（2004）的模拟结果一致。

渤海环流主要由潮致环流、风生环流和热盐环流组成，潮致环流是稳定的，风生环流的结构对风应力的变化十分敏感，温盐场的变化则会引起热盐环流结构的变异。受气候变化的影响，渤海的温盐场在不断发生变化。Lin 等（2001）指出，1960～1997 年渤海年平均海表盐度和海表水温的升高速度分别为 $0.074a^{-1}$ 和 $0.011℃/a$。吴德星等（2004b）对比 1958 年和 2000 年夏季的温盐场，发现渤海环流的变化与温盐场的变化相对应。例如，2000 年夏季辽东湾内的逆时针环流对应海温冷中心，而 1958 年渤海湾外的顺时针环流和莱州湾外的逆时针环流在 2000 年已消失。前述已经说明，近年来渤海的温盐场与往年相比发生变异，渤海整个海域的温盐梯度在减小，势必对热盐环流结构产生影响。如图 1.7 所示，模拟的是 2014 年夏季渤海的深度平均环流场，可以看出在渤海中部存在一个显著的顺时针环流，这一结果与前人的观测及模拟结果一致（赵保仁等，1995；Liu et al.，2003；万修全等，2004；徐江玲等，2007；韩亚琼和沈永明，2013）；虽然形成了 3 个逆时针环流结构，但与之前的研究结果比较，环流结构的位置有所改变，例如，辽东湾中部的逆时针环流现移动到了湾口，渤海海峡西南部也出现逆时针环流，渤海湾湾口的逆时针环流仍然存在。莱州湾湾口形成一较弱的顺时针环流。

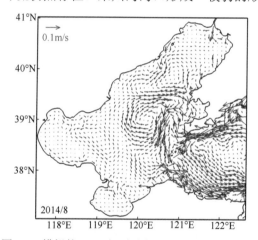

图 1.7　模拟的 2014 年夏季渤海的深度平均环流场

综上所述，渤海是一半封闭、平均水深约 18m 的陆架浅海，仅通过渤海海峡与黄海进行物质和能量等的交换，故渤海有其独有的自然环境和动力学特征。特别是近几十年来，人类活动和自然的变化对渤海环境的影响已开始显现出来，黄河入海净流量的锐减、气候变化、全球变暖等现象导致渤海物理场的结构发生了大的变化。渤海的温盐结构在持续改变，从而引发渤海环流结构的变异。随着渤海物理场的改变，渤海的生态环境也会变化，如缺氧区的形成、赤潮的发生等。动力学分析表明，渤海环流动力不仅被东亚季风形成的海面风应力和海水密度水平梯度及海峡、河口等边界条件所控制，还被占优势的余流所控制。Hainbucher等（2004）较全面地模拟分析了渤海环流和相应的温盐场及其随时间的变化，鉴于渤海是一个潮及其伴随的周期性潮流占优的对流弱非线性动力-热力学系统，故渤海冬季环流主要是风生-潮致余流控制的；夏季潮致余流的大小不变、海面风应力相对减弱、密度水平梯度增强且垂直方向上出现跃层，导致夏季环流为潮致-风生-热盐环流，并且以热盐环流为主。已有的分析结果表明，受渤海温盐场变异的影响，夏季渤海存在的多个逆时针涡旋结构目前存在变异性，因此，对夏季渤海环流系统的模拟，需要更准确的温盐数据及风场。

参 考 文 献

白洁, 李岿然, 李正炎, 等. 2003. 渤海春季浮游细菌分布与生态环境因子的关系. 中国海洋大学学报(自然科学版), 33(6): 841-846.

鲍献文, 万修全, 吴德星, 等. 2004. 2000 年夏末和翌年初冬渤海水文特征. 海洋学报, 26(1): 14-24.

鲍献文, 王赐震, 高郭平, 等. 2001. 渤海、黄海热结构分析. 海洋学报, 23(6): 24-31.

毕聪聪, 鲍献文, 万凯. 2015. 渤海盐度年代际变异对环流结构的影响. 中国海洋大学报(自然科学版), 45(1): 1-8.

冯士筰, 李凤岐, 李少菁. 1999. 海洋科学导论. 北京: 高等教育出版社.

管秉贤, 丁文兰, 李长松. 1977. 渤黄东海表层海流图. 青岛: 中国科学院海洋研究所: 1-13.

郭全. 2005. 渤海夏季营养盐和叶绿素分布特征及富营养化状况分析. 中国海洋大学硕士学位论文.

韩雅琼, 沈永明. 基于 EFDC 的渤海冬夏季环流及其影响因素的数值模拟研究. 水动力学研究与进展 a 辑, 2013, 28(6):733-744.

黄大吉, 陈宗镛, 苏纪兰. 1996. 三维陆架海模式在渤海中的应用Ⅰ. 潮流、风生环流及其相互作用. 海洋学报, 18(5): 1-13.

黄大吉, 苏纪兰, 张立人. 1998. 渤海冬夏季环流的数值研究. 空气动力学学报, 16(1): 115-121.

黄磊, 娄安刚, 王学昌, 等. 2002. 渤海及黄海北部的风海流数值计算及余流计算. 中国海洋大学学报(自然科学版), 32(5): 695-700.

江文胜, 吴德星, 高会旺. 2002. 渤海夏季底层环流的观测与模拟. 中国海洋大学学报(自然科学版), 32(4): 511-518.

李宏亮, 陈建芳, 卢勇, 等. 2011. 长江口水体溶解氧的季节变化及底层缺氧成因分析. 海洋学研究, 29(3): 79-87.

林军, 闫庆, 朱建荣, 等. 2014. 长江口外海域夏末温跃层与底层水缺氧现象研究. 水产学报, 38(10): 1747-1757.

刘兴泉, 缪经榜, 季仲贞. 1989. 渤海冬季环流的数值研究. 大气科学, 13(3): 280-288.

钱莉, 刘文玲, 郑小慎. 2011. 基于 MODIS 数据反演的渤海叶绿素浓度时空变化. 海洋通报, 30(6): 83-87.

石强. 2015. 渤海溶解氧和表观耗氧量季节循环时空模态与机制. 海洋湖沼通报, 1: 175-186.

石强. 2016. 渤海夏季溶解氧与表观耗氧量年际变化时空模态. 应用海洋学学报, 35(2): 243-255.

石强, 杨朋金, 卜志国. 2014. 渤海冬季溶解氧与表观耗氧量年际时空变化. 海洋湖沼通报, 2: 161-168.

孙军, 刘东艳, 柴心玉, 等. 2003. 1998-1999 年春秋季渤海中部及其邻近海域叶绿素 a 浓度及初级生产力估算. 生态学报, 23(3): 517-526.

孙军, 刘东艳, 徐俊, 等. 2004. 1999 年春季渤海中部及其邻近海域的网采浮游植物群落. 生态学报, 24(9): 2003-2016.

万修全, 鲍献文, 吴德星, 等. 2004. 渤海夏季潮致-风生-热盐环流的数值诊断计算. 海洋与湖沼, 35(1): 41-47.

王宗山, 龚滨, 李繁华, 等. 1992. 黄渤海风海流的数值计算. 黄渤海海洋, 10(1): 12-18.

魏泽勋, 李春雁, 方国洪, 等. 2003. 渤海夏季环流和渤海海峡水体输运的数值诊断研究. 海洋科学进展, 21(4): 454-464.

吴德星, 牟林, 李强, 等. 2004a. 渤海盐度长期变化特征及可能的主导因素. 自然科学进展, 14(2) : 191-195.

吴德星, 万修全, 鲍献文, 等. 2004b. 渤海 1958 年和 2000 年夏季温盐场及环流结构的比较. 科学通报, 49(3): 287-292.

吴强明. 2001. 黄、渤海溶解态营养盐研究. 青岛海洋大学硕士学位论文.

徐江玲, 吴德星, 林霄沛, 等. 2007. 夏季渤海中部环流结构研究. 中国海洋大学学报(自然科学版), 37(s1): 10-14.

许士国, 富砚昭, 康萍萍. 2015. 渤海表层叶绿素 a 时空分布及演变特征. 海洋环境科学, 34(6): 898-906.

于春艳, 梁斌, 鲍晨光, 等. 2013. 渤海富营养化现状及趋势研究. 海洋环境科学, 32(2): 175-177.

翟惟东, 赵化德, 郑楠, 等. 2012. 2011 年夏季渤海西北部、北部近岸海域的底层耗氧与酸化. 科学通报, 57: 753-758.

张华, 李艳芳, 唐诚, 等. 2016. 渤海底层缺氧区的空间特征与形成机制. 科学通报, 61(14): 1612-1620.

张淑珍, 奚盘根, 冯士筰. 1984. 渤海环流数值模拟. 山东海洋学院学报, 14(2): 12-19.

张志峰, 贺欣, 张哲, 等. 2012. 渤海富营养化现状、机制及其与赤潮的时空耦合性. 海洋环境科学, 31(4): 465-468.

赵保仁, 曹德明. 1998. 渤海冬季环流形成机制动力学分析及数值研究. 海洋与湖沼, 29(1): 86-96.

赵保仁, 庄国文, 曹德明, 等. 1995. 渤海的环流、潮余流及其对沉积物分布的影响. 海洋与湖沼, 26(5): 466-473.

赵骞, 田纪伟, 赵仕兰, 等. 2004. 渤海冬夏季营养盐和叶绿素 a 的分布特征. 海洋科学, 28(4): 34-39.

周明江, 朱明远, 张经. 2001. 中国赤潮的发生趋势和研究进展. 生命科学, 13(2): 54-59.

邹建军, 杨刚, 刘季花, 等. 2008. 长江口邻近海域九月溶解氧的分布特征. 海洋科学进展, 26(1): 65-73.

俎婷婷, 鲍献文, 谢骏, 等. 2005. 渤海中部断面环境要素分布及其变化趋势. 中国海洋大学学报(自然科学版), 35: 889-894.

Fang Y, Fang G H, Zhang Q H. 2000. Numerical simulation and dynamic study of the wintertime circulation of the Bohai Sea. Chinses Journal of Oceanology and Limnology, 18(1): 1-9.

Guan B X. 1994. Pattern and structures of the currents in Bohai, Huanghai and East China Sea. In: Zhou D, Liang Y B, Zeng C K. Oceanology of China Seas (1). Dordrecht: Kluwer Academic Publishers: 17-26.

Hainbucher D, Wei H, Pohlmann T, et al. 2004. Variability of the Bohai Sea circulation based on model calculations. Journal of Marine System, 44(3-4): 153-174.

Lin C, Su J, Xu B, et al. 2001. Long-term variations of temperature and salinity of the Bohai Sea and their influence on its ecosystem. Progress in Oceanography, 49: 7-19.

Liu G M, Wang H, Sun S, et al. 2003. Numerical study on density residual currents of the Bohai Sea in summer. Chinese Journal of Oceanology and Limnology, 21(2): 106-113.

Miao J B, Liu X Q. 1988. A numerical study of the wintertime circulation in the Northern Huanghai Sea and the Bohai Sea Part I: basic characteristics of the circulation. Chinese Journal of Oceanology Limnology, 6(3): 216-226.

Wei H, Wu J P, Pohlmann T. 2001. A simulation on the seasonal variation of the circulation and transport in the Bohai Sea. Journal of Oceanography of Huanghai & Bohai Sea, 19(2): 1-9.

第 2 章

渤海海峡水交换

近岸海域水交换是海洋环境科学研究的一个基本命题，污染物通过对流输运和稀释扩散等物理过程与周围水体混合、与外海水交换，浓度降低后水质得到改善。交换不畅的水体，由于污染物的持续累积，往往会形成营养化等问题，渤海近年赤潮频发就是一个例证。随着环渤海经济区战略计划的推进，越来越多的人类活动参与到海洋中来，影响海域的水动力条件，进而影响海湾的水交换能力。水交换是衡量海水物理自净能力的标准，是评价和预测水环境质量的重要指标和手段，分析水交换能力的变化、评估海洋环境容量，可以为渤海沿海污染物排放的控制和优化决策提供科学依据。

2.1 渤海海峡水交换特征

渤海三面环陆，海水较浅，只通过渤海海峡与外海连接，与外海的交换能力相对较弱。迄今为止，对渤海环流的研究工作已有许多。冬季渤海环流受大风控制，由风生流和潮致余流共同主导，海峡处北进南出的环流结构在已有的研究中均得到统一结论（管秉贤，1957；沈鸿书和毛汉礼，1964）。赵保仁和曹德明（1998）认为，冬季渤海海峡处的流动是北进南出，并且是冬季季风与北深南浅的地形共同作用的结果。而 Choi（1982）与缪经榜和刘兴泉（1989）认为，在偏北风的作用下，冬季海峡处的流动是北进南出，而夏季在偏南风的作用下海峡处的流动是南进北出。

渤海海峡处的环流结构并不是定常的，存在季节变化。黄大吉等（1998）通过模拟发现，黄渤海之间的水体交换在冬、夏季均为北进南出，冬季入流在海峡北部的上层，出流在海峡南部的下层；夏季水体交换以密度流为主，入流在海峡北部，出流在海峡南部。而 Wei 等（2001）通过模拟认为，夏季海峡处的环流并不表现为北进南出，在表层甚至表现为南进北出。江文胜等（2002）根据夏季渤海底层环流的 Lagrange 观测指出，在海峡处环流基本上是北进南出，特别是海峡北侧向渤海的入流比较明显。魏泽勋等（2003）讨论了渤海夏季风海流和密度流的作用，研究发现夏季渤海风海流在海峡的基本形态是南进北出，但是由于夏季风场相对较弱，风海流相较于密度流要弱一些；而密度流在渤海海峡则表现为北进南出，因此海峡处的流入流出总的来说是北进南出，流量约 $5×10^3 m^3/s$，这与黄大吉等（1998）得出的夏季密度流占主的结论一致。徐江玲等（2007）模拟的结果显示，夏季海峡表、底层环流均为北进南出，但是底层输移路程要近很多。林霄沛等（2002）结合断面水温和数值模拟认为，夏季海峡处的环流为南北进、中间出，春、秋两季为过渡型。王强（2004）将数值模拟与叶绿素观测数据结合指出，海峡的环流存在季节变化，冬季风生流和潮致余流占优，海峡处的环流是北进南出；对应季风强度的减弱，风生流、潮致余流和密度流共同作用，夏季密度流和潮致余流占主，春季则是三种因素影响相当，导致春季渤海海峡的环流为南进北出，其他季节为北进南出。张志欣等（2010）收集的 1932～2005 年盐度资料显示，冬季渤海海峡断面的盐度分布南北差异很大，清楚地反映出高盐水北进、低盐水南出的形式；而夏季断面盐度分布上南北均衡，反映不出海水进出海峡的态势。因此渤海海峡的水交换在冬季是明显的北进南出形式，而夏季定常流方式的水交换特征不明显，主要以混合、扩散的方式进行。韩亚琼和沈永明（2013）利用粒子轨迹研究了夏季环流，发现海峡以东存在一逆时针环流，导致海峡水体北进南出，但在海峡南侧近底层存在外海沿岸流进入渤海；冬、夏季海峡处均表现为北进南出的水体输运方式。

　　潮致余流、风生流、密度流及径流入海主导着渤海海峡的环流结构。冬季季风风速较大，风生流占主，加之渤海水深较浅，上下水层混合作用增强，密度流基本消失，渤海海峡处环流结构一致为北进南出的形式。随着冬季季风的减弱，密度流逐渐加强，其在环流中的贡献也在发生变化，到了夏季密度流占主。渤海环流中密度流的季节变化，导致渤海海峡处的环流结构也存在季节变化。而近年来渤海温盐场的变化势必对密度流产生影响，从而影响渤海海峡的环流结构。吴德星等（2004）分析了 1958 年和 2000 年渤海夏季的环流结构发现，1958 年渤海海峡从表层到底层海流是北进南出，而 2000 年则在渤海海峡中部的中上层出流，证明了渤海盐度场的变化直接影响了渤海海峡的环流结构。这也是已有的关于渤海海峡夏季环流结构不同结论的原因所在。例如，王强（2004）的结论是基于 1999 年的观测数据提出的，韩亚琼和沈永明（2013）的结论是以 1992 年的温盐场为基准的，林霄沛等（2002）的结论是基于 2000 年的观测数据得出的。

　　图 2.1 显示的是渤海海峡北部的海流观测数据，时间为 2014 年 8～11 月。数据表明，2014 年夏季渤海海峡北端的环流结构是北进形式的，从表层到底层，海流基本都是从黄海流入渤海的，流速从表层到底层逐渐递减，除表层流速最大外，在跃层存在深度（10～15m）处存在一流速变化水层，总体上海流以东西向流为主，南北向流速微弱。与夏季相比，秋季（9～11 月）海峡北端的海流从表层到底层均比夏季减弱，特别是中层以上（<35m）的水层，秋季流速明显不如夏季大，中上层流速为 10～60cm/s。渤海底部的流速较弱，海流在 10^0cm/s 的量级，夏、秋季海底流速变化不大，东西方向上都是西向流。数值模拟结果（图 2.2）也显示，2014 年 8 月渤海海峡北部以入流为主，7～10 月入流最强，与图 2.1 观测的流速分布一致。到冬季的时候，渤海海峡北部入流减弱，整个海峡处的流场与夏季相比整体减弱，这与王金华等（2011）的结论一致。

　　渤海海峡处水交换存在季节变化，在旅顺—蓬莱沿线划分 21 个站点（图 2.3），依据数值模拟的结果分析各站点流量的季节变化。如图 2.3 所示，渤海海峡处的海流大概以站点 EX15 为分界点，EX15 站点以北海流均为入流，即从黄海流入渤海，

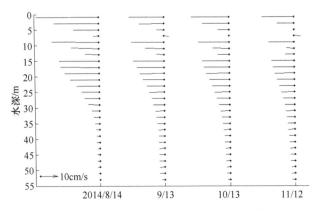

图 2.1　2014 年 8～11 月渤海海峡北部站点观测的海流分布

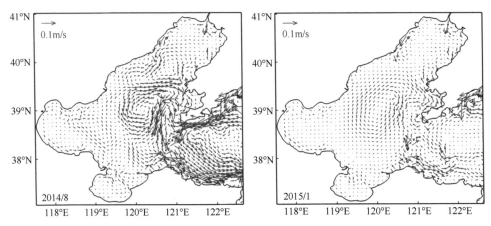

图 2.2　2014 年 8 月和 2015 年 1 月垂向平均流速场

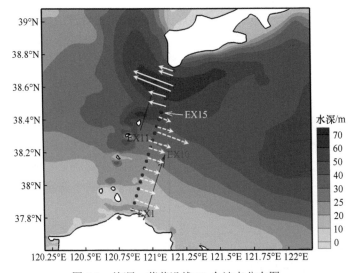

图 2.3　旅顺—蓬莱沿线 21 个站点分布图

流量主要为负值，入流主要集中在 5～10 月，在海峡最北端（EX20、EX21）靠近岸边附近，海流在冬季出现短暂的东向流，这可能是与边界相互作用造成的。EX15 站点以南所有站点的流量在一年中均为正值，表明海流是出流状态，即海流从渤海流入黄海。

2.2　渤海海峡水交换的影响因素

渤海海峡处的海流受多种因素影响，如风、潮汐、海平面、温盐、地形等。有研究发现，在狭长且较浅的海峡中，受风的影响海水上下混合均匀，风产生的海平面坡度是驱动海峡海流的主要因素，如马六甲海峡、多佛尔海峡、巽他海峡、新加坡海峡等（Ningshi et al.，2000；Chen et al.，2005；Amiruddin et al.，2011；Rizal et al.，2012；Li et al.，2015）。梅奈海峡由于是浅水海峡，潮差与水深同量级，在海平面基本不变化的情况下，海峡处的海流主要是由潮汐不对称性产生的（Harvey，1968）。冬季濑户内海垂向上海水完全混合，由于低摩擦效应海底的海流比表层弱很多，而夏天密度分层的存在导致海峡处的净流也较慢（Chang et al.，2009）。在狭长的海峡中岛礁、岛屿、岸基等的存在会增加海峡处海流结构的复杂性，在托雷斯海峡（Torres Strait）中净流是由风和海峡两端的海平面差异直接控制的（Wolanski et al.，2013）。

渤海海峡是浅水海峡，在海峡内侧有多个岛屿，其地貌性质与濑户内海、托雷斯海峡等均有相似性，渤海的潮汐来自外海潮波，大洋潮波的影响及外海强迫的变化最终以海平面波动的形式传播进入渤海，导致渤海海峡两端的海平面存在差异（Zhang et al.，2018），并且渤海处于东亚季风控制下，具有明显的季风特点。因此，我们认为渤海海峡处的海流受风应力、海平面差异和外海强迫影响（图 2.4）。数据分析显示，渤海海峡两端的海平面差异变化与海峡处净流高度相关，当北黄海海平面高于渤海时，在海峡东西方向上会产生海平面坡度，驱动海水流入渤海，反之则流出渤海。受海平面坡度的影响，渤海海峡南部的出流约占 2/3，与图 2.3 的模拟结果一致，海峡处海流的最大流速为 0.25m/s。敏感分析结果显示，渤海海峡处潮汐对净流的影响可以忽略，但是冬季大风的影响尤其重要。冬季风暴对渤海水交换起主导作用，可将海水的冲刷速度提高 50%，且外海的长波经黄海传到渤海（海平面的波动），也会影响海峡处的净流（Li et al.，2015）。

我们使用 LOICZ 模型估算的渤海盐度与黄海的交换时间约为 1.68 年，数值模式计算的暴露时间（物质离开渤海后再返回）为 1.56 年，二者相近，均比 Hainbucher 等（2004）估算的渤海水 0.5～1 年的净化时间长，这是因为 Hainbucher 等（2004）采用的水体更新时间假设污染物一旦流出渤海后不再返回，这与实际情况有差异，导致其交换时间变短（Li et al.，2015）。

图 2.4　渤海净流控制过程示意图

考虑到冬、夏季渤海海峡处海流的海洋过程不同，我们通过敏感试验来说明风和温盐等对渤海海峡水交换的影响。标准试验与正压试验对比，二者的差异显示的是斜压效应的贡献（图 2.5）。标准试验与无风试验对比，二者的差异则是风的影响（图 2.6）。在渤海海峡南北两端各选取一个站点分别进行比较，北端选取

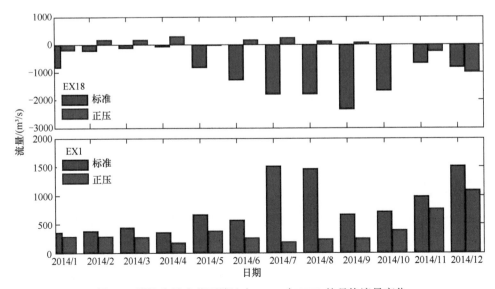

图 2.5　渤海海峡南北两端站点 EX18 与 EX1 的月均流量变化
正压试验没有斜压效应

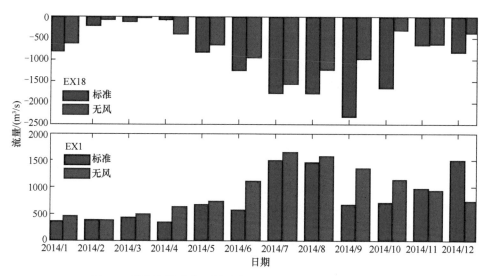

图 2.6　渤海海峡南北两端站点 EX18 与 EX1 的月均流量变化

站点 EX18,南端选取站点 EX1。模拟结果显示,2014 年渤海海峡断面流量存在季节变化,北端为流入渤海海峡,南端为流出渤海海峡,月均流量显示南北两端的流量均存在季节变化,都是夏季流量最大,冬季次之,春、秋两季较弱,为过渡时期,春季可能是流量最小时期。很明显,相同时期南北两端的流量存在差异,基本上北端单位宽度的入流流量大于南端单位宽度的出流流量,例如,夏季北端单点最大流量约 $2.5 \times 10^3 \mathrm{m}^3/\mathrm{s}$,而南端仅约 $1.5 \times 10^3 \mathrm{m}^3/\mathrm{s}$。正如前面所述结论,渤海海峡的流量特征是海峡北部流量大、流幅窄(1/3),而海峡南部流量小、流幅宽(2/3)。

从图 2.5 可以看出,在海峡北端 EX18 站点,标准试验与正压试验的出入流方向基本相反(1 月、5 月、11 月、12 月除外)。即标准试验中在风、温盐、潮汐、径流等综合因素影响下,渤海海峡北端的流量为负,海流是入流状态,季节变化上春季流量最小,而正压试验不考虑温盐的斜压效应,在风、潮汐、径流等驱动下,海峡北端的流向只有在 1 月、5 月、11 月、12 月为入流,且流量总体略小于标准试验的入流量。这说明渤海海峡北端的海流在冬季基本不受斜压效应的影响,温盐斜压效应的存在会增大入流强度,但不会改变流向。事实上由于冬季大风与浅水效应,海峡处温盐结构基本上下一致(鲍献文和吴德星,2004),不存在温盐层化现象,斜压效应微弱。因此,冬季海峡北端的海流主要受风、潮汐、地形、径流等影响。而在春、夏、秋三季,没有考虑斜压效应导致流向改变,均由入流变为出流,且流量也大大减少,小于 $0.5 \times 10^3 \mathrm{m}^3/\mathrm{s}$。二者流向的差异说明了温盐结构斜压效应的作用,证明了海峡北端海流在春、夏、秋三季主要是由温盐的斜压效应控制的,即从春季开始,渤海海峡处温盐层化开始形成,到了夏季温跃层形成并达到强盛时期，增大了入流强度。正如已有研究结果中指出的夏季渤海海峡密度流占主（黄大吉等，1998；魏泽勋等，2003；徐江玲等，2007；王金华等，2011；李爱超等，2016），如图1.4所示，夏季渤海海峡北端形成温跃层，有利于密度流的形成发展，可见渤海海峡北端斜压效应的重要性，北端的入流在春、夏、秋季主要受密度流控制，而且夏季的大流量也主要是密度流的贡献。

标准试验与无风试验的对比结果显示（图2.6），海峡南北两端的流向都没有发生变化，海峡北端流量增加（除4月外），而海峡南端流量减少（除11月、12月、2月外）这说明风的存在会增加海峡处的流量，特别是在12月海峡南端，冬季大风会大大增加流量，约是无风状态的2倍，这与Li等（2015）得出的冬季大风重要性的结论是一致的。万修全等（2015）分析了渤海中部2005～2007年的风场，发现渤海冬季风明显强于夏季，日均风速达到7m/s，风速变化频率很高、幅度很大，大风过程风速可以达到12m/s。模拟发现，大风过程流速明显增加了6cm/s，大风作用下的渤海流场结构在冬季占主导作用，大风过程对冬季渤海环流的贡献较大，可以控制渤海海峡处的出流和入流，提高渤海与黄海之间的水交换能力。冬季大风影响渤海与黄海的水交换，大风过程使黄海暖流入侵渤海更加深入，冬季大风还会促进渤海水交换，海峡南部的水交换带变宽（李静等，2015）。

总体上，冬、夏季渤海海峡的环流均表现为"北进南出"，但机制有所不同。冬季主要是由冬季风控制的，而夏季主要由密度流引起。各季节流速、流量有所差别，夏季北进流量增大，冬季南出流量增大。

参 考 文 献

鲍献文, 吴德星. 2004. 2000年夏末和翌年初冬渤海水文特征. 海洋学报, 26(1): 14-24.

管秉贤. 1957. 中国沿岸的表面海流与风的关系的初步研究. 海洋与湖沼, 1(1): 95-122.

韩亚琼, 沈永明. 2013. 基于EFDC的渤海冬夏季环流及其影响因素的数值研究. 水动力学研究与进展, 28(6): 733-744.

黄大吉, 苏纪兰, 张立人. 1998. 渤海冬夏季环流的数值研究. 空气动力学学报, 16(1): 115-121.

江文胜, 吴德星, 高会旺. 2002. 渤海夏季底层环流的观测与模拟. 中国海洋大学学报(自然科学版), 32(4): 511-518.

李爱超, 乔璐璐, 万修全, 等. 2016. 渤海海峡悬浮体分布、通量及其季节变化. 海洋与湖沼, 47(2): 310-318.

李静, 宋军, 牟林, 等. 2015. 冬季大风影响下的渤黄海水交换特征. 海洋通报, 34(6): 647-656.

林霄沛, 吴德星, 鲍献文, 等. 2002. 渤海海峡断面温度结构及流量的季节变化. 中国海洋大学学报(自然科学版), 32(3): 355-360.

缪经榜, 刘兴泉. 1989. 北黄海和渤海冬季环流动力学的数值实验. 海洋学报, 11(1): 15-22.

沈鸿书, 毛汉礼. 1964. 渤海和北黄海西部的基本水文地质特征. 海洋科学集刊, 1: 1-22.

万修全, 马倩, 马伟伟. 2015. 冬季高频大风过程对渤海冬季环流和水交换影响的数值模拟. 中国海洋大学学报(自然科学版), 45(4): 1-8.

王海燕, 高增祥, 邹涛, 等. 2010. 渤海淡水存留时间分析. 生态学杂志, 29(3): 498-503.

王金华, 沈永明, 石峰, 等. 2011. 基于拉格朗日粒子追踪的渤海冬季与夏季环流及影响因素. 水利学报, 42(5): 544-553.

王强. 2004. 渤海环流的季节变化及浮游生态动力学模拟. 中国海洋大学硕士学位论文.

王悦. 2005. M_2 分潮潮流作用下渤海湾物理自净能力与环境容量的数值研究. 中国海洋大学硕士学位论文.

魏皓, 田恬, 周锋, 等. 2002. 渤海水交换的数值研究——水质模型对半交换时间的模拟. 中国海洋大学学报(自然科学版), 32(4): 519-525.

魏泽勋, 李春雁, 方国洪, 等. 2003. 渤海夏季环流和渤海海峡水体输运的数值诊断研究. 海洋科学进展, 21(4): 454-464.

吴德星, 万修全, 鲍献文, 等. 2004. 渤海 1958 年和 2000 年夏季温盐场及环流结构的比较. 科学通报, 49(3): 287-292.

徐江玲, 吴德星, 林霄沛, 等. 2007. 夏季渤海中部环流结构研究. 中国海洋大学学报(自然科学版), 37(s1): 10-14.

张志欣, 乔方利, 郭景松, 等. 2010. 渤海南部沿岸水运移及渤黄海水体交换的季节变化. 海洋科学进展, 28(2): 142-148.

赵保仁, 曹德明. 1998. 渤海冬季环流形成机制动力学分析及数值研究. 海洋与湖沼, 29(1): 86-96.

Amiruddin A M, Ibrahim Z Z, Ismail S A. 2011. Water mass characteristics in the Strait of Malacca using ocean data view. Research Journal of Environmental Sciences, 5(1): 49-58.

Chang P H, Guo X, Takeoka H. 2009. A numerical study of the seasonal circulation in the Seto Inland Sea, Japan. Journal of Oceanography, 65(6): 721-736.

Chen M, Murali K, Khoo B, et al. 2005. Circulation modelling in the strait of Singapore. Journal of Coastal Research, 21(5): 960-972.

Choi B. 1982. Note on currents driven by a steady uniform wind stress on the Yellow Sea and the East China Sea. La Mer, 20(2): 65-74.

Hainbucher D, Wei H, Pohlmann T, et al. 2004. Variability of the Bohai Sea circulation based on model calculations. Journal of Marine System, 44(3-4): 153-174.

Harvey J G. 1968. The flow of water through the Menai Straits. Geophysical Journal International, 15(5): 517-528.

Li Y F, Wolanski E, Zhang H. 2015. What processes control the net currents through shallow straits? A review with application to the Bohai Strait, China. Estuarine, Coastal and Shelf Science, 158: 1-11.

Ningshi N S, Yamashita T, Aouf L. 2000. Three-dimensional simulation of water circulation in the Java Sea: influence of wind waves on surface and bottom stresses. Natural Hazards, 21(2-3): 145-171.

Rizal S, Damm P, Wahid M A, et al. 2012. General circulation in the Malacca Strait and Andaman Sea and Andaman Sea: a numerical model study. American Journal of Environmental Sciences, 8(5): 479-488.

Wei H, Wu J P, Pohlmann T. 2001. A simulation on the seasonal variation of the circulation and transport in the Bohai Sea. Journal of Oceanography of Huanghai & Bohai Seas, 19(2): 1-9.

Wolanski E, Lambrechts J, Thomas C, et al. 2013. The net water circulation through Torres Strait. Continental Shelf Research, 64: 66-74.

Zhang Z, Qiao F, Guo J, et al. 2018. Seasonal changes and driving forces of inflow and outflow through the Bohai Strait. Continental Shelf Research, 154: 1-8.

第 3 章

渤海区域大气颗粒物污染
特征及多环芳烃沉降通量

3.1 砣矶岛 PM2.5 污染特征

3.1.1 PM2.5 浓度

将 2011 年秋季至 2013 年冬季 123 个大气样品按季节进行划分,对 PM2.5 浓度进行了统计分析,结果见表 3.1。可见,采样期间 PM2.5 浓度平均值为 53.5μg/m³,总体浓度在 7.8~144.2μg/m³。PM2.5 浓度的平均值比中值高出 11.3μg/m³,约占平均值的 21%,说明总体样品浓度呈现一定程度的偏态分布。偏度是用于衡量数据分布的不对称程度或偏斜程度的指标。如表 3.1 所示,总体样品的偏度为 0.88,说明总体样品浓度分布呈现右偏特征,即较低浓度的样品量相对较多。相似地,峰度是用于衡量数据分布的集中程度或分布曲线尖峭程度的指标。总体样品的峰度为 −0.22,说明样品浓度分布呈现低峰态特征。

表 3.1 2011 年秋季至 2012 年冬季砣矶岛 PM2.5 浓度变化

	全部样品	2011 年秋	2011 年冬	2012 年春	2012 年夏	2012 年秋	2012 年冬
样品数	123	5	26	28	27	22	15
最小值/(μg/m³)	7.8	9.3	8.8	31.1	7.8	10.9	10.8
最大值/(μg/m³)	144.2	61.8	108.9	144.2	140.6	110.9	117.0
平均值/(μg/m³)	53.5	35.1	39.9	78.2	50.6	44.8	55.1
中值/(μg/m³)	42.2	30.1	27.0	78.4	40.4	37.5	39.2
标准差/(μg/m³)	35.5	20.7	27.8	35.1	36.6	30.2	38.0
偏度	0.88	0.16	1.19	0.36	1.46	0.80	0.63
峰度	−0.22	−1.17	0.92	−1.13	1.20	−0.27	−1.21
K-S 值	0.01	0.99	0.26	0.48	0.09	0.82	0.38

注:K-S 值是指 Kolmogorov-Smirnov 检验值;2012 年冬指 2012 年 12 月和 2013 年 1 月,本章余同

砣矶岛四季特征较为明显,3~5 月为春季,6~8 月为夏季,9~11 月为秋季,12 月至次年 2 月为冬季。总体上,无论是按平均值还是中值进行评估,浓度水平最高的季节均为 2012 年春季,分别约为总体水平的 1.5 倍和 1.9 倍。这个季节 PM2.5 浓度的平均值和中值均处于较高的水平,且量值基本相当,说明这个季节有较强的污染源贡献,且贡献的状态相对比较稳定。单个样品的浓度最大值也出现在这个季节,达 144.2μg/m³,其分布特征与总体样品浓度的分布类似,呈现右偏和低峰态特征,只是右偏幅度相对较小。

2012 年夏季 PM2.5 浓度平均值为 50.6μg/m³,中值为 40.4μg/m³,同年冬季浓度水平分别为 55.1μg/m³ 和 39.2μg/m³,这两个季节的浓度水平基本相当,也基本接近总体样品的浓度水平,处于次高水平。虽然这两个季节的浓度平均水平相当,

但其分布呈现明显的差异。2012 年冬季样品浓度分布与总体和 2012 年春季的分布类似，呈现右偏和低峰态特征。但同年夏季的浓度分布表现出明显的差异，偏度达 1.46，是各季节中对应值中的最大值，说明这一时期的浓度分布呈现出更加明显的右偏特征，即较低浓度的样品量比重最大。同时，峰度为 1.20，一反上述总体和 2012 年春、冬季小于 0 的特征，说明样品浓度分布呈现高峰态特征。这些特征说明 2012 年夏季以低 PM2.5 浓度的样品为主，少量较高的浓度贡献了其较高的平均浓度水平，例如，整体采样期间次高值出现在 2012 年夏季，就从侧面反映了这个现象。

2011 年秋季 PM2.5 浓度平均值为 35.1μg/m^3，中值为 30.1μg/m^3，同年冬季浓度水平分别为 39.9μg/m^3 和 27.0μg/m^3，这两个季节的浓度水平基本相当，处于表 3.1 中所列季节浓度的最低水平。这两个季节的浓度水平基本为总体的 60%～75%。因样品是从 2011 年 11 月 15 日开始采集，代表 2011 年秋季的样品数量只有 5 个，在此不做进一步讨论。2011 年冬季 PM2.5 浓度明显低于 2012 年冬季的浓度，按平均值计算，2011 年冬季的浓度约是 2012 年冬季的 72%。数据的分布特征也呈现出明显的差异，2011 年冬季呈现更加明显的右偏和高峰态特征。

为进一步认识季节性盛行风与砣矶岛 PM2.5 浓度之间的关系。对 2011 年冬季和 2012 年春、夏、秋季这 4 个季节的采样日按 0:00、6:00、12:00、18:00 利用反向轨迹模型计算了 4 个频次 72h 的采样点气团反向轨迹，并对各季节的气团轨迹进行了聚类统计。结果显示，2011 年冬季和 2012 年秋季的聚类气团轨迹相似性最高，受东亚冬季风的影响，主要表现为盛行西北风，所占比例分别为 67%和 66%。同时，因均为 72h 的气团轨迹，故根据反向轨迹的延伸范围得出，在盛行西北风的情况下冬季的风速大于秋季的风速。春季是东亚冬季风向夏季风转换的过渡期，可见 2012 年春季的气团均来自采样点的西北方向，表征为西北风，与 2011 年冬季的风相比，风频由 67%下降到 41%，风速也明显减小。与此同时，春季有较高比例的风来自于北黄海，经山东半岛到达砣矶岛。到了夏季，来自北黄海，经山东半岛到达砣矶岛的东南风成为盛行风，风频达到 68%。从季节性气团后退轨迹聚类分析来看，PM2.5 浓度分布的变化与盛行风具有很强的关联性，具体表现为 2011 年秋季和 2012 年冬季 PM2.5 浓度分布与盛行风型的变化均高度相似；与 2011 年冬季相比，2012 年春季 PM2.5 浓度分布向右偏移，说明其浓度水平升高，与春季的风速降低及 59%的风型经山东半岛相一致，这里需注意的是经山东半岛到砣矶岛的风型是经陆地到砣矶岛最近的路径；而到了夏季，盛行风主要来自海上，PM2.5 整体浓度水平明显下降。这说明环渤海地区的颗粒物污染水平存在明显的时空变化特征。

表 3.2 列出了 2013 年冬季和夏季我国 14 个城市 PM2.5 的浓度（曹军骥等，2014）。2012 年冬季，砣矶岛 PM2.5 的浓度水平明显低于这些城市 2013 年冬季的

浓度水平，这 14 个城市的 PM2.5 平均浓度是砣矶岛的 1.3～5.1 倍，其中西安为 5.1 倍。距离砣矶岛相对较近的北京、天津、青岛的 PM2.5 平均浓度分别是砣矶岛的 3.0 倍、3.6 倍和 2.4 倍。2013 年夏季，有 9 个城市的 PM2.5 平均浓度低于 2012 年夏季砣矶岛的 PM2.5 平均浓度，如长春、上海、广州、武汉和香港等。这 14 个城市与砣矶岛的 PM2.5 平均浓度比值为 0.5～1.7。距离砣矶岛相对较近的北京、天津、青岛 3 个城市的 PM2.5 平均浓度分别是砣矶岛的 1.2 倍、1.7 倍和 1.2 倍。可见，夏季华北地区是我国颗粒物污染最为严重的地区。除厦门以外，13 个城市的夏季和冬季 PM2.5 平均浓度的比值为 0.2～0.6，而砣矶岛的对应比值约为 0.9。这也说明砣矶岛 PM2.5 浓度基本表征环渤海地区的背景水平，受人为源排放强度变化的影响较城市明显偏小。

表 3.2　2013 年冬、夏季我国 14 个城市的 PM2.5 浓度　　（单位：μg/m^3）

城市	2013 年冬				2013 年夏			
	平均值	标准差	最小值	最大值	平均值	标准差	最小值	最大值
西安	283.3	117.7	102.7	465.3	60.0	40.5	19.3	199.5
重庆	172.6	40.5	113.4	248.2	46.5	14.8	40.1	89.1
天津	197.0	98.7	49.4	438.9	88.5	35.2	46.8	184.1
杭州	160.5	44.3	94.7	276.9	31.4	12.6	34.5	62.1
武汉	184.1	45.9	65.1	269.1	40.1	15.9	23.4	94.0
长春	170.8	62.9	38.3	254.3	30.7	22.8	9.8	93.3
榆林	77.2	34.1	27.4	164.1	45.2	19.1	28.7	104.9
上海	98.2	40.1	37.7	186.5	29.7	14.8	16.7	81.9
青岛	134.4	64.6	45.7	237.3	59.3	28.7	22.0	110.8
北京	163.7	108.6	28.1	451.2	61.1	33.5	32.9	141.4
广州	86.3	24.1	34.5	130.3	27.1	19.4	19.7	103.8
香港	71.5	21.4	29.8	113.9	45.3	18.6	19.8	131.5
金昌	87.2	35.0	30.6	199.5	43.7	15.0	15.4	77.5
厦门	72.4	21.2	37.9	116.7				

　　大气中的细颗粒气溶胶是各类污染源共同作用的结果，因而其成分较为复杂，且在时空上存在一定差异性。细颗粒气溶胶中的组分通常可分为碳质组分、水溶性离子和无机金属元素三大类。为全面了解砣矶岛 PM2.5 的污染特征及其来源，对采集的样品进行了碳质组分、水溶性离子和无机金属元素的分析。

3.1.2　PM2.5 中的碳质组分

　　对 2011 年 11 月至 2013 年 1 月 123 个大气样品中的有机碳（organic carbon,

OC)、元素碳(elemental carbon,EC)浓度进行了总体和分季节统计分析,结果见表 3.3 和表 3.4。采样期间 OC 浓度平均值为 $4.0\mu g/m^3$,总体浓度为 $0.2\sim14.7\mu g/m^3$;EC 浓度平均值为 $2.0\mu g/m^3$,总体浓度为 $0.02\sim13.6\mu g/m^3$。OC 占 PM2.5 浓度比例的平均值为 8.4%,值为 $1.1\%\sim39.3\%$;EC 占 PM2.5 浓度比例的平均值为 4.0%,值为 $0.03\%\sim17.2\%$;OC 和 EC 之和占 PM2.5 浓度比例的平均值为 12.4%,值为 $1.5\%\sim50.1\%$。

表 3.3　2011 年秋季至 2012 年冬季砣矶岛 OC 浓度变化

	全部样品	2011 年秋	2011 年冬	2012 年春	2012 年夏	2012 年秋	2012 年冬
样品数	123	5	26	28	27	22	15
最小值/($\mu g/m^3$)	0.2	0.9	0.8	2.1	0.2	1.2	1.4
最大值/($\mu g/m^3$)	14.7	3.5	9.7	9.1	14.7	11.0	11.5
平均值/($\mu g/m^3$)	4.0	2.3	3.6	5.0	3.2	3.9	5.3
中值/($\mu g/m^3$)	3.5	2.1	3.0	4.7	2.0	3.1	4.6
标准差/($\mu g/m^3$)	2.8	1.0	2.4	2.0	3.5	2.8	3.2
偏度	1.28	−0.41	1.17	0.36	2.28	1.25	0.88
峰度	1.55	−0.28	1.08	−0.81	5.02	0.80	−0.04
K-S 值	0.05	0.99	0.56	0.79	0.03	0.23	0.61

注:K-S 值是指 Kolmogorov-Smirnov 检验值

表 3.4　2011 年秋季至 2012 年冬季砣矶岛 EC 浓度变化

	全部样品	2011 年秋	2011 年冬	2012 年春	2012 年夏	2012 年秋	2012 年冬
样品数	123	5	26	28	27	22	15
最小值/($\mu g/m^3$)	0.02	1.1	0.5	0.7	0.02	0.2	0.2
最大值/($\mu g/m^3$)	13.6	6.0	13.6	3.6	4.2	3.3	3.8
平均值/($\mu g/m^3$)	2.0	3.8	3.3	1.9	1.1	1.3	1.6
中值/($\mu g/m^3$)	1.3	3.8	2.3	1.9	0.7	1.2	1.4
标准差/($\mu g/m^3$)	1.99	2.07	3.39	0.87	1.04	0.91	1.18
偏度	3.06	−0.24	1.82	0.27	1.65	0.53	0.80
峰度	12.93	−1.72	2.97	−1.20	2.27	−0.75	−0.50
K-S 值	0.01	0.99	0.08	0.45	0.04	0.87	0.62

注:K-S 值是指 Kolmogorov-Smirnov 检验值

PM2.5 中 OC 和 EC 浓度的平均值比中值分别高出 $0.5\mu g/m^3$ 和 $0.7\mu g/m^3$,分别约占其平均值的 12.5%和 35%,说明 EC 浓度的偏态程度要高于 OC 浓度。OC 和 EC 全部样品浓度数据的偏度和峰度均大于 0,表明 OC 和 EC 浓度分布均表现为右偏和高峰态特征,EC 的右偏和高峰特征比 OC 的相应特征更明显。

从季节上看,2012 年春季 OC 浓度的平均值和中值分别为 $5.0\mu g/m^3$ 和

$4.7\mu g/m^3$，分别为总体水平的 1.25 倍和 1.34 倍；同年冬季 OC 浓度的平均值和中值分别为 $5.3\mu g/m^3$ 和 $4.6\mu g/m^3$，分别为总体水平的 1.3 倍和 1.31 倍，这两个季节的 OC 浓度水平基本相当，其他几个季节的 OC 浓度均低于总体水平，可见 OC 的高浓度主要出现在 2012 年春季和冬季。从低浓度水平来看，2011 年秋季 OC 浓度的平均值和中值分别为 $2.3\mu g/m^3$ 和 $2.1\mu g/m^3$，均为总体水平的 60%；2012 年夏季 OC 浓度的平均值和中值分别为 $3.2\mu g/m^3$ 和 $2.0\mu g/m^3$，分别为总体水平的 80% 和 60%，这两个季节的 OC 浓度水平也基本相当。冬季和春季 OC 浓度较高可能主要与由供暖导致的污染排放增加及逆温和不利的大气扩散等有关（Cao et al.，2007；Feng et al.，2007）。

类似于 OC 浓度季节变化的分析，2011 年秋季 EC 浓度的平均值和中值均为 $3.8\mu g/m^3$，分别为总体水平的 1.9 倍和 2.9 倍；同年冬季 EC 浓度的平均值和中值分别为 $3.3\mu g/m^3$ 和 $2.3\mu g/m^3$，分别为总体水平的 1.7 倍和 1.8 倍。这两个季节的 EC 浓度水平基本相当，明显高于其他季节，即 EC 的高浓度主要出现在 2011 年的秋季和冬季。这一较高的 EC 浓度主要是由于在东亚冬季风的作用下，京津冀地区的 EC 高污染（Zhang et al.，2013）被传输至渤海海峡中部的砣矶岛。例如，Feng 等（2007，2012）在距离砣矶岛不远的长岛的监测结果证明了京津冀地区大气污染经传输对渤海的影响。

3.1.3 PM2.5 中的水溶性离子

每个月选取 4～7 个样品进行了水溶性离子分析（表 3.5）。按季节对分析的水溶性离子进行统计。全部样品按平均值进行比较，从大到小依次为 SO_4^{2-}（$10.75\mu g/m^3$）$>NO_3^-$（$7.07\mu g/m^3$）$>NH_4^+$（$2.63\mu g/m^3$）$>K^+$（$0.69\mu g/m^3$）$>Cl^-$（$0.49\mu g/m^3$）$>Na^+$（$0.42\mu g/m^3$）$>Ca^{2+}$（$0.29\mu g/m^3$）$>Mg^{2+}$（$0.04\mu g/m^3$）。SO_4^{2-}、NO_3^- 和 NH_4^+ 占水溶性离子的比例较大，分别为 48.0%、31.6%、11.8%，合计为 91.4%；按中值从大到小依次为 SO_4^{2-}（$8.64\mu g/m^3$）$>NO_3^-$（$4.18\mu g/m^3$）$>NH_4^+$（$2.22\mu g/m^3$）$>K^+$（$0.50\mu g/m^3$）$>Na^+$（$0.40\mu g/m^3$）$> Cl^-$（$0.19\mu g/m^3$）$>Ca^{2+}$（$0.15\mu g/m^3$）$>Mg^{2+}$（$0.03\mu g/m^3$）。仍是 SO_4^{2-}、NO_3^- 和 NH_4^+ 占水溶性离子的比例较大，分别为 53.0%、25.7%、13.6%，合计为 92.3%。均值与中值的大小顺序相比，总体的顺序是一致的，只有 Na^+ 和 Cl^- 之间的顺序位置发生了变化。总体上是均值大于中值，说明样品的分布表现为右偏特征。相似地，这 8 种水溶性离子的峰度均大于 0，说明数据呈现高峰态分布。从季节上看，这 8 种水溶性离子的浓度变化特征存在一定的差异。因数据呈现一定的偏态性，这里利用中值评估其季节变化特征。总体上，2012 年春季的水溶性离子中值浓度处于最高水平，如 SO_4^{2-}（$10.14\mu g/m^3$）、NO_3^-（$9.65\mu g/m^3$）、K^+（$0.91\mu g/m^3$）、Cl^-（$0.44\mu g/m^3$）和 Ca^{2+}（$0.34\mu g/m^3$）这 5 种离子的最高值及

NH_4^+（2.53μg/m³）的次高值均出现在 2012 年春季；2012 年夏季的水溶性离子中值浓度处于最低水平，例如，NO_3^-（2.79μg/m³）、K^+（0.21μg/m³）、Cl^-（0.08μg/m³）和 Na^+（0.30μg/m³）这 4 种离子中值浓度的最低值均出现在 2012 年夏季。

表 3.5　PM2.5 中水溶性离子浓度统计量　（单位：μg/m³）

		2011 年冬	2012 年春	2012 年夏	2012 年秋	2012 年冬	全部样品
	样品数	17	14	15	14	11	71
SO_4^{2-}	平均值	7.13	12.14	14.41	9.37	11.36	10.75
	中值	4.03	10.14	8.94	8.36	5.46	8.64
	偏度	1.18	1.60	2.91	1.07	1.10	2.66
	峰度	1.48	2.64	9.51	0.71	−0.05	10.62
NO_3^-	平均值	7.16	10.90	3.73	7.19	6.48	7.07
	中值	4.74	9.65	2.79	3.23	6.98	4.18
	偏度	1.48	0.50	1.97	1.38	1.30	1.32
	峰度	1.78	−0.88	4.33	1.00	2.37	0.97
NH_4^+	平均值	2.49	3.13	2.24	1.99	3.56	2.63
	中值	1.97	2.53	1.81	1.65	3.01	2.22
	偏度	0.70	1.56	0.55	1.91	0.65	1.34
	峰度	−0.74	2.03	−0.94	4.88	−0.82	1.51
K^+	平均值	0.55	0.80	0.80	0.69	0.61	0.69
	中值	0.31	0.91	0.21	0.69	0.55	0.50
	偏度	0.92	−0.21	2.19	0.54	0.55	2.65
	峰度	−0.18	−1.50	4.69	−0.57	−0.17	11.41
Cl^-	平均值	0.74	0.78	0.22	0.32	0.29	0.49
	中值	0.34	0.44	0.08	0.11	0.12	0.19
	偏度	1.40	1.99	3.33	1.76	0.65	2.28
	峰度	1.08	3.62	11.69	2.67	−1.17	5.25
Na^+	平均值	0.35	0.42	0.31	0.53	0.51	0.42
	中值	0.33	0.40	0.30	0.47	0.51	0.40
	偏度	0.52	0.58	0.76	3.25	0.60	1.52
	峰度	−1.18	1.86	0.10	11.34	−1.12	5.84
Ca^{2+}	平均值	0.19	0.63	0.19	0.33	0.13	0.29
	中值	0.03	0.34	0.13	0.11	0.11	0.15
	偏度	2.90	1.13	1.80	3.57	0.99	2.79
	峰度	8.62	−0.09	2.57	13.08	0.05	7.48
Mg^{2+}	平均值	0.05	0.07	0.01	0.03	0.05	0.04
	中值	0.05	0.05	0.01	0.01	0.05	0.03
	偏度	0.69	0.70	0.36	1.21	0.17	1.04
	峰度	−0.35	−0.72	−1.85	0.30	−1.53	0.19

值得注意的是，单个样品各离子浓度的最大值与季节平均浓度的最大值并不完全一致。例如，SO_4^{2-}和K^+的季节平均浓度高值出现在 2012 年春季，但单个样品浓度最大值出现在 2012 年夏季，分别为 65.2μg/m³ 和 4.37μg/m³，分别是春季单个样品浓度最大值的 1.8 倍和 3.1 倍，2012 年夏季 SO_4^{2-}和K^+的离差系数也高于春季。NO_3^-和 Ca^{2+}的季节高值同样出现在春季，但样品浓度最大值出现在秋季，分别为 27.56μg/m³ 和 2.23μg/m³，略高于其春季单个样品浓度的最大值，比值均约为 1.1，2012 年夏季 NO_3^-和Ca^{2+}的离差系数也高于春季。

如表 3.6 所示，水溶性离子浓度占 PM2.5 浓度的百分比与其浓度大小相似。就全部样品而言，SO_4^{2-}、NO_3^-和 NH_4^+这 3 种离子所占比例最大，三者之和按平均值计约为 33%，按中值计约为 29%；从季节而言，2012 年夏季这 3 种离子的贡献最高（平均值为 36.55%，中值为 34.36%），次高值出现在 2011 年冬季和 2012 年

表 3.6　水溶性离子浓度占 PM2.5 浓度的百分比　　　　（单位：%）

		SO_4^{2-}	NO_3^-	NH_4^+	K^+	Na^+	Cl^-	Ca^{2+}	Mg^{2+}
全部样品 （n=71）	最小值	4.68	0.57	1.11	0.00	0.28	0.00	0.00	0.00
	最大值	58.66	24.86	10.49	3.11	6.54	5.38	2.15	0.40
	平均值	18.08	10.35	4.81	1.13	1.06	0.81	0.50	0.08
	中值	16.44	8.62	4.18	1.00	0.72	0.44	0.35	0.06
2011 年冬 （n=17）	最小值	6.01	2.17	3.08	0.00	0.28	0.12	0.00	0.00
	最大值	27.89	24.38	10.49	1.88	6.54	5.38	1.40	0.40
	平均值	15.37	12.30	5.61	1.13	1.22	1.52	0.33	0.13
	中值	15.00	12.38	4.25	1.22	0.64	1.21	0.09	0.12
2012 年春 （n=14）	最小值	4.68	3.62	1.50	0.45	0.29	0.20	0.00	0.00
	最大值	29.44	21.44	7.26	1.79	1.07	2.49	2.04	0.18
	平均值	13.74	11.73	3.64	0.94	0.54	0.82	0.74	0.07
	中值	12.77	12.13	3.29	0.89	0.52	0.66	0.45	0.06
2012 年夏 （n=15）	最小值	15.20	0.57	2.03	0.00	0.31	0.00	0.04	0.00
	最大值	58.66	11.96	9.75	3.11	1.67	1.22	0.57	0.17
	平均值	25.40	6.10	5.05	1.07	0.77	0.31	0.36	0.04
	中值	22.83	6.68	4.85	0.67	0.75	0.20	0.35	0.02
2012 年秋 （n=14）	最小值	6.49	0.93	1.11	0.44	0.54	0.02	0.00	0.00
	最大值	39.82	24.86	8.81	2.02	3.12	1.45	2.15	0.22
	平均值	17.87	10.44	3.99	1.31	1.52	0.53	0.73	0.08
	中值	16.43	6.70	3.56	1.43	1.38	0.37	0.52	0.05
2012 年冬 （n=11）	最小值	10.37	6.24	3.64	0.76	0.46	0.09	0.00	0.00
	最大值	37.52	19.05	7.92	2.39	3.25	2.41	1.00	0.17
	平均值	18.11	11.24	5.80	1.20	1.30	0.74	0.35	0.08
	中值	16.03	10.16	5.49	1.16	1.05	0.38	0.31	0.09

冬季（2011 年冬季平均值为 33.3%，中值为 31.6%；2012 年冬季平均值为 35.2%，中值为 31.7%），贡献最低的时期为 2012 年春季和秋季（2012 年春季平均值为 29.1%，中值为 28.2%；2012 年秋季平均值为 32.3%，中值为 26.7%）。

3.1.4　PM2.5 中的无机金属元素

每个月选取 4～7 个 PM2.5 样品进行了 10 种金属元素分析，并从成分比例及来源指示的角度进行了分析。

按平均值计，分析的 10 种金属元素浓度之和占 PM2.5 总浓度的 1.6%，范围为 0.4%～6.0%，总体上所占比例处于较低的水平；2011 年冬和 2012 年春、夏、秋、冬季 5 个季节的 10 种元素浓度之和占 PM2.5 总浓度比例的平均值和范围分别为 1.8% 和 0.5%～5.2%、1.8% 和 0.6%～2.6%、1.3% 和 0.4%～6.0%、2.0% 和 0.5%～4.8%、1.5% 和 0.8%～3.4%。如表 3.7 所示，分析的 10 种金属元素当中，Fe 的浓度最高，按全部样品计算其浓度平均值为 0.53μg/m³，占 10 种金属元素浓度之和的 50.1%；存在一定的季节性变化，2012 年春季最高，浓度为 0.99μg/m³，比例达到 66.2%，2012 年夏季最低，浓度为 0.33μg/m³，比例降低为 38.9%。其次是 Mn，按全部样品计算浓度平均值为 0.20μg/m³，占 10 种金属元素浓度之和的 20.7%；也存在一定的季节性变化，2012 年秋季最高，浓度为 0.272μg/m³，比例达到 28.5%，2012 年冬季最低，浓度为 0.07μg/m³，比例达到 9.8%。Zn 和 Pb 的贡献比例相近，按全部样品计算浓度平均值均为 0.10μg/m³，分别占 10 种金属元素浓度之和的 10.8% 和 10.2%，这两个元素的季节变化规律一致，高比例出现在 2012 年夏季，浓度均为 0.10μg/m³，比例分别达到 14.5% 和 15.9%，低比例出现在 2012 年春季，浓度分别为 0.12μg/m³ 和 0.09μg/m³，比例分别达到 7.7% 和 5.8%。

表 3.7　PM2.5 中金属元素浓度统计量　　　　　　　（单位：μg/m³）

		2011 年冬 （n=17）	2012 年春 （n=14）	2012 年夏 （n=15）	2012 年秋 （n=14）	2012 年冬 （n=11）	全部样品 （n=71）
	最小值	0.001	0.001	0.000	0.000	0.002	0.000
As	最大值	0.008	0.008	0.047	0.020	0.012	0.047
	平均值	0.004	0.005	0.005	0.004	0.006	0.005
	最小值	0.000	0.000	0.000	0.000	0.000	0.000
Cd	最大值	0.002	0.002	0.010	0.004	0.003	0.010
	平均值	0.001	0.001	0.001	0.001	0.001	0.001
	最小值	0.000	0.000	0.000	0.001	0.001	0.000
Cr	最大值	0.009	0.012	0.027	0.014	0.007	0.027
	平均值	0.003	0.005	0.004	0.004	0.004	0.004

续表

		2011 年冬 （$n=17$）	2012 年春 （$n=14$）	2012 年夏 （$n=15$）	2012 年秋 （$n=14$）	2012 年冬 （$n=11$）	全部样品 （$n=71$）
	最小值	0.001	0.002	0.002	0.001	0.002	0.001
Cu	最大值	0.022	0.029	0.170	0.055	0.020	0.170
	平均值	0.008	0.013	0.018	0.011	0.009	0.012
	最小值	0.049	0.078	0.058	0.090	0.104	0.049
Fe	最大值	1.371	2.168	2.278	1.990	0.695	2.278
	平均值	0.443	0.993	0.331	0.498	0.366	0.527
	最小值	0.011	0.008	0.003	0.006	0.020	0.003
Mn	最大值	0.505	0.887	2.012	1.131	0.157	2.012
	平均值	0.126	0.268	0.242	0.272	0.065	0.198
	最小值	0.001	0.002	0.002	0.001	0.001	0.001
Ni	最大值	0.007	0.009	0.023	0.014	0.009	0.023
	平均值	0.003	0.006	0.005	0.004	0.004	0.004
	最小值	0.000	0.017	0.010	0.004	0.014	0.000
Pb	最大值	0.246	0.190	0.978	0.474	0.244	0.978
	平均值	0.082	0.087	0.115	0.102	0.105	0.098
	最小值	0.000	0.004	0.004	0.001	0.001	0.000
V	最大值	0.012	0.015	0.024	0.022	0.008	0.024
	平均值	0.004	0.008	0.008	0.005	0.003	0.006
	最小值	0.009	0.017	0.009	0.010	0.014	0.009
Zn	最大值	0.239	0.280	1.144	0.400	0.175	1.144
	平均值	0.076	0.116	0.121	0.111	0.095	0.103

注：n 表示样品数量

　　表 3.8 列出了 Duan 和 Tan（2013）梳理的我国 44 个城市和背景点大气中的重金属浓度。在列出我国 44 个城市和背景点大气中重金属浓度平均值的同时，为方便比较，将环渤海地区所包括的三省两市的 9 个城市监测结果列于表 3.8 的始端，也计算了其平均值。总体上，砣矶岛大气颗粒物中无机金属元素与其相比明显偏低。环渤海地区无机金属元素 Cr、Cd、Cu、As、Ni、V、Zn、Pb 和 Mn 平均浓度水平分别是砣矶岛相应元素的 28.15 倍、10.95 倍、9.13 倍、4.18 倍、6.19 倍、5.51 倍、4.32 倍、2.54 倍和 78%，全国 44 个城市和背景点相应元素浓度水平是砣矶岛的 21.43 倍、13.20 倍、9.75 倍、10.20 倍、7.25 倍、2.98 倍、4.12 倍、2.66 倍和 1.00 倍，这说明砣矶岛一定程度上反映了环渤海地区无机金属元素的大气背景本底浓度。同时，砣矶岛大气中无机金属元素浓度平均值基本与拉萨相当，且明显高于青藏高原，这也说明环渤海地区整体污染水平高于受人为活动影响较小的大背景区域。

表 3.8　中国 43 个城市和 1 个背景点大气中的重金属浓度　（单位：ng/m^3）

地点	Pb	V	As	Mn	Ni	Cr	Cd	Zn	Cu
北京	195.0	25.0	15.0	75.0	20.0	45.0	50.0	295.0	60.0
天津	291.0	12.0	—	220.0	25.0	352.0	—	—	487.0
石家庄	462.0	78.8	—	577.0	73.0	321.0	—	1656.0	162.0
济南	76.5	18.8	19.9	85.6	47.3	57.9	—	350.8	105.2
青岛	166.0	30.7	—	245.2	15.3	—	2.5	280.3	32.4
大连	193.0	—	12.3	41.0	7.0	26.4	1.6	189.0	19.6
锦州	264.0	—	29.3	49.9	18.3	35.3	3.4	153.0	25.2
抚顺	218.0	—	12.1	40.6	5.7	22.3	2.3	127.0	21.2
鞍山	376.0	—	36.9	47.4	11.4	40.8	5.9	509.0	73.3
9 个城市平均值	249.1	33.1	20.9	153.5	24.8	112.6	11.0	445.0	109.5
合肥	199.0	—	—	555.0	38.7	74.3	—	506.0	121.0
重庆	320.0	43.0	37.0	147.0	30.0	147.0	63.0	593.0	53.0
广州	417.3	19.7	39.2	134.6	—	53.6	10.4	1220.0	173.6
南宁	184.3	—	22.7	—	—	60.3	4.7	366.6	22.1
贵阳	68.0	—	—	—	—	—	—	26.0	65.0
哈尔滨	200.0	10.0	120.0	100.0	80.0	90.0	—	460.0	90.0
郑州	1572.0	—	185.2	781.4	40.6	128.4	47.4	—	337.0
武汉	415.6	11.5	46.9	155.6	6.5	14.0	9.0	604.4	36.9
长沙	92.5	—	—	33.3	38.9	—	—	171.2	138.9
南京	190.0	—	85.0	225.0	—	—	—	415.0	—
南昌	237.1	—	19.4	7.7	15.4	11.6	—	1.1	2.1
沈阳	346.0	—	30.2	40.1	26.9	35.5	1.9	388.0	56.4
呼和浩特	248.0	13.0	—	186.0	20.0	—	—	452.0	56.0
银川	143.3	—	200.0	107.5	—	—	—	190.0	—
上海	108.5	10.3	30.8	60.0	10.0	27.3	2.9	418.5	35.5
西安	230.5	—	10.6	687.0	—	167.3	—	421.5	95.0
太原	106.8	7.4	38.4	105.3	39.9	69.9	—	363.1	31.5
成都	182.2	—	5.9	87.1	3.7	11.3	6.6	387.8	29.2
台北	66.5	—	—	15.5	—	328.0	—	125.5	24.5
乌鲁木齐	67.1	—	—	76.9	213.6	—	3.2	—	215.3
拉萨	37.0	4.8	1.8	27.0	7.2	19.0	0.5	81.0	9.1
杭州	370.0	20.0	120.0	130.0	20.0	20.0	10.0	550.0	130.0
香港	76.2	4.2	3.9	13.0	5.9	3.7	—	0.3	21.3
青藏高原	2.9	1.0	1.0	3.6	1.3	0.8	—	5.3	4.8
佛山	765.3	43.7	96.9	170.9	—	—	60.5	1076.0	192.4
深圳	291.2	10.2	28.6	98.3	—	24.1	13.4	419.0	275.0

续表

地点	Pb	V	As	Mn	Ni	Cr	Cd	Zn	Cu
肇庆	216.2	15.4	31.8	—	—	—		432.1	60.6
韶关	960.0	10.0	10.0	200.0	40.0	430.0		790.0	360.0
衡阳	381.7	5.3	—	43.3	—	—		268.3	30.6
厦门	119.0	15.0	7.0	57.0	9.0	90.0	9.0	508.0	19.0
惠州	203.6	19.1	16.3	76.4	—	51.8	4.0	830.0	884.0
福州	39.6	3.7	22.5	47.5	4.2	15.7	—	281.2	179.7
兰州	102.7	—	—	—	9.6	29.6	0.305	290.5	84.0
榆林	23.4	23.9	—	62.0	13.7	25.0	0.4	47.8	9.9
攀枝花	50.0	0.0	0.03	370.0	20.0	80.0	0.0	260.0	30.0
43个城市和1个背景点平均值	261.0	17.9	51.0	198.8	29.0	85.7	13.2	424.5	117.0

注：一表示缺少数据

如果某一种元素在一个环境介质中的浓度比其在水体或陆地的自然本底高，则称这个元素在这个环境介质中富集。利用元素富集因子法评估元素的富集程度，以富集因子系数表示。元素富集因子法又称富集因子法，是用以表示大气颗粒物中元素的富集程度、判断和评价颗粒物中元素是源自自然排放还是人为排放的方法，是解析大气颗粒物中元素来源的有效手段之一（Gao et al.，2014）。

元素富集因子是选择满足一定条件的元素作为参比元素（或称标准化元素），样品中污染元素浓度与参比元素浓度的比值与背景区域中二者浓度比值之比即为富集因子系数，计算公式为

$$EF = \frac{(C_x/C_R)_{大气值}}{(C_x/C_R)_{背景值}} \quad (3.1)$$

式中，EF代表目标元素的富集因子系数，C_x和C_R分别代表目标元素和参比元素，C_x/C_R则表示大气样品和背景环境介质中相应元素的相对浓度。

富集因子法是基于双重归一化的思想，消除采样过程中各种不确定因素的影响，所以这种方法比利用浓度直接进行比较的结果更为可靠和准确。参比元素背景值的可变性是影响评价结果的最重要因素，一般选用地壳中普遍存在而人为污染来源较少、化学稳定性好、分析结果精确度高的低挥发性元素作为参比元素。针对背景土壤，一般选取Al、Fe、Si等元素作为参比元素，对于背景海水一般选取Na作为参比元素（Shah et al.，2012）。如第二章所述，在砣矶岛采集的样品使用的是石英纤维滤膜，用铝箔保护运输，故不适合Si和Al元素的分析。本研究选择Fe作为背景土壤的参比元素，取自我国土壤A层背景值的平均值，见表3.9（陈怀满等，2002）；选择Na作为海洋源的参比元素，取自"908专项"测得

的一年四季渤海海水中各元素浓度的平均值，其中 Ni、Mn、V 和 Fe 元素的浓度值未报道，其结果见表 3.9（洪华生，2012）。

表 3.9　我国土壤 A 层和渤海元素背景值

元素	土壤		海水	
	背景值	单位	背景值	单位
Fe	2.94	%	—	—
Na	1.02	%	1.08E+04	mg/L
V	82.4	mg/kg	—	—
Cr	61	mg/kg	3.35	μg/L
Ni	26.9	mg/kg	—	—
Cu	22.6	mg/kg	3.27	μg/L
Cd	0.097	mg/kg	0.156	μg/L
As	11.2	mg/kg	1.23	μg/L
Zn	74.2	mg/kg	17.65	μg/L
Pb	26	mg/kg	2.43	μg/L
Mn	583	mg/kg	—	—

注：—表示无数据

因背景土壤中元素的可变性相对较大，为保证计算结果的可靠性，一般认为当 EF<1 时元素源于土壤自然源；EF>10 时元素源自人为源；1≤EF≤10 时元素人为污染源占一定比例。相比而言，海水中元素的可变性相对较小，一般认为当 EF<3 时元素源于海洋自然源，正常无富集现象；EF>5 时元素源自人为源；3≤EF≤5 时元素源于海洋自然源和人为源的共同贡献。

图 3.1 和图 3.2 分别是砣矶岛 PM2.5 中金属元素相对于全国背景土壤和渤海海水的富集因子系数统计图。从图 3.2 可见，除 Cr 有 4 个样品的浓度低于检测限，使得计算的富集因子系数很低以外，其余全部样品所计算的富集因子系数均大于 10^7，说明 PM2.5 中这 6 种金属元素（Cr、Cu、Cd、As、Zn、Pb）对于渤海海水而言有十分显著的富集特征，这些金属元素均来自人为源。从图 3.1 可以看出，这些金属元素（V、Cr、Ni、Cu、Cd、As、Zn、Pb、Mn）不同程度地来自人为源和土壤自然源的贡献。其中，Cd 的富集因子系数最高，中值达到 638，95% 以上的样品中富集因子系数大于 100，说明砣矶岛 PM2.5 中 Cd 基本源自人为源的贡献。除 Cd 以外，按富集因子系数的中值计算，从大到小分别为 Pb、Zn、Cu、As、Mn、Ni、V 和 Cr，数值分别为 203、77、30、28、24、10、4.22 和 3.91，说明人为源的贡献十分明显，特别是前 6 种金属元素，有 50% 样品的富集因子系数大于 10。对于富集因子系数较小的 V，全部样品的富集因子系数大于 1，25% 样品的富集因子系数大于 10，说明整个采样时段有 75% 的天数 PM2.5 中的 V 受人

为源和土壤自然源双重影响,有 25%的天数基本可以定为人为源的贡献;就 Cr而言,分别有约 10%样品的富集因子系数大于 10 和小于 1,说明整个采样时段有约 10%的天数 PM2.5 中的 Cr 表现为土壤自然源贡献,有约 80%的天数受人为源和土壤自然源双重影响,有约 10%的天数为人为源的贡献。

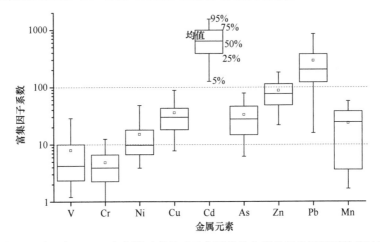

图 3.1 砣矶岛 PM2.5 中金属元素相对于全国背景土壤的富集因子系数统计图

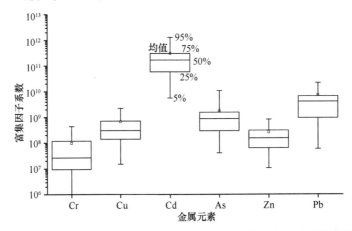

图 3.2 砣矶岛 PM2.5 中金属元素相对于渤海海水的富集因子系数统计图

从图 3.1 中各金属元素富集因子系数的中值和均值可见,总体上差异相对较大,说明各金属元素富集因子系数有很大的可变性。为进一步认识其变化规律及其与可能源之间的关系,将整个采样期间砣矶岛 PM2.5 样品中金属元素相对于全国背景土壤的富集因子系数按采样时间顺序绘制于图3.3,为方便了解富集因子系数随时间变化的相似性,将两两富集因子系数的时间序列作相关性分析,相关系数列于表3.10。

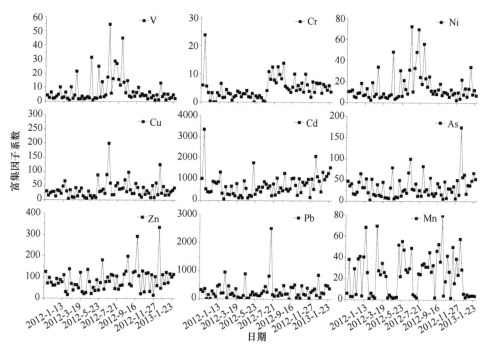

图 3.3　砣矶岛 PM2.5 中金属元素相对于全国背景土壤的富集因子系数时间序列

表 3.10　PM2.5 中金属元素富集因子系数之间的相关系数

	V	Cr	Ni	Cu	Cd	As	Zn	Pb
Cr	0.16							
Ni	0.93**	0.26*						
Cu	0.55**	−0.04	0.49**					
Cd	0.11	0.47**	0.12	0.39**				
As	0.48**	0.09	0.44**	0.67**	0.61**			
Zn	0.10	0.23	0.13	0.49**	0.52**	0.62**		
Pb	0.35**	0.28*	0.53**	0.18	0.11	0.21	0.17	
Mn	0.14	0.04	0.06	0.39**	0.28*	0.22	0.27*	−0.08

**表示显著性水平 $p < 0.01$，*表示显著性水平 $p < 0.05$

　　从图 3.3 中各金属元素相对于全国背景土壤的富集因子系数时间序列来看，V 和 Ni 的变化趋势最相似，在春季、秋季和冬季富集因子系数相对较小，而较高的富集因子系数出现在 2012 年夏季。表 3.10 也表明这两个金属元素富集因子系数的相关系数最高，达 0.93。V 和 Ni 通常被作为船舶烟气排放的示踪物用以评估船舶排放对空气质量的影响（Zhang et al., 2014a; Zhao et al., 2013）。Wang 等（2013a）在北黄海上的走航观测也发现 V 的富集因子系数在夏季较高，在春季、秋季和冬季较低，这是因为春季、秋季和冬季的天气相对恶劣、海况相对不佳，船舶交通运输受到很大的限制；相对而言，晚春和夏季的天气与海况更适合船舶交通运输，因此船舶活动更加频繁，船舶排放量也明显增加。

图 3.4 是砣矶岛 PM2.5 中 V 和 Ni 浓度及 V/Ni 的时间序列。可见，V、Ni 在晚春和夏季浓度较高，而在其他冷季浓度较低，这与 Wang 等（2013a）在北黄海的分析结果相似。另外，当 V/Ni 浓度比值大于 0.7 时，认为受船舶排放影响较大（Zhang et al.，2014a）。从图 3.4 可见，春季、秋季和冬季的 V/Ni 浓度比值基本在 1.0～1.5，而晚春和夏季的比值基本在 1.5～2.0，这个比值范围从 V/Ni 浓度比值 3 点平滑线看得更加明显。

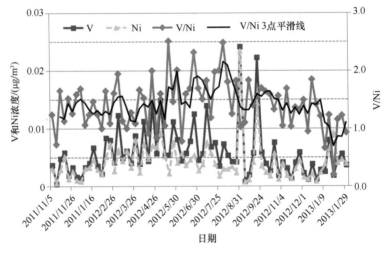

图 3.4　砣矶岛 PM2.5 中 V 和 Ni 浓度及 V/Ni 的时间序列

其他元素有明显的富集现象，可以认定是人为污染源贡献，但无法直接确定其排放源类型。例如，有研究表明燃煤排放是大气中 Cu、Zn、Cd 和 Pb 等金属元素的重要贡献源，冶金工业排放可以使大气中 As、Mn、Pb 等金属元素的浓度明显升高，机动车对大气中 Cu 的贡献十分显著，汽车制动刹车对大气中 Fe、Cu、Sb 和 Ba 等金属元素有一定贡献，市政垃圾焚烧是城市大气中 Cd、Mg、Ti、V、Cr、Mn、Ni、As 和 Hg 等金属元素的重要来源，生物质燃烧会对大气中 Pb、Ni、Ti、Cr、Mn 等重金属元素产生一定的影响（Li et al.，2007；Shah et al.，2012；Zhang et al.，2013；Zhou et al.，2014）。不同的排放源对大气中某一金属元素均有一定的贡献量，错综交织的不同类型源排放和大气浓度负荷使得很难直观评估其排放源类型。

3.1.5　PM2.5 的来源解析

PM2.5 的主要成分包括碳质组分［如元素碳和有机质（OM）］、水溶性离子（如硫酸盐、硝酸盐和铵盐）和无机金属元素（元素氧化物等）三类。在成分分析过程中，因现有技术不能将有机物全部识别出来，通常利用有机质（OM）中的碳质成分［有机碳（OC）］衡量有机质的多少，认为 PM2.5 中 OM 和 OC 的比值为 1.2～1.8，用于代表新生气溶胶或老化气溶胶，1.2 常用于代表城市距排放源比较近的区域，而 1.8 则用于代表气溶胶老化的背景区域（Xing et al.，2013）。几乎不溶的无机物则是通过测定其内部的元素含量，再利用一些经验公式换算为其氧化物或直接估算矿物成分的含量，一般是利用 Al、Si、Ca、Fe、Ti 等矿物元素进行估算（曹军骥等，2014）。将砣矶岛分析的 PM2.5 中这三类成分汇总，了解其对 PM2.5 浓度的贡献，见图 3.5。按平均水平来看，PM2.5 浓度为 57.6μg/m³，其中 OC、EC、水溶性离子和金属元素的浓度分别为 4.4μg/m³、2.2μg/m³、21.6μg/m³、1.0μg/m³，其他成分浓度为 28.5μg/m³，占 PM2.5 质量浓度的比例依次约为 8%、4%、37%、2% 和 49%。可见，其他成分的比例是最大的。这部分包括 OM 与 OC 的差值、元素氧化物与元素之间的差值、一些缺测的成分及未识别的成分。

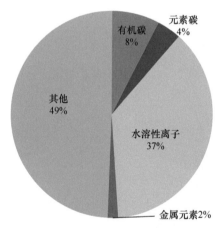

图 3.5　砣矶岛 PM2.5 内部平均化学组成

因本研究利用石英纤维滤膜采集 PM2.5 样品，采样前后利用铝箔保护，故硅和铝等成分不可测。因此，本研究利用 25 倍的 Fe 含量的方法估算矿物成分的含量（Cao et al.，2012）。砣矶岛地处渤海与北黄海交界处，大气中的有机成分在传输过程中有一定程度的老化，Xing 等（2013）估算的我国气溶胶中 OM 和 OC 比值的平均水平为 1.6，Feng 等（2012）在距砣矶岛不远的长岛应用 1.6 倍 OC 的比例估算了 OM，本研究也利用 1.6 倍的 OC 估算 OM 的含量。因砣矶岛地处渤海与北黄海交界处，故将海盐贡献考虑在内，按 2.54 倍 Na⁺ 浓度估算（Zhang et al.，2013），同时参考其他研究（Cao et al.，2012；Zhang et al.，2013）。考虑到 SO_4^{2-}、NO_3^-、NH_4^+ 是砣矶岛 PM2.5 样品中的主要成分，以及 K⁺ 具有一定的指示意义，将这 4 种离子单独列出，计算的年均和季节 PM2.5 化学质量平衡分别见图 3.6 和图 3.7。

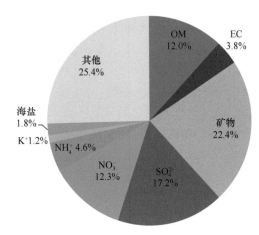

图 3.6　砣矶岛年均 PM2.5 化学质量平衡

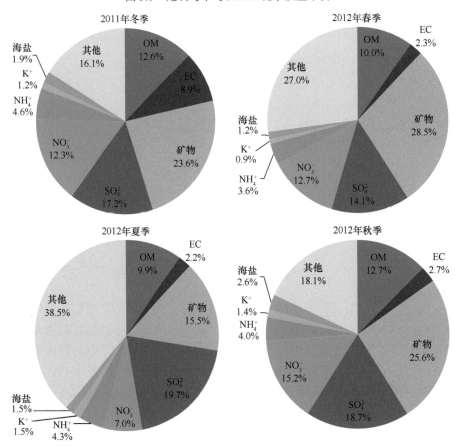

图 3.7　砣矶岛季节 PM2.5 化学质量平衡①

———————

① 百分比之和不等于 100% 是因为有些数据进行过舍入修约

从年均来看，未识别的成分所占比例最大，达到 25.4%。相对而言，砣矶岛 PM2.5 中 SO_4^{2-}、NO_3^- 和 K^+ 这 3 种离子所占比例明显大于北京市，分别约为北京市的 1.91 倍、1.66 倍和 2.0 倍，这说明与 SO_4^{2-}、NO_3^- 和 K^+ 这 3 种离子相关的某几类排放源在渤海区域构成了一个较大的本底意义的贡献（Zhang et al.，2013）。而砣矶岛的 OM 对 PM2.5 的贡献比例是北京市的 58%，明显偏小，说明北京市也有某几类与其相关的排放源支撑了 OM 的较大比例贡献。最近一些研究也表明，北京市排放大量的可生成二次有机气溶胶（SOA）的挥发性前体物。在稳定的天气条件下，SOA 对大气细颗粒物的贡献比一次有机物的贡献比例还要大（Guo et al.，2014；Huang et al.，2014）。从图 3.7 可见，PM2.5 内部化学组成在季节上存在一定的差异。其中，其他成分所占比例从大到小依次为 2012 年夏季、2012 年春季、2012 年秋季和 2011 年冬季。

表 3.11 列出了砣矶岛 4 个季节 PM2.5 中化学成分比例与年均值的比值。可见，OM、EC 和 NO_3^- 的贡献比例是冬季高、夏季低，冬季三者相比从大到小依次为 EC、NO_3^- 和 OM，EC 和 NO_3^- 与高温燃烧的关系更为密切，这三种成分冬季的高贡献比例可能与盛行的西北风和京津冀地区燃煤供暖有关（Feng et al.，2007）。K^+ 和 SO_4^{2-} 的贡献比例为夏季高、春季低。如前所述，夏季山东半岛有明显的秸秆露天焚烧活动，这是夏季 K^+ 升高的主要原因。夏季高温高湿的环境状态有利于 SO_2 转化成 SO_4^{2-}，这可能是夏季 SO_4^{2-} 浓度升高的重要原因（Feng et al.，2007）。NH_4^+ 的贡献比例则是冬季高、春季低。海盐是秋季高、春季低。矿物的贡献比例为春季高、夏季低，这与春季经常有强烈沙尘天气相一致。

表 3.11 砣矶岛各季节 PM2.5 中化学成分比例与年均值的比值

季节	OM	EC	矿物	SO_4^{2-}	NO_3^-	NH_4^+	K^+	海盐	其他
冬季	1.03	2.32	1.03	0.88	1.24	1.16	0.98	1.03	0.62
春季	0.82	0.60	1.25	0.81	1.02	0.79	0.77	0.67	1.04
夏季	0.81	0.56	0.68	1.14	0.57	0.92	1.25	0.81	1.49
秋季	1.04	0.71	1.12	1.06	1.20	0.86	1.14	1.42	0.70

为进一步解析各类排放源的贡献，对砣矶岛 PM2.5 样品包括 2 种碳质成分、8 种水溶性离子、10 种无机金属元素及未识别成分进行了正定矩阵因子分解（positive matrix factorization，PMF）。利用 PMF 模型进行原数据分解时，因子数目是通过人为主动选取的。为更好地解析结果，先利用因子分析的思想检验公因子的可提取性。当提取 7 个因子时方差可解释程度才能达到 89%，说明砣矶岛 PM2.5 的贡献源比较复杂。

基于因子分析的结果，尝试从 7 个因子数目开始解释 PMF 模型的运行结果。8 个因子时的 Q（Robust）值（6624.38）明显小于 7 个因子时的 Q（Robust）值

（8443.79），但到 9 个因子时多数解发散，相对不稳定，故本研究确定选取 8 个因子解释贡献源。表 3.12 列出了砣矶岛 PM2.5 中化学成分监测和模拟结果的相关分析信息。可见，总体上监测和模拟结果的一致性较好，相关系数大多在 0.8 以上。

表 3.12　砣矶岛 PM2.5 中化学成分监测和模拟结果的相关分析信息

成分	截距	斜率	相关系数	成分	截距	斜率	相关系数
OC	0.31	0.84	0.94	V	0	0.88	0.94
EC	1	0.24	0.51	Cr	0	0.86	0.95
SO_4^{2-}	2.19	0.59	0.82	Ni	0	0.8	0.94
NO_3^-	1.23	0.61	0.90	Cu	0	0.57	0.95
Cl^-	0.05	0.83	0.95	Cd	0	0.74	0.98
NH_4^+	0.11	0.9	0.96	As	0	0.65	0.94
K^+	0.16	0.66	0.90	Zn	0.02	0.64	0.96
Mg^{2+}	0	0.94	0.93	Pb	−0.03	1.1	0.91
Ca^{2+}	0.07	0.48	0.79	Mn	−0.06	1.31	0.96
Na^+	0	0.97	0.92	Fe	0.07	0.69	0.87
n-PM2.5	6.12	0.65	0.84				

注：n 表示 PM2.5 中未识别成分

　　PMF 模型解析出的 8 个因子源成分谱贡献率分布见图 3.8，源贡献率时间序列见图 3.9。结合源贡献率随时间变化及气团后退轨迹分析对 8 个因子进行分类。由图 3.8 可见，因子 1 对 K^+ 有最高的贡献率。K^+ 是生物质燃烧的示踪离子（Tao et al.，2014；Wang et al.，2009），因子 1 对各成分的贡献率分布与生物质燃烧的成分谱十分相近（Li et al.，2007）。从图 3.9 可见，源贡献率最高的时间出现在 2012 年 6 月 6 日，此时后退气团经过山东半岛，且该区域有密集的卫星火点，可视为秸秆露天焚烧的典型现象。因此，认为因子 1 代表生物质燃烧排放源。

　　因子 2 对 V 和 Ni 有较高的贡献率。V 和 Ni 是残留油燃烧的示踪物，通常认为其是船舶烟气排放的示踪物（Zhang et al.，2014a；Zhao et al.，2013）。同时，从图 3.9 可见，源贡献率较高的时段主要出现在夏季，这与夏季是渤海航运最频繁的时段相一致（Wang et al.，2013a）。因此，认为因子 2 代表船舶排放源。

　　因子 3 对 Na^+ 有最高的贡献率，Na^+ 是海盐气溶胶的示踪物（Johansen et al.，1999；Reisen et al.，2011）。还可以看到这个因子对以燃烧源贡献为主的 OC、EC、NO_3^- 和一些非海洋源的金属元素贡献率均较低，同时对海洋可产生一定贡献的 Cl^- 的贡献率相对较高。从图 3.9 可见，这个因子在整个采样期间的贡献率相对平稳，且处于相对较低的水平。最高贡献率出现在 2012 年 11 月 27 日采集的样品。从 2012 年 11 月 27 日的 72h 气团后退轨迹图可见，这天的气团源自我国西北地区，72h 气团的运移距离约 3200km，折合平均风速约 12m/s，且在临近渤海区域时风速有增大的迹象。如此大的风速会使人为源排放的污染物快速扩散，可能产生明显贡献的源只可能是扬尘源和海盐源。而从图 3.9 可见，这个因子对表征扬尘源的成分，如 Ca^{2+}和 Fe 没有明显的贡献。因此，可认为因子 3 代表海盐排放源。

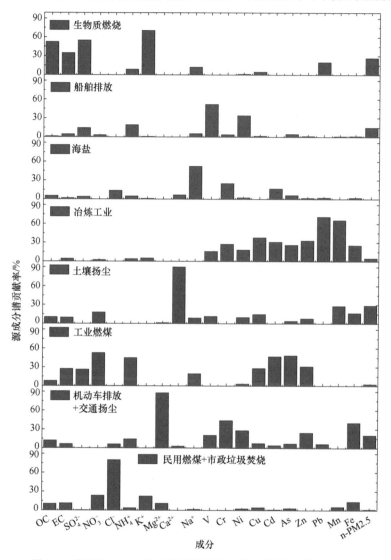

图 3.8　砣矶岛 PM2.5 源成分谱贡献率（从上至下为因子 1～8）

因子 4 集中性地对无机金属元素有较高的贡献。从图 3.9 可见，在 2012 年 8 月 31 日和 9 月 16 日源贡献率出现了两次峰值。72h 气团后退轨迹表明，8 月 31 日的气团源自北黄海，经山东半岛的青岛、招远和龙口等地区后到达砣矶岛。金属冶炼是这一地区的支柱工业，如招远的金矿和龙口的铝业等；9 月 16 日的气团

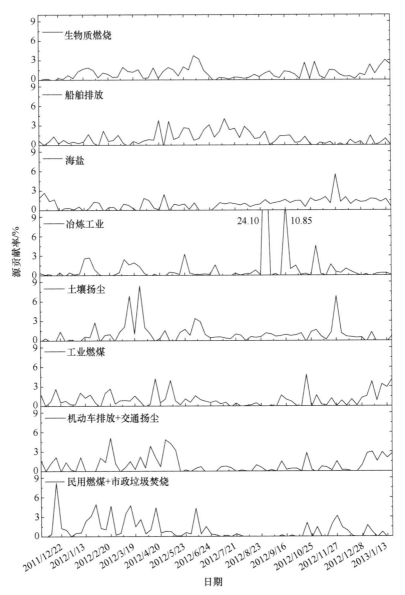

图 3.9　砣矶岛 PM2.5 源贡献率时间序列

经鞍山、葫芦岛和秦皇岛等地区后经较长一段海上传输到达砣矶岛。钢铁工业、制锌工业和玻璃工业分别是鞍山、葫芦岛和秦皇岛地区的支柱工业。基于这些认识，认为因子 4 代表冶炼工业排放源。

因子 5 对 Ca^{2+} 的贡献最高，且对 Mn 和 Fe 等有一定量的贡献。土壤扬尘是这些成分的一个主要来源（Wang et al.，2005）。从图 3.9 可见，这个因子贡献率较高的时段在 2012 年春季，这与春季是土壤扬尘对大气颗粒贡献最明显的时期相一致（Tan et al.，2012）。另外，这个因子在 2012 年 11 月 27 日也出现了较高贡献率。如对因子 3 的判断分析，这是在大风速情况下产生的结果，也与土壤扬尘源贡献特征一致，故认为这个因子代表土壤扬尘排放源。

因子 6 对 NO_3^-、NH_4^+、SO_4^{2-}、EC 和 Cd、As、Zn、Cu 等重金属有较高的贡献率，基本反映了工业燃煤的排放特征（曹军骥等，2014）。从图 3.9 可见，整个采样期间这个因子的贡献率变化没有明显的季节变化特征，这也符合工业活动的规律。因此，认为这个因子代表工业燃煤排放源。

因子 7 对 Mg^{2+}、Fe、Cr 和 Zn 等有较高的贡献率。土壤和建筑扬尘是 Mg^{2+} 和 Fe 的一个主要来源（Wang et al.，2005）。轮胎灰尘和汽车刹车制动碎屑是 Zn、Fe 和 Cu 等金属的重要来源（Zhou et al.，2014）。机动车扬尘与机动车排放密切相关，这个因子对 NH_4^+、Cl^-、OC 和 EC 具有一定的贡献，说明这个因子也表征机动车排放源。所以，认为这个因子代表交通扬尘和机动车排放的混合源。

因子 8 对 Cl^- 有较高的贡献率。市政垃圾焚烧对 Cl^- 具有较高的贡献率，说明这个因子一定程度上代表市政垃圾焚烧排放。同时，这个因子对 OC、EC、NO_3^- 和 K^+ 等具有一定的贡献，具有民用燃煤排放的特征（曹军骥等，2014）。从图 3.9 可见，这个因子的贡献率基本从秋冬季开始采样就呈现下降的趋势，到了夏、秋季贡献率基本为零，这个趋势也符合冬季和初春冷季节需要消耗能源以取暖的特征。这个混合源贡献说明除煤和生物质作为民用能源以外，市政垃圾焚烧也是民用能源的一部分。

图 3.10 是整个采样期间，这 8 类排放源对 PM2.5 浓度的贡献率。可见，生物质燃烧、土壤扬尘、工业燃煤、机动车排放+交通扬尘、船舶排放这 5 类排放源是砣矶岛 PM2.5 的主要贡献源，贡献率分别为 29.3%、18.4%、16.3%、12.5% 和 11.6%，

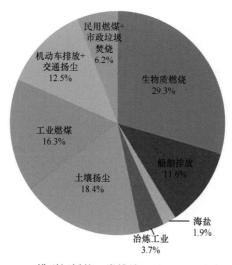

图 3.10　PMF 模型解析的 8 类排放源对 PM2.5 浓度的贡献率

累计贡献率达到 88.1%。剩下的 3 个排放源分别是民用燃煤和市政垃圾焚烧、冶炼工业和海盐，贡献率依次为 6.2%、3.7% 和 1.9%。利用化学质量平衡法评估的海盐对砣矶岛 PM2.5 年均浓度的贡献率为 1.8%，与 PMF 模型的结果十分相近。

图 3.11 是这 8 类排放源对 4 个季节 PM2.5 浓度的贡献率。可见，对 4 个季节 PM2.5 浓度而言生物质燃烧是主要排放源，与前面的研究结果相似，整体表现为夏季贡献率高（31.4%）、其他季节贡献率低（冬季为 28.2%、春季为 27.9%、秋季为 29.4%）。土壤扬尘的高贡献率主要发生在春季（20.3%），与春季经常出现的沙尘天气相对应。工业燃煤的高贡献率主要在秋、冬季节（秋季为 17.6%，冬季为 19.2%），与该期间盛行西北风、大气污染主要来自砣矶岛西北的京津冀及其周边

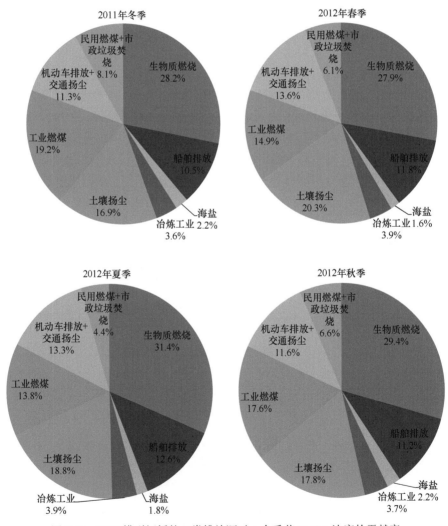

图 3.11　PMF 模型解析的 8 类排放源对 4 个季节 PM2.5 浓度的贡献率

地区有关。机动车排放+交通扬尘贡献率较高的时段主要在春季和夏季，分别为 13.6%和 13.3%。此期间的气团主要来自海上，经山东半岛到达砣矶岛地区，砣矶岛与山东半岛之间较短的距离是这个高贡献率的主要因素。船舶排放源的高贡献率时段在夏季（12.6%），其次为春季（11.8%），这与前述的晚春和夏季海况更加适宜船舶航行、船舶活动更加频繁是一致的（Wang et al.，2013a）。民用燃煤和市政垃圾焚烧排放的贡献率表现出冷季高、暖季低的特征，在冬季和秋季的贡献率分别为 8.1%和 6.6%，在春季和夏季的贡献率分别为 6.1%和 4.4%。这个变化特征也符合冷季更加需燃料燃烧以满足供暖的需求。冶炼工业排放的季节变化特征不明显，4 个季节的贡献率均在 3.6%～3.9%，符合工业活动规律。海盐的贡献率在冬季和秋季风速较大时相对较高，但整体变化也不大，在 1.6%～2.2%。

将工业燃煤和民用燃煤+市政垃圾焚烧排放源合并为化石燃料燃烧排放源，与北京市的源解析结果进行对比（Zhang et al.，2013）。相比之下，生物质燃烧对砣矶岛 PM2.5 的贡献率明显大于对北京市 PM2.5 的贡献率（11.2%），这是因为生物质燃烧排放发生在农村和城郊，所以对城市大气污染贡献率相对较小，同时也说明生物质燃烧构成了主要的区域背景污染（Ram et al.，2011；Zhang et al.，2014b）。同时，就北京市而言，机动车排放+交通扬尘贡献率明显偏高（29.8%），这是因为机动车活动范围主要集中于市区，所以对城市大气污染贡献率相对偏大，同时也说明这个源对于城市污染非常重要，但它对区域污染的贡献率相对微弱。

图 3.12 是 8 类排放源对砣矶岛 PM2.5 各内部成分的贡献率。可见，生物质燃烧是 OC、EC、SO_4^{2-}和 K^+的最主要贡献源，贡献率分别达到 52.3%、34.7%、55.0%

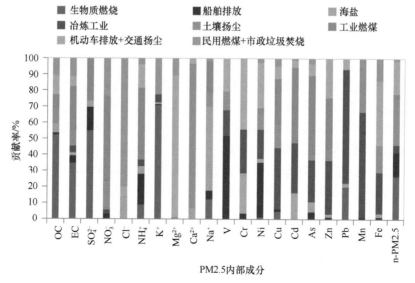

图 3.12　PMF 模型解析的 8 类排放源对砣矶岛 PM2.5 各内部成分的贡献率

和 70.8%；船舶是 V 和 Ni 的主要排放源，贡献率分别达到 52.0% 和 33.9%；海盐是 Na^+ 的主要排放源，贡献率为 52.4%；冶炼工业是 Cu、Zn、Pb、Mn 这 4 个重金属的主要排放源，贡献率分别为 38.1%、33.3%、70.8% 和 65.4%；土壤扬尘是 Ca^{2+} 和 PM2.5 中未识别成分的最主要贡献源，贡献率分别为 90.0% 和 28.8%，值得注意的是土壤扬尘是 PM2.5 中未识别成分的最主要贡献源，如前所述，Si 和 Al 等成分是本研究缺测的成分，而土壤扬尘又是这些成分的主要贡献源，这从侧面说明了这个源解析的可靠性；工业燃煤是 NO_3^-、NH_4^+、Cd、As 的主要贡献源，贡献率分别为 52.7%、44.9%、46.8% 和 48.6%；机动车排放+交通扬尘是 Mg^{2+}、Cr 和 Fe 的主要贡献源，贡献率分别为 87.9%、44.0% 和 40.3%；民用燃煤和市政垃圾焚烧是 Cl^- 的主要贡献源，贡献率达 80.0%。

3.2 北隍城岛 PM2.5 污染特征

北隍城岛位于渤海海峡，即北黄海与渤海的交界之处，南边距离山东半岛 70km，北边距离辽东半岛 40km，西边距离京津冀地区 180km。面积大约 2.72km²，辖山前、山后两个行政村，注册人口 2400 多人。属于暖温带大陆性季风气候，具有雨水适中、空气湿润、气候温和的特点，年平均气温为 11.9℃，年平均降水量为 560mm。岛上工业发展滞后，渔民以打鱼或者养殖为生。可作为华北地区大气背景区域。

2014 年 8 月 2 日至 2015 年 9 月 15 日在位于北隍城岛的国家海洋局北隍城岛环境监测站进行了现场观测，采集了 PM2.5 样品。采样器放置在监测站的观测平台，该平台距离地面约 8m，周围无有效建筑物阻挡。采样器为美国 Tisch 大流量 PM2.5 采样器，采样流速为 1.13m³/min。每 3d 采集一张 PM2.5 样品，采样时间是从当日 6:00 至次日 6:00，持续时间为 24h，如果遇到特殊天气（大雪、强风等），采样时间根据天气变化进行调整。收集 PM2.5 样品的滤膜为 Whatman 公司生产的石英纤维滤膜（25.4cm×20.3cm）。采样前，该滤膜要经过 450℃高温灼烧 6h 以去除有机杂质，再经过恒温恒湿箱（温度 25℃；湿度 39%）平衡 24h，然后利用电子分析天平（精度 0.01mg）称量初始质量。称重完成后，用铝箔包裹称量的滤膜，并封于密封袋中，带到观测场，采集大气 PM2.5 样品。每张滤膜采集之后，密封，放置在−18℃冰箱中冷冻保存。在准备滤膜、运输、采样过程中，采集空白膜，以便扣除中间过程对 PM2.5 样品的污染。在整个采样过程中，共采集 120 张 PM2.5 样品膜和 3 张空白膜。

3.2.1 PM2.5 浓度

全年观测期间（2014 年 8 月 2 日至 2015 年 9 月 15 日），北隍城岛 PM2.5 及其主要组分的浓度见表 3.13。可见，北隍城岛 PM2.5 的全年平均浓度为（63.10±

39.00）μg/m³，浓度范围为 5.28～267.11μg/m³。2012 年 2 月 29 日，环境保护部和国家质量监督检验检疫总局发布了《环境空气质量标准》（GB 3095—2012），其中二级标准：PM2.5 日均浓度限值为 75μg/m³，年均浓度限值为 35μg/m³。与该标准相比，北隍城岛 PM2.5 年均浓度值比国家标准高了约一倍，并且在采样期间78.3%的天数超过了该标准。与我国的其他区域（表 3.14）相比，北隍城岛 PM2.5的年均浓度水平明显低于一些典型城市。需要注意的是，在北隍城岛西南方向20km 处的砣矶岛是国家大气背景监测站。与砣矶岛相比，北隍城岛的 PM2.5 浓度略高，这说明北隍城岛 PM2.5 的浓度基本上表征了华北地区大气背景水平，这为区域尺度上 PM2.5 源解析工作奠定了基础。除此之外，北隍城岛表征的区域特征也可以从 4 个季节气团反向聚类轨迹看出，这一点将在后文中详细叙述。

表 3.13　全年观测期间北隍城岛 PM2.5 及其主要组分的浓度统计

成分	平均值±标准差				
	春季（n=30）	夏季（n=27）	秋季（n=34）	冬季（n=29）	全年（n=120）
PM2.5/（μg/m³）	69.04±43.87	45.84±28.87	63.58±31.82	72.45±45.70	63.10±39.00
OC/（μg/m³）	5.79±3.51	2.69±1.52	4.64±2.97	6.34±4.97	4.90±3.69
EC/（μg/m³）	2.24±1.27	1.60±0.89	2.34±1.20	2.86±2.67	2.28±1.69
Cl^-/（μg/m³）	1.60±2.36	0.65±0.63	0.63±0.49	1.62±1.24	1.12±1.45
SO_4^{2-}/（μg/m³）	13.31±13.01	8.94±7.02	11.83±8.99	11.12±11.02	11.38±10.26
NO_3^-/（μg/m³）	6.92±6.72	6.91±4.96	6.25±3.61	5.78±4.05	6.45±4.92
Na^+/（μg/m³）	1.27±3.60	0.46±0.45	0.43±0.24	0.54±0.23	0.67±1.83
NH_4^+/（μg/m³）	4.98±4.62	5.05±3.91	4.61±3.53	5.05±4.50	4.91±4.10
K^+/（μg/m³）	0.99±0.91	0.50±0.45	0.87±0.62	1.24±1.12	0.91±0.85
Mg^{2+}/（μg/m³）	0.50±1.96	0.05±0.05	0.08±0.05	0.09±0.06	0.18±0.99
Ca^{2+}/（μg/m³）	0.68±0.73	0.25±0.22	0.21±0.11	0.39±0.41	0.38±0.47
Ti/（ng/m³）	61.42±63.19	28.03±28.15	16.88±9.77	37.40±57.43	35.48±47.23
V/（ng/m³）	27.75±16.85	34.81±17.66	17.61±12.78	14.28±12.25	23.21±16.80
Cr/（ng/m³）	51.26±53.10	23.52±24.97	21.95±21.88	16.29±12.81	28.26±34.34
Mn/（ng/m³）	66.14±57.15	40.47±30.72	40.93±27.21	60.54±50.25	51.87±43.99
Fe/（ng/m³）	333.79±351.2	145.64±189.42	173.93±267.15	210.06±217.2	212.10±267.48
Co/（ng/m³）	1.14±0.89	0.75±0.37	0.53±0.25	0.86±0.77	0.81±0.66
Ni/（ng/m³）	25.70+14.83	23.42±10.08	15.02±7.09	12.99±5.82	19.09±11.26
Cu/（ng/m³）	23.64±25.16	22.51±21.28	17.54±11.19	38.04±42.26	25.14±27.70
Zn/（ng/m³）	216.35±193.2	194.47±160.43	198.35±144.74	249.02±274.5	214.22±196.80
As/（ng/m³）	10.68±10.04	13.47±8.96	9.85±6.43	17.76±16.02	12.78±11.12
Y/（ng/m³）	0.74±0.84	0.26±0.28	0.16±0.09	0.46±0.91	0.40±0.66
Cd/（ng/m³）	2.09±2.00	1.68±1.22	1.45±0.96	2.80±2.76	1.99±1.90
La/（ng/m³）	2.63±3.07	1.05±0.97	0.99±0.98	1.69±1.90	1.58±2.01

续表

成分	平均值±标准差				
	春季（n=30）	夏季（n=27）	秋季（n=34）	冬季（n=29）	全年（n=120）
Ce/（ng/m³）	3.55±4.18	1.68±1.26	1.06±0.71	2.17±3.39	2.09±2.88
Pr/（ng/m³）	0.35±0.45	0.10±0.13	0.06±0.04	0.21±0.40	0.18±0.32
Nd/（ng/m³）	1.27±1.65	0.36±0.46	0.22±0.15	0.75±1.50	0.64±1.19
Sm/（ng/m³）	0.26±0.31	0.09±0.09	0.06±0.04	0.17±0.31	0.14±0.23
Eu/（ng/m³）	0.06±.07	0.02±0.02	0.01±0.01	0.03±0.07	0.03±0.05
Gd/（ng/m³）	0.26±0.32	0.08±0.10	0.05±0.03	0.16±0.32	0.13±0.24
Tb/（ng/m³）	0.03±0.04	0.01±0.01	0.01±0.01	0.02±0.04	0.02±0.03
Dy/（ng/m³）	0.16±0.19	0.05±0.06	0.03±0.02	0.10±0.20	0.08±0.15
Ho/（ng/m³）	0.03±0.03	0.01±0.01	0.01±0.01	0.02±0.04	0.02±0.03
Er/（ng/m³）	0.08±0.10	0.03±0.03	0.02±0.02	0.05±0.10	0.04±0.08
Tm/（ng/m³）	0.01±0.01	0.01±0.01	0.01±0.01	0.01±0.01	0.01±0.01
Yb/（ng/m³）	0.07±0.08	0.02±0.02	0.01±0.01	0.04±0.08	0.04±0.06
Lu/（ng/m³）	0.01±0.01	0.01±0.01	0.01±0.01	0.01±0.01	0.01±0.01
Pb/（ng/m³）	137.41±195.5	104.08±95.10	104.22±80.05	264.13±454.8	151.13±257.06
Th/（ng/m³）	0.43±0.48	0.18±0.16	0.10±0.05	0.27±0.44	0.24±0.35
U/（ng/m³）	0.12±0.10	0.05±0.04	0.06±0.03	0.12±0.10	0.09±0.08

表 3.14　我国典型区域（城市、背景点）PM2.5 的浓度比较

地点	类型	采样时间	样品数量	PM2.5/（μg/m³）	参考文献
北京	城市	2009~2010 年	121	135	Zhang et al.，2013
成都	城市	2011~2012 年	117	119	Tao et al.，2014
济南	城市	2010~2011 年	117	158.76	Gu et al.，2014
上海	城市	2011~2012 年	71	83.075	Wang et al.，2016a
广州	城市	2012~2013 年	24	74.6	Liu et al.，2014b
东营	背景点	2013~2014 年	76	92.3	Zong et al.，2015
屺姆岛	背景点	2014~2015 年	76	77.6	Zong et al.，2016b
砣矶岛	背景点	2011~2012 年	115	53.22	Wang et al.，2014
宁波	背景点	2009~2010 年	36	45.75	Liu et al.，2013a
北隍城岛	背景点	2014~2015 年	120	63.1	本研究

　　北隍城岛 PM2.5 浓度呈现了明显的季节变化特征，冬季浓度最高，平均值为
（72.45±45.7）μg/m³，夏季浓度值最低，平均为（45.84±28.87）μg/m³，春季和秋
季的浓度值在 95% 的置信区间内没有明显不同，分别是（69.04±43.87）μg/m³ 和
（63.58±31.82）μg/m³。通常，PM2.5 浓度受污染源、气象条件、大气传输及沉降
过程等因素支配（Tao et al.，2014）。在冬季，大气水平扩散能力和垂直交换能力

较弱，不利于颗粒物扩散，这些气象条件可能是北隍城岛冬季 PM2.5 浓度较高的原因之一（Kumar et al.，2017）。此外，在冬季，华北地区集中供暖系统启动，大幅度增加了能源的消耗，尤其是民用燃煤，排放了大量的 OC、EC、SO_2 及 NO_x 等污染物（Huang et al.，2017）。其中，OC 与 EC 是 PM2.5 的直接组成成分，而 SO_2 与 NO_x 是 PM2.5 主要组成成分 NO_3^- 与 SO_4^{2-} 的前体物。最新研究表明，NO_x 在大气颗粒物中能够液相氧化 SO_2，这是我国当前雾霾期间 SO_4^{2-} 的重要形成机制（Wang et al.，2016b）。因此，冬季民用燃煤的大量消耗会使华北地区大气污染呈现加重趋势，PM2.5 浓度升高。在冬季，北隍城岛有 74% 的气团直接来自于京津冀地区；有 26% 的气团由京津冀地区经过山东半岛到达该处。这说明北隍城岛 PM2.5 主要来自京津冀地区，而该区域是全国 PM2.5 污染最严重的区域，尤其是冬季。2017 年环境保护部发布的《2016 中国环境状况公报》显示，京津冀地区 PM2.5、PM10 等污染物均高于全国平均水平；全年优良天数的比例为 56.8%，比全国水平低 22.0 个百分点；74 个城市空气质量排名相对较差的 10 个城市中有 9 个城市位于该区域。可见，京津冀地区 PM2.5 的大气传输也是北隍城岛冬季 PM2.5 浓度较高的原因之一。相反，夏季具有良好的大气扩散条件、较少的污染源、充足的雨水等有利条件，PM2.5 浓度最低。在整个采样期间，北隍城岛夏季总降水量为 153.52mm，占了全年降水量的 66.96%，这使 PM2.5 得到充分的冲刷去除。

3.2.2　PM2.5 中的碳质组分

OC 与 EC 是 PM2.5 的重要组成部分。在北隍城岛，OC 与 EC 的年平均浓度是（4.90±3.69）$\mu g/m^3$ 和（2.28±1.69）$\mu g/m^3$，分别占 PM2.5 的 7.77% 和 3.61%。它们的季节变化与 PM2.5 浓度变化基本一致，最高值出现在冬季。一般来说，EC 来自于含碳物质（化石燃料、生物质等）的不完全燃烧，而 OC 则既可以来自于燃烧源的直接排放，又可以来自挥发性有机前体物的化学/光化学反应。但是北隍城岛 OC 与 EC 相同的季节变化也许暗示了它们共同的排放源。为了进一步明确两者之间的联系，本研究对不同季节 OC 与 EC 的浓度进行了回归分析。在整个采样期间 OC 与 EC 都具有良好的相关性（$r>0.52$，$p<0.01$），最高相关系数出现在冬季，说明此时两者的共同排放特征最强，其次是夏季，秋季最差。除此之外，利用 EC 追踪法评估了 OC 中的二次有机碳（secondary organic carbon，SOC），而一次有机碳（POC）的浓度为 OC 与 SOC 的浓度差值（Andersson et al.，2015）。结果显示，评估的 SOC 和 POC 的平均浓度分别是 $3.08\mu g/m^3$ 和 $1.81\mu g/m^3$，并且具有明显的季节变化。POC/OC 在冬季最高（0.72），其次是夏季（0.66）、春季（0.55）和秋季（0.45）。这个季节变化趋势与 OC 和 EC 相关系数的变化趋势相一致，再次证明 OC 和 EC 共同排放特征在冬季最强。

　　以生物质为例的低温燃烧源与高温燃烧源（如机动车）相比，可以排放更多的 OC。因此，PM2.5 中 OC/EC 的平均比值大小可以用来评估高温燃烧源与低温燃烧源对 OC 和 EC 的相对贡献（Zong et al.，2016b）。在北隍城岛，OC/EC 的比值在春季、夏季、秋季和冬季分别是 2.59、1.80、2.11 和 2.78。这说明低温燃烧源在冬季对 OC 和 EC 的贡献较大，而高温燃烧源在夏季贡献较大。为了进一步探究 OC/EC 平均比值的变化特征，本研究利用 Mann-Kendall 算法对该比值进行检验，检验结果见图 3.13，其中两条粉红色虚线表示 95% 的置信度。可见，检验曲线起初呈现震荡特征，从 3 月底出现规律的下降趋势。2015 年 5 月 19 左右 OC/EC 的比值在 95% 的置信度上出现下降突变，这种下降趋势一直持续到采样结束。这是一个很有趣的现象，因为 OC/EC 平均比值虽然在 5 月才出现突变下降，但是它的下降趋势从 3 月已经开始，而 3 月底恰好是华北地区集中供暖结束的时期。综上所述，华北地区生物质燃烧与民用燃煤是该地区冬季 PM2.5 中 OC 与 EC 的重要来源。

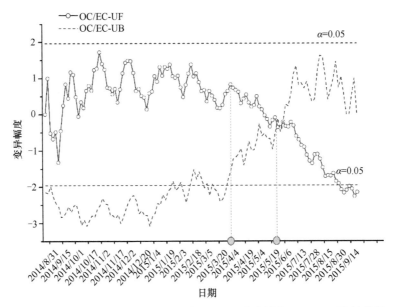

图 3.13　2014 年 8 月 31 日至 2015 年 9 月 14 北隍城岛 OC/EC 平均比值的
Mann-Kendall 算法检验曲线

3.2.3　PM2.5 中的水溶性离子

　　北隍城岛 PM2.5 水溶性离子中，SO_4^{2-} 的年平均浓度最高，为（11.38±10.26）μg/m^3，NO_3^-［（6.45±4.92）μg/m^3］、NH_4^+［（4.91±4.10）μg/m^3］、Cl$^-$［（1.12±1.45）μg/m^3］、K$^+$［（0.91±0.85）μg/m^3］、Na$^+$［（0.67±1.83）μg/m^3］、Ca^{2+}［（0.38±0.47）μg/m^3］

和 Mg^{2+} [（0.18±0.99）$\mu g/m^3$] 的浓度依次减小。水溶性离子的总浓度约为 26$\mu g/m^3$，占 PM2.5 浓度的 41.20%。通常而言，SO_4^{2-}、NH_4^+ 和 NO_3^- 是由它们的前体物（SO_2、NH_3、NO_x）二次生成，被认为是二次无机气溶胶。在本研究中这三者的平均浓度之和为 22.74$\mu g/m^3$，占全部水溶性离子之和的 87.46%，由此可见，在北隍城岛二次无机气溶胶是水溶性离子中最重要的组成部分。与一些城市区域相比（Ianniello et al.，2011），北隍城岛二次无机气溶胶在 PM2.5 中比例较高，但是有机物组分比例相对较低，这与它们的前体物在华北地区的含量相一致，从侧面说明北隍城岛基本上表征了华北地区 PM2.5 的污染水平。二次无机气溶胶占 PM2.5 的比例在春季、夏季、秋季和冬季分别是 37%、46%、36% 和 30%。基于其二次形成的特性，在夏季较高的比例可以归因于当时较强的光催化反应和较高的湿度。冬季二次无机气溶胶的前体物浓度较高，但是此时其在 PM2.5 中的比例最低，从这一点可以看出，光催化反应在二次无机气溶胶形成过程中具有非常重要的作用（Limbeck et al.，2003）。

一般而言，以机动车为例的移动源会比固定源（如燃煤）排放更多的 NO_x，而固定源会排放更多的 SO_2。这两者在大气中通过二次反应分别生成 NO_3^- 和 SO_4^{2-}，所以这两种源会显示不同的 NO_3^-/SO_4^{2-} 比值，这个比值可以为两种排放源对 NO_3^- 和 SO_4^{2-} 的相对贡献提供指示作用（Masiol et al.，2017）。在去除了海盐对 SO_4^{2-} 的贡献后，NO_3^-/SO_4^{2-} 的比值在春季、夏季、秋季和冬季分别是 0.62、0.95、0.62 和 0.74。在夏季较高的比值说明当时机动车排放的贡献率较高，这也与上文提到的夏季 OC/EC 比值较低的结论相一致。K^+ 是生物质燃烧的标志性物质，它的浓度在冬季较高，说明当时生物质燃烧贡献率相对较高，这与上文提到的冬季 OC/EC 比值较高的结论相一致。以 Na^+ 和 Mg^{2+} 为例的海洋源的示踪物浓度在春季最高，这可能与当时风速较大所造成的海平面机械破坏产生海盐有关。在北隍城岛，Cl^-/Na^+ 的平均比值在春季、夏季、秋季和冬季分别是 1.26、1.47、1.47 和 3.03。海水中 Cl^-/Na^+ 的比值为 1.80，在冬季较高的比值可能与燃煤源额外排放 Cl^- 有关（Liu et al.，2016），在其他季节比值较低可能是氯缺失现象。在大气中，HNO_3、H_2SO_4 与 NaCl 的颗粒反应及在传输过程中 HCl 的持续挥发都有可能导致氯缺失（Genga et al.，2017）。除此之外，与 Na^+、Mg^{2+} 相类似，Ca^{2+} 的浓度最高值也出现在春季。Ca^{2+} 主要来自土壤和建筑扬尘，在春季比较盛行的沙尘天气是当时 Ca^{2+} 浓度较高的主要原因（Liang et al.，2015）。

本研究利用 ISORROPIA II 模型模拟了水溶性离子在热力学平衡条件下组分的存在形态（Fountoukis and Nenes，2007），结果见表 3.15。可见，在整个采样季节模拟的离子浓度总和为 25.75$\mu g/m^3$，这与观测到的浓度总和基本一致。并且各个季节模拟离子浓度之和与观测到的浓度之和也基本一致，相差的浓度小于 0.66$\mu g/m^3$。除此之外，模型的平均偏差、标准化平均偏差、标准化平均误差和均方根误差分别是–0.42、–1.62%、1.62 和 0.45，这些值都在规定范围之内，这表明了我们模拟的准确性。模拟结果显示，SO_4^{2-} 和 NO_3^- 大部分与 NH_4^+ 相结合，表现为 $(NH4)_2SO_4$ 和 NH_4NO_3 浓度较高，剩余的 SO_4^{2-} 与碱性金属离子结合；所有的 Cl^- 都与 NH_4^+ 结合为 NH_4Cl。

表 3.15　ISORROPIA Ⅱ 模型对水溶性离子在热力学平衡条件下存在形态的模拟结果　　（单位：$\mu g/m^3$）

组分	春季（n=30）	夏季（n=27）	秋季（n=34）	冬季（n=29）	全年（n=120）
Na_2SO_4	3.92	1.42	1.33	1.67	2.07
NH_4Cl	2.35	0.95	1.11	2.38	1.64
NH_4NO_3	8.79	8.78	7.02	7.34	8.19
$(NH_4)_2SO_4$	7.66	8.78	12.11	9.56	9.64
$CaSO_4$	2.31	0.85	0.71	1.32	1.29
K_2SO_4	2.21	1.11	1.94	2.76	2.03
$MgSO_4$	2.48	0.25	0.40	0.45	0.89
$\sum$species（模拟总离子浓度）	29.70	22.14	24.61	25.48	25.75
WSI（观测总离子浓度）	30.25	22.80	24.91	25.83	25.99

3.2.4　PM2.5 中的无机金属元素

无机金属元素在 PM2.5 中含量较少，但是作为一次排放物，其可以为 PM2.5 的来源提供很好的指示作用（Liu et al.，2016）。在北隍城岛，分析的金属元素年平均浓度和为（781.82±670.96）ng/m^3，占 PM2.5 浓度的 1.24%。浓度季节变化并不明显，最低值出现在秋季，而其他三个季节的浓度在 95%的置信区间上没有明显不同。在分析的元素中，Zn 的浓度最高，为（214.22±196.80）ng/m^3，其次是 Fe [（212.10±267.48）ng/m^3] 和 Pb [（151.13±257.06）ng/m^3]。Zn 和 Pb 一般来自人为源的排放，因此两者的高浓度可能说明北隍城岛 PM2.5 受人为源的影响较大。如果某一种元素在某种环境介质中的浓度比其在水体或陆地的自然本底值高，则说明这个元素在这个环境介质中富集了。为了评估金属元素在大气中的污染程度，引入元素富集因子系数。

根据大气颗粒物中元素的富集程度，可以判断和评价颗粒物中金属元素是自然排放还是人为排放，是解析大气颗粒中金属元素来源的有效手段之一。针对土壤背景，一般选取 Al、Fe 或者 Si 作为参比元素，但是在本研究中 PM2.5 样品采集在石英纤维滤膜上，并且在运输过程中用铝箔包裹，造成了 Si 和 Al 污染，因此将 Fe 作为参比元素，并且选择我国土壤 A 层背景平均值作为参比浓度。因为在背景土壤中，元素的可变性相对较大，所以一般认为当 EF 小于 5

时，元素来自自然源；当 EF 大于 10 时，元素来源于人为源；当 EF 为 5～10 时，认为元素既来自自然源又来自人为源。EF 值越大，表明该元素受人为源影响越显著。

图 3.14 描述了北隍城岛 PM2.5 中金属元素的富集情况。可见，Ti、Yb、Lu、Tm、Er、Y、Ho、Th、Dy、Nd、Pr、Tb、Sm、Gd、Ce、Eu、U 和 La 的富集因子系数中值均小于 10，说明它们来自自然源或自然与人为的混合源；Co 和 Mn 的富集因子系数中值稍微高于 10，表明它们大部分来自人为源；Cr、V、Ni、Cu、Zn、As、Cd 和 Pb 的富集因子系数中值要高于 100，说明这些元素受人为污染最为严重。并且根据富集因子系数的大小，可以看出它们受污染的程度从高到低依次是 Cd、Pb、Zn、As、Cu、Ni、V、Cr。Ni 和 V 是船舶烟气排放的示踪物，通常被用来评估船舶烟气排放对空气质量的影响。与佛山、成都相比（Liang et al.，2015；Liu et al.，2016），北隍城岛 Ni 和 V 的富集因子系数较高，表明了船舶烟气排放对北隍城岛 PM2.5 的贡献率相对较高。这一点也被采样期间较高的 V/Ni 的比值所证明。有研究表明，V/Ni 的浓度比值高于 0.7，则表明大气颗粒物中船舶烟气排放的贡献较高（Nizzetto et al.，2013）。为了进一步探究 Co、Mn、Cr、V、Ni、Cu、As、Zn、Pb 和 Cd 的人为污染特征，对富集因子系数的季节变化进行了统计，结果显示 V 和 Ni 的富集因子系数在夏季呈现明显的上升趋势，说明夏季北隍城岛船舶烟气排放严重，因为夏季船舶活动在一年中最为频繁（Wang et al.，2013c）。Cu 与 Zn、Pb 与 Cd 的富集因子系数季节变化趋势基本一致，这说明它们的排放源可能相同。Co、Mn、Cr、Zn 季节变化相对不明显，这说明在一年的采样周期内它们的排放源比较稳定。

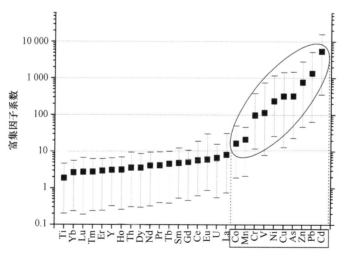

图 3.14　北隍城岛 PM2.5 中金属元素的富集因子系数统计图

3.2.5 PM2.5 的来源解析

PM2.5 中的主要成分包括碳质组分、水溶性离子和几乎不溶的无机金属元素三类。在成分分析过程中，现有的技术并不能将其成分完全识别。为了更好地研究 PM2.5 的特性，本研究将 PM2.5 划分为以下 10 类成分：有机质（organic matter，OM）、EC、SO_4^{2-}、NO_3^-、NH_4^+、海盐、扬尘、金属氧化物（TEO）、生物质来源的 K^+ 及未识别成分。除了 OM、EC、海盐、扬尘、TEO，考虑到 SO_4^{2-}、NH_4^+ 和 NO_3^- 是 PM2.5 的主要组成部分，以及 K^+ 对生物质燃烧具有一定的指示意义，本研究将这 4 种离子单独列出。计算 OM，通常利用有机质中的碳质成分来衡量有机质的多少。一般 PM2.5 中 OM 与 OC 的比值在 1.2～1.8，比值大小可以代表气溶胶的老旧程度（Liu et al.，2013b）。根据北隍城岛背景点的特性，本研究采用的转换系数为 1.8。海盐一般是利用 Na^+ 或者 Cl^- 的浓度进行换算，但是在本研究中 Cl^- 浓度不适合，因为冬季燃煤贡献了较多的 Cl^-。因此，根据海水中 Na^+ 与其他主要离子 $[Mg^{2+}（0.12）、K^+（0.036）、Ca^{2+}（0.038）、SO_4^{2-}（0.252）、Cl^-（1.80）]$ 含量的比值，海盐的含量等于 2.25 倍的 Na^+ 浓度。扬尘则是通过测定其内部元素的含量，如 Al、Fe 和 Si，然后利用一些经验公式进行换算。因本研究利用石英纤维滤膜采集 PM2.5 样品，并且运输过程中利用铝箔保护，样品受到 Al 和 Si 污染，故本研究利用 25 倍的 Fe 含量来估算扬尘含量。至于 TEO，则根据各个金属元素与氧原子的结合方式进行换算（Nizzetto et al.，2013）：

$$
\begin{aligned}
TEO = 1.3 \times [&0.5 \times (Mn + Co + Ni + V) + 1 \times (Cu + Cr + Y + La + Ce + Pr + Nd + Sm \\
&+ Eu + Gd + Tb + Dy + Ho + Er + Tm + Yb + Lu + Th + U + Zn + Cd + Ti + Pb + As)]
\end{aligned}
$$

$$(3.2)$$

年均 PM2.5 化学质量平衡见图 3.15。可见，化学质量平衡法模拟的 PM2.5 浓度与观测的 PM2.5 浓度具有良好的相关性（r=0.87），表明了对各个组分换算的准确性。从年均来看，其他成分所占比例最大，达到了 32.07%。较大的其他成分比例可能由以下原因导致：一是本研究并未鉴别 PM2.5 中的含水量，而水是 PM2.5 中重要的组成部分之一（Lu et al.，2011），例如，有研究利用一项带加热可控的 KF 系统（Karl-Fisher system），发现 PM2.5 中含水量能够达到 22%（Perrino et al.，2016）；二是在进行成分转换时，不同的研究转换系数不同，导致成分含量不同，在进行 OM 转换时，如果采用的转换系数为 2.2，那么其他成分比例将下降 3.11%。总体来说，OM、SO_4^{2-}、NO_3^-、NH_4^+、EC、海盐、土壤扬尘、TEO 和 K^+ 对 PM2.5 分别贡献了 13.98%、18.03%、10.23%、7.78%、3.61%、3.4%、8.4%、1.08% 和 1.44%，并且具有明显的季节变化（图 3.16）。在 4 个季节中，海盐和土壤扬尘在春季对 PM2.5 的贡献率较高，这与 Na^+ 和 Ca^{2+} 浓度季节变化趋势相一致，可能是

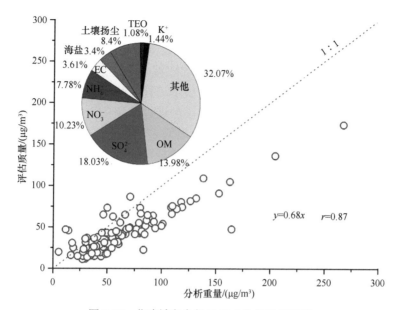

图 3.15　北隍城岛全年 PM2.5 化学质量平衡

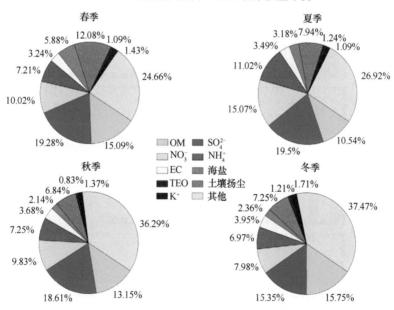

图 3.16　北隍城岛 PM2.5 季节化学质量平衡

春季大风所导致的海面机械破损及沙尘天气所致。SO_4^{2-}、NO_3^-、NH_4^+和 TEO 对 PM2.5 的贡献率夏季最高,可能由当时有利的反应条件(如充分的日照及高浓度的氧化剂)所致,类似的现象在北京市也被观测到过(Nizzetto et al.,2013)。上文论述中提到民用燃煤与生物质燃烧在冬季对 PM2.5 有较高的贡献率,这与此处

OM、EC 和 K⁺在一年中冬季的贡献率较高相一致。

由于一些污染物具有共同的排放源，很难定量解析各个排放源的相对贡献率。为了进一步解析各个排放源的贡献率，对北隍城岛 120 个 PM2.5 样品中 28 种成分进行了正定矩阵因子分解。利用 PMF 模型进行源解析时，因子数目是人为选取的。为了解析结果的准确性，对 PMF 模型进行了 4～10 个因子结果分析。在本研究中发现因子数目为 7 时，模型 Q 值最低（7338），并且解析结果比较合理，此时的 F_{peak} 值为–0.1。PMF 模型解析的 7 个源成分谱及源贡献率见图 3.17，可见，

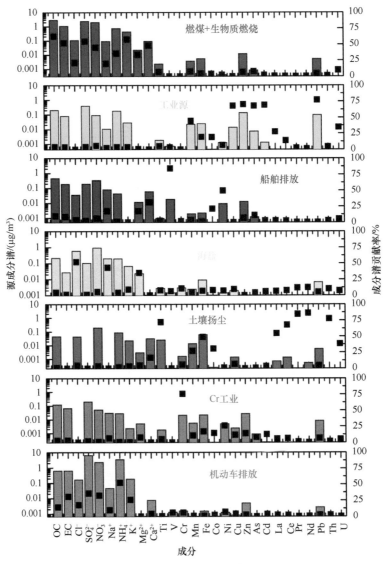

图 3.17　PMF 模型解析的 7 个源成分谱及源贡献率（从上至下为因子 1～7）

这 7 个源因子分别是燃煤+生物质燃烧、工业源、船舶、海盐、土壤扬尘、Cr 工业及机动车排放。

因子 1 对 OC、EC、SO_4^{2-} 和 K^+ 有较高的贡献率。K^+ 是生物质燃烧的示踪离子，而燃煤排放经常被高含量的 OC、EC 和 SO_4^{2-} 所指示，因此，因子 1 被鉴定为燃煤和生物质燃烧的混合源（Nizzetto et al.，2013）。这个因子对 SO_4^{2-} 的贡献率在 7 个因子中最高，这与华北地区 SO_2 的排放清单相一致（Wang et al.，2012）。NO_3^-/SO_4^{2-} 的浓度比值为 0.18，相对较低，证明了燃煤的特性（Nizzetto et al.，2013）。此外，图 3.18 给出了各个源贡献率的时间序列，发现因子 1 在冬季对 PM2.5 贡献率较高，凸显了当时燃煤和生物质燃烧的重要性（Tan et al.，2017），这与上述讨论相一致。因子 2 对 Cu、Zn、As、Cd 和 Pb 有较高的贡献率，被定义为工业源。其中，炼钢也许是该地区工业源的重要组成部分，因为冶炼过程会产生大量的重金属，如 Cu、Pb 和 Zn（Zong et al.，2016a）。其次，华北地区的炼钢工业规模相当庞大，据《中国统计年鉴》显示，中国钢铁产量占世界钢铁产量的一半，而京津冀地区和山东省分别贡献了 25.3%和 7.8%。图 3.18 显示这个因子在冬季具有较高的贡献率，而冬季北隍城岛的后向气团基本上全部来自于该区域。因子 3 对 Ni 和 V 有较高的贡献率，被定义为船舶排放源。V 和 Ni 是残留油燃烧的示踪物，通常被认为是船舶烟气排放的示踪物（Pey et al.，2013）。前面提到，V/Ni 的浓度比值高于 0.7，指示本地区空气质量受船舶烟气排放影响（Liu et al.，2016）。在因子 3 中，V/Ni 的浓度比值为 1.69，在 7 个因子中最高，而其余因子均低于 0.7。同时，图 3.18 显示源贡献率较高的时段主要出现在夏季，这与夏季是渤海航运最频繁的时段相一致。因子 4 对 Cl^-、Na^+ 和 Mg^{2+} 有较高的贡献率，这些离子主要来自海平面的机械破损，被认为是海盐气溶胶的指示物质（Manousakas et al.，2017）。源贡献率最高出现在 2015 年 4 月 28 日，而当时渤海地区盛行大风天气。在因子 4 中，Cl^-/Na^+ 浓度比值为 1.43，低于海水中两者的比例（1.80），这可能是由 NaCl 颗粒与 HNO_3、H_2SO_4 反应造成氯缺失所致（Masiol et al.，2017）。因子 5 对 Ti、Mn、Fe 和稀土元素有较高的贡献率，被认为是土壤扬尘源。该因子贡献率春季最高，与当时盛行的沙尘天气一致。因子 6 对 Cr 元素有最高的贡献率，对 Mn、Fe、Co、Cu 和 Zn 也有一定贡献，被定义为 Cr 工业。Cr 元素是炼钢工业重要的添加剂之一。与之相对应的是，因子 6 源贡献率较高的时段主要出现在晚春，此时北隍城岛后向气团主要经过这些地区。因子 7 对 EC、NO_3^- 和 NH_4^+ 有较高的贡献率，被认为是机动车排放源（Yang et al.，2016）。在城市区域，配备三元催化器的汽车是 NH_4^+ 的主要贡献者。在采样期间，因子 7 中 NO_3^-/SO_4^{2-} 在 7 个因子中次高，表现了机动车排放源的特性。除此之外，图 3.18 显示因子 7 全年贡献率没有明显的季节变化，说明汽车排放污染在华北具有区域性。

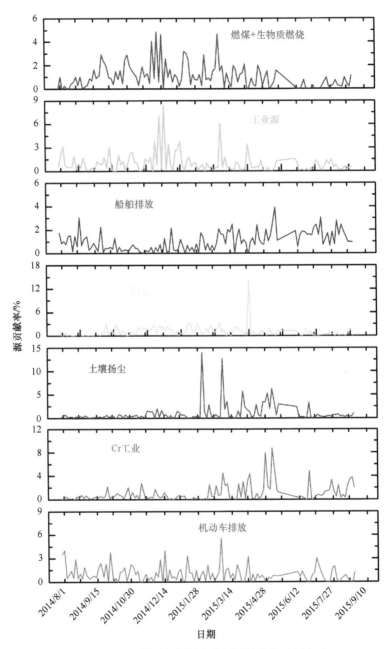

图 3.18　PMF 模型解析的各个源贡献率的时间序列

　　图 3.19 是整个采样期间，7 类排放源对北隍城岛 PM2.5 浓度的贡献率。由图 3.19 可见，燃煤和生物质燃烧与机动车排放源是北隍城岛 PM2.5 的主要贡献源，贡献率分别是 48.21% 和 30.33%，累计贡献达到 78.54%。剩下的 5 个排放源分别

是工业源、船舶、海盐、土壤扬尘及 Cr 工业，贡献率依次是 3.2%、6.63%、3.51%、7.24%和 0.88%。其中，海盐、土壤扬尘的贡献率与利用化学质量平衡法评估的贡献率结果十分相近。

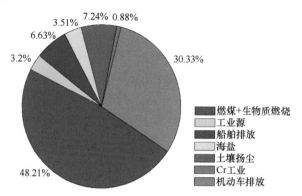

图 3.19　采样期间 7 类排放源对北隍城岛 PM2.5 浓度的贡献率

3.2.6　PM2.5 中硝酸盐的形成过程及来源解析

贝叶斯（Bayesian）模型可以利用稳定性同位素进行来源示踪。依据目标物同位素值，结合目标物在形成过程中同位素发生的分馏效应，对目标物可能的不同源贡献进行有效评估。该模型在生态领域应用广泛，如对自然界中食物链的研究（Parnell et al.，2013），基本表达式为

$$P(f_q|data) = \left[\theta(data|f_q) \times p(f_q)\right] / \left[\sum \theta(data|f_q) \times p(f_q)\right] \tag{3.3}$$

式中，$\theta(data|f_q)$ 是类型源同位素值的极大似然值；$p(f_q)$ 是类型源对大气样品贡献率的先概率分布；$\sum \theta(data|f_q) \times p(f_q)$ 是类型源贡献的边缘概率分布。类型源极大似然值的平均值和标准差分别可以表示为

$$m_j = \sum_{i=1}^{n}\left[f_i \times (m_{j-source(i)} + m_{j-fraction(i)})\right] \tag{3.4}$$

$$s_j = \sqrt{\sum_{i=1}^{n}\left[f_i^2 \times (s_{j-source(i)}^2 + s_{j-fraction(i)}^2)\right]} \tag{3.5}$$

式中，f_i 是第 i 个源的贡献率；s_j 是第 j 个同位素的标准差；$m_{j-source(i)}$ 是第 i 个源的第 j 个同位素的平均值；$m_{j-fraction(i)}$ 是第 i 个源的第 j 个同位素的分馏状态平均值。标准差中变量符号与此相对应，分别为类型源值和分馏值的标准差。对于一组给定样品的 N 同位素值，各类型源的贡献率评估为

$$L(x|m_j, s_j) = \prod_{k=1}^{n}\prod_{j=1}^{n}\left[\frac{1}{\sqrt{2ps_j}}\exp\left(-\frac{(x_{kj}-m_j)^2}{2s_j^2}\right)\right] \tag{3.6}$$

p 是 p_i（圆周率）；x_{kj} 是测得的第 k 样品中的第 j 个同位素值。

求解过程中，利用重复再采样技术进行计算。本文基于贝叶斯的同位素混合模型（MixSIR），构建、优化适用于大气 PM2.5 中 NO_3^- 来源解析的模型，其原理及具体过程如下。

对于 NO_3^- 来说，大气中的 NO_x 经排放源排放后，$\delta^{15}N$ 首先经过 $NO \leftrightarrow NO_2$ 平衡分馏，再经过 $NO_x \rightarrow NO_3^-$ 反应动力分馏，得到 $\delta^{15}N\text{-}NO_3^-$。鉴于目前对 N 同位素反应动力分馏认知较少（Walters and Michalski，2016），本文对 $NO \leftrightarrow NO_2$ 平衡分馏进行具体研究，并将该模块加入 Bayesian 模型，构建适用于利用 PM2.5 中 $\delta^{15}N\text{-}NO_3^-$ 评估 NO_x 的模型（Walters and Michalski，2015，2016；Walters et al.，2016）。模型中，$NO \leftrightarrow NO_2$ 平衡分馏值 ε_N 可以表达为

$$\varepsilon_N = \gamma \times \varepsilon(\delta^{15}N\text{-}NO_3^-)_{\cdot OH} + (1-\gamma) \times \varepsilon(\delta^{15}N\text{-}NO_3^-)_{H_2O}$$
$$= \gamma \times \varepsilon(\delta^{15}N\text{-}HNO_3)_{\cdot OH} + (1-\gamma) \times \varepsilon(\delta^{15}N\text{-}HNO_3)_{H_2O} \tag{3.7}$$

大气中 NO_3^- 的生成途径分为两类，第一类是 NO_2 与 $\cdot OH$ 的反应，主要集中在白天，将这个过程产生的 N 同位素分馏命名为 $\varepsilon(\delta^{15}N\text{-}NO_3^-)_{\cdot OH}$；第二类是 N_2O_5 与水的反应，主要发生在夜晚，将这个过程产生的 N 同位素分馏命名为 $\varepsilon(\delta^{15}N\text{-}NO_3^-)_{H_2O}$。$\gamma$ 代表第一类途径在总反应中的比例。在假设不发生动力分馏的前提下，$\varepsilon(\delta^{15}N\text{-}NO_3^-)_{\cdot OH}$ 可以通过以下公式进行计算：

$$\varepsilon(\delta^{15}N\text{-}HNO_3)_{\cdot OH} = \varepsilon(\delta^{15}N\text{-}NO_2)_{\cdot OH}$$
$$= 1000 \times \left[\frac{(^{15}\alpha_{NO_2/NO} - 1)(1 - f_{NO_2})}{1 - f_{NO_2} + ^{15}\alpha_{NO_2/NO} \times f_{NO_2}} \right] \tag{3.8}$$

式中，$^{15}\alpha_{NO_2/NO}$ 是在 $NO \leftrightarrow NO_2$ 过程中的平衡分馏值，该值的大小与温度有关；f_{NO_2} 是反应过程中 NO_2 在 NO_x 中所占的比值，据报道，这个值一般为 0.2～0.95。同样的道理，假设不存在动力分馏，$\varepsilon(\delta^{15}N\text{-}HNO_3)_{H_2O}$ 可以通过以下公式进行计算：

$$\varepsilon(\delta^{15}N\text{-}HNO_3)_{H_2O} = \varepsilon(\delta^{15}N\text{-}N_2O_5)_{H_2O}$$
$$= 1000 \times (^{15}\alpha_{N_2O_5/NO_2} - 1) \tag{3.9}$$

式中，$^{15}\alpha_{N_2O_5/NO_2}$ 是在 $N_2O_5 \leftrightarrow NO_2$ 过程中的平衡分馏值，该值的大小与温度有关；γ 在这个模型中具有重要的作用，它的大小可以通过 PM2.5 中的 $\delta^{18}O\text{-}NO_3^-$ 进行估算。在整个过程中 $\delta^{18}O\text{-}NO_3^-$ 的值可以用以下公式进行计算：

$$\delta^{18}O\text{-}NO_3^- = \gamma \times \left(\delta^{18}O\text{-}NO_3^-\right)_{\cdot OH} + (1-\gamma) \times \left(\delta^{18}O\text{-}NO_3^-\right)_{H_2O}$$
$$= \gamma \times \left(\delta^{18}O\text{-}HNO_3\right)_{\cdot OH} + (1-\gamma) \times \left(\delta^{18}O\text{-}HNO_3\right)_{H_2O} \tag{3.10}$$

式中，$(\delta^{18}\text{O-NO}_3^-)_{\cdot\text{OH}}$ 与 $\left(\delta^{18}\text{O - NO}_3^-\right)_{\text{H}_2\text{O}}$ 分别是 NO_2 与 $\cdot\text{OH}$ 的反应、N_2O_5 与水的反应生成的 $\delta^{18}\text{O}$ 值；γ 是 NO_2 与 $\cdot\text{OH}$ 反应所占的比例。假设没有动力分馏，$(\delta^{18}\text{O-NO}_3)_{\cdot\text{OH}}$ 可以用以下公式进行计算：

$$
\begin{aligned}
\left(\delta^{18}\text{O - HNO}_3\right)_{\cdot\text{OH}} &= \frac{2}{3}\left(\delta^{18}\text{O - NO}_2\right)_{\cdot\text{OH}} + \frac{1}{3}\left(\delta^{18}\text{O - OH}\right)_{\cdot\text{OH}} \\
&= \frac{2}{3}\left[\frac{1000\times\left(^{18}\alpha_{\text{NO}_2/\text{NO}}-1\right)\left(1-f_{\text{NO}_2}\right)}{1-f_{\text{NO}_2}+{}^{18}\alpha_{\text{NO}_2/\text{NO}}\times f_{\text{NO}_2}}+\delta^{18}\text{N - NO}_x\right] \quad (3.11) \\
&\quad + \frac{1}{3}\left[\delta^{18}\text{O - H}_2\text{O}+1000\times\left(^{18}\alpha_{\cdot\text{OH/H}_2\text{O}}-1\right)\right]
\end{aligned}
$$

而 $\left(\delta^{18}\text{O - NO}_3^-\right)_{\text{H}_2\text{O}}$ 可以通过下式计算：

$$
\left(\delta^{18}\text{O - HNO}_3\right)_{\text{H}_2\text{O}} = \frac{5}{6}\left(\delta^{18}\text{O - N}_2\text{O}_5\right) + \frac{1}{6}\left(\delta^{18}\text{O - H}_2\text{O}\right) \quad (3.12)
$$

式中，$^{18}\alpha_{\text{NO}_2/\text{NO}}$ 和 $^{18}\alpha_{\cdot\text{OH/H}_2\text{O}}$ 分别是平衡状态下 $\text{NO}\leftrightarrow\text{NO}_2$ 与 $\cdot\text{OH}\leftrightarrow\text{H}_2\text{O}$ 的分馏值，它们的大小与温度有关。$\delta^{18}\text{O-}X$ 是物种 X 的氧同位素值。研究表明，$\delta^{18}\text{O-H}_2\text{O}$ 的值与大气对流层中水蒸气的 $\delta^{18}\text{O}$ 值相似，取值为–25‰~0；与 O_3 中 $\delta^{18}\text{O}$ 的值相似，$\delta^{18}\text{O-NO}_2$ 与 $\delta^{18}\text{O-N}_2\text{O}_5$ 的取值为 90‰~122‰，大小与温度有关，其函数 $^m\alpha_{X/Y}$ 可以用以下公式进行表达：

$$
1000\left(^m\alpha_{X/Y}-1\right) = \frac{A}{T^4}\times10^{10} + \frac{B}{T^3}\times10^8 + \frac{C}{T^2}\times10^6 + \frac{D}{T}\times10^4 \quad (3.13)
$$

式中，T 是绝对温度（K）；A、B、C、D 是温度在 150~450K 的常数，其数值大小见表 3.16。

表 3.16　温度为 150~450K 下 A、B、C、D 的数值大小

$^m\alpha_{X/Y}$	A	B	C	D	数值
$^{15}\text{NO}_2/\text{NO}$	3.883 4	–7.729 9	6.010 1	–0.179 28	5.11
$^{15}\text{N}_2\text{O}_5/\text{NO}_2$	0.693 98	–1.985 9	2.387 6	0.163 08	5.12
$^{18}\text{NO}/\text{NO}_2$	–0.041 29	1.160 5	–1.882 9	0.747 23	5.14
$^{18}\text{H}_2\text{O}/\cdot\text{OH}$	2.113 7	–3.802 6	2.565 3	0.594 10	5.14

在以上数据的基础上，计算流程具体如图 3.20 所示。图中 E7~E9 分别对应公式（3.8）~（3.10），E4~E6 分别对应公式（3.11）~（3.13），E10 对应公式（3.14）。首先将 $\delta^{18}\text{O-NO}_3^-$、温度、$\delta^{18}\text{O-H}_2\text{O}$、$\delta^{18}\text{O-O}_3$ 代入 E7~E9 和 E10 进行计算，计算结果利用蒙特卡罗模拟计算 γ 值。将 γ 极大值、极小值和温度代入 E4~E6 和 E10 计算 ε_N 同位素分馏值。将 ε_N 最大值与最小值进行平均获得均值，将最大值与最小值的差除以 1.96 获得方差值。利用 ε_N 的平均值与方差值、$\delta^{15}\text{N-NO}_3^-$、

δ^{15}N-类型源（类型源同位素比值的均值和标准差利用文献统计值）进行 Bayesian 模拟得到各个排放源的贡献率。

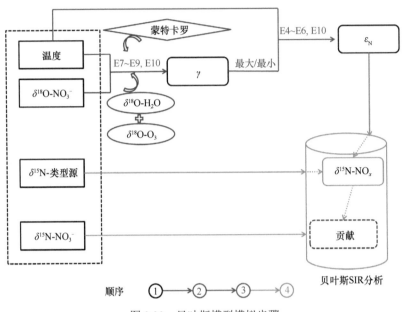

图 3.20　贝叶斯模型模拟步骤

观测期间，北隍城岛 PM2.5 中 NO_3^-的浓度是 0.64~35.21μg/m³，平均值是（6.45±4.92）μg/m³。全年 NO_3^-浓度与温度、湿度、风速等气象因子没有明显的相关性，说明这些气象因子对 NO_3^-浓度变化作用很小。但是相邻两个 PM2.5 浓度的差值与相对应的温度和湿度有明显的正相关关系，说明气象因子的高频变化会促进 NO_3^-的生成。NO_3^-在秋季、冬季、春季、夏季的平均浓度分别是（6.25±3.61）μg/m³、（5.78±4.05）μg/m³、（6.92±6.72）μg/m³ 和（6.91±4.96）μg/m³，在 95%置信区间内没有明显不同，这可能与 NO_3^-的形成过程有关。夏季，大气中 NO_3^-前体物 NO_x 的浓度较低，但是高浓度氧化剂（·OH 和 O_3）使 NO_x 氧化率较高，因此 NO_3^-浓度偏高；冬季，虽然大气中 NO_x 浓度较高，但是大气中氧化剂含量较少，NO_x 氧化率较低，因此 NO_3^-浓度偏低（He et al.，2015）。

如图 3.21 所示，观测期间北隍城岛 PM2.5 样品中 δ^{15}N-NO_3^-的年平均值为（8.2±6.2）‰，变化范围为−1.7‰~+24.0‰。虽然与 NO_3^-浓度或者湿度、风速等气象因子没有相关性，但是 δ^{15}N-NO_3^-与温度存在明显的负相关关系（$r=-0.8$，$p<0.01$）。该负相关关系具体体现为冬季温度较低，但是 δ^{15}N-NO_3^-较高；而夏季温度较高，δ^{15}N-NO_3^-则较低。

在大气 NO/NO₂ 循环中，NO_x 中的氧原子与臭氧发生一系列交换反应，可见，δ^{18}O-NO_3^-的值由 NO_3^-的形成过程决定，而不是由排放源类型决定。因此，依据

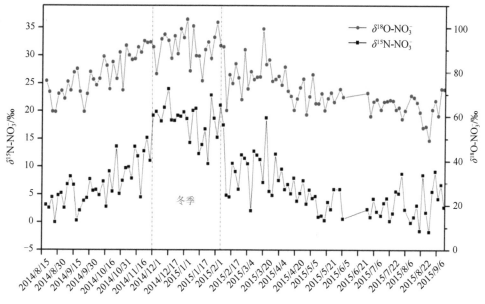

图 3.21   观测期间 PM2.5 中 $\delta^{15}N\text{-}NO_3^-$ 与 $\delta^{18}O\text{-}NO_3^-$ 的变化特征

$\delta^{18}O\text{-}NO_3^-$ 值可以判定大气中 NO_x 向 NO_3^- 转化的过程（Hastings et al.，2003）。在本研究中，观测到的 $\delta^{18}O\text{-}NO_3^-$ 为 49.4‰～103.9‰，与以前的观测结果相近（Elliott et al.，2007；Hastings et al.，2004，2009）。据估计，在·OH 路径中，NO_3^- 中 2/3 的氧来自臭氧，另外的 1/3 来自·OH；而在 O_3 路径中，有 5/6 的氧来自臭氧，其他的 1/6 来自·OH。在亚洲大陆大气层中，臭氧的 $\delta^{18}O$ 值较高，为 90‰～122‰；·OH 的 $\delta^{18}O$ 值较低，为–25‰～0。如 Bayesian 模型部分所描述，利用蒙特卡罗模拟对 γ 进行模拟，模拟结果如图 3.22 所示。可见，γ 的值很宽泛，这可能是由所取的 $\delta^{18}O\text{-}O_3$ 与 $\delta^{18}O\text{-}OH$ 值范围较大所致。但是 γ 的中值的平均值具有明显的季节变化，它在采样期间秋季、冬季、春季、夏季的中值的平均值分别是 0.35±0.16、0.24±0.16、0.47±0.17 和 0.68±0.10，这说明在夏季 NO_3^- 的生成以·OH 途径为主。相反，在冬季 NO_3^- 的生成以 O_3 途径为主（Fibiger and Hastings，2016）。这个推测结果也与本研究中 $\delta^{18}O\text{-}NO_3^-$ 的观测结果相一致，$\delta^{18}O\text{-}NO_3^-$ 在冬季的平均值为 (88.1±10.2)‰，要远高于夏季的 (65.0±5.8)‰。$\delta^{18}O\text{-}NO_3^-$ 的季节变化说明在北隍城岛 NO_x 在大气中的氧化剂夏季以·OH 为主，而在冬季以 O_3 为主（Felix et al.，2012）。

气溶胶内很多成分可以指示来源。在本研究中，根据 NO_3^- 与示踪物（SO_4^{2-}、NH_4^+、K^+、EC、Ca^{2+}、Cl^-、Na^+、Mg^{2+}）之间的相关性来初步探索 NO_3^- 的来源，相关性结果见图 3.23。可见，一些燃烧源指示物（EC、K^+、SO_4^{2-}）在全年观测期内与 NO_3^- 有良好的相关性（$r>0.37$，$p<0.01$），说明北隍城岛 PM2.5 中的 NO_3^- 主要

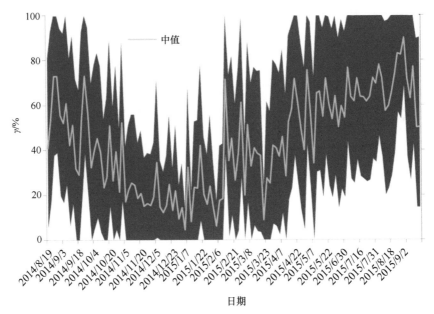

图 3.22 观测期间 γ 的范围与中值

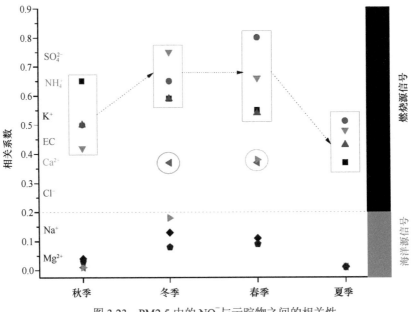

图 3.23 PM2.5 中的 NO_3^- 与示踪物之间的相关性

来自燃烧源。众所周知，K^+ 是生物质燃烧的指示物，它与 NO_3^- 的相关系数在秋季最高，这与当时大量农作物燃烧有关；其次是冬季，是受冬季生物质燃烧取暖的影响。SO_4^{2-} 主要来自 SO_2 的转化，而基于 ^{35}S 同位素技术，最新研究表明，SO_2 主要来源于工业或者民用燃煤的排放。与之相对应，NO_3^- 与 SO_4^{2-} 在冬季和春季的相关系数较高,即大量的燃煤被消耗。除了一些公认的燃烧源信号,NO_3^- 与 NH_4^+ 也存在良好的相关性。关于 NH_4^+ 来源的问题,国际上存在很大分歧。以前认为农业生产贡献了全球 80% 的 NH_3,是 NH_4^+ 的主要来源。但是随着社会的不断发展,机动车保有量不断上升,装备三元催化器的机动车也成为 NH_3 的一个重要来源。除此之外,装备有选择性催化还原(selective catalytic reduction,SCR)或者选择性非催化还原(selective non-catalytic reduction,SNCR)设备的火力发电厂也是 NH_3 的一个重要来源。基于 $\delta^{15}N\text{-}NH_4^+$ 方法的最新研究表明,在北京雾霾天气下火力发电厂贡献了 90% 的 NH_3,并且这种贡献随着用电量需求的不断增大而增大(Pan et al.,2016)。在本研究中 NO_3^- 与 NH_4^+ 的相关性在冷季较高,而在暖季明显下降,印证了上述观点。

北隍城岛坐落在渤海海峡,位于典型的东亚季风区,因此海盐和扬尘可能是 NO_3^- 的一个重要来源。但是作为典型的海盐指示物,Na^+、Mg^{2+} 与 NO_3^- 的相关性较差。将 SO_4^{2-}、K^+ 与 Cl^- 去除海盐贡献后,它们与 NO_3^- 的相关系数增强(图 3.24),说明海盐对 NO_3^- 的贡献较小。Cl^- 与 NO_3^- 的相关性在暖季较差;而在冷季,Cl^- 与 NO_3^- 相关性明显上升,这可能与燃煤排放有关,这从侧面证明了 NO_3^- 的燃烧源排放。Ca^{2+} 是扬尘典型的指示物,它与 NO_3^- 在春季的相关性适中,而在其他季节较差。但是春季的扬尘可能并不是 NO_3^- 的重要来源。有研究证明在 HNO_3 环境中,Ca^{2+} 在 3min 之内可以转化成 $Ca(NO_3)_2$,之后可能在沙尘表面形成一层水膜,促进氮氧化物(N_2O_5)向 HNO_3 转化。这个正向反馈机制解释了春季 NO_3^- 与 Ca^{2+} 适中的相关性。北隍城岛 PM2.5 中 NH_4^+ 与 SO_4^{2-} 的摩尔浓度比值为 1.91,说明没有足够的 NH_4^+ 去结合 SO_4^{2-},因此 PM2.5 中有一部分 NO_3^- 以 HNO_3 的形式存在,促进了

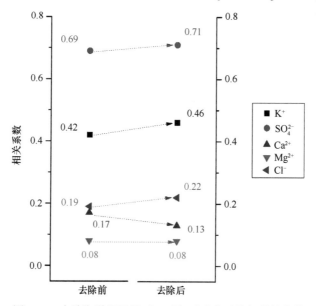

图 3.24　去除海洋源贡献后 NO_3^- 与示踪离子的相关性变化

Ca^{2+} 向 $Ca(NO_3)_2$ 的转化。除此之外，与附近的砣矶岛一样，船舶排放可能是北隍城岛 PM2.5 中 NO_3^- 的重要来源。世界范围内很多文献都强调了船舶排放对大气 NO_3^- 的贡献，特别是在沿海地区。北隍城岛地处渤海海峡，渤海沿岸存在大量的农业用地，因此与农业息息相关的生物土壤源也可能是该地区 NO_3^- 的重要贡献者。有研究报道，生物土壤源 NO_x 的排放量与温度和土壤湿度存在明显的正比关系。因此，夏季高温多雨的气候条件会极大地促进生物土壤源的排放。在本研究中，NO_3^- 与燃烧源指示物的相关性在夏季出现了明显的下降趋势，与上述观点相一致。

基于以上的初步分析，结合该地区 NO_x 的排放清单，可以初步确定生物质燃烧、燃煤排放、移动源（机动车与船舶）和生物土壤源是北隍城岛 NO_3^- 的主要来源。为了进一步探究观测期间 NO_3^- 的来源，本研究利用优化的 Bayesian 同位素分馏模型分三种模式（全年、季节、滑动）进行研究。结果显示，整个采样期间生物质燃烧、燃煤排放、移动源与生物土壤源排放对北隍城岛的 NO_3^- 分别贡献了（27.78±8.89）%、（36.53±6.66）%、（22.01±6.92）% 和（13.68±3.16）%。这说明燃煤排放是北隍城岛 NO_3^- 的主要来源，其次是生物质燃烧和移动源，这两者在贡献率上没有明显区别。这项结果可能与以前的 NO_x 排放清单不一致，以前的排放清单显示来自火点发电厂的燃煤排放对 NO_x 的贡献占了绝对主导地位。但是随着火电发电厂脱硝装置的不断加装，火电发电厂排放的 NO_x 量不断降低。据《2015 中国环境状况公报》显示，到 2015 年，中国火力发电厂脱硝装置的安装率已经达到了 95%。2015 年中国 NO_x 的排放量减少了 23.4%，其中绝大部分是火力发电厂排放量的减少。相反，近年来不断增加的汽车保有量使机动车排放成为 NO_x 的重要排放源。《中国统计年鉴》显示，从 2009 年开始中国机动车保有量保持了每年 14% 的增长率。除此之外，沿海地区的空气质量受船舶排放影响较大。据估计，2013 年大气中 8.4% 的 SO_2 和 11.3% 的 NO_x 来自于船舶排放。因此，北隍城岛船舶排放比较严重，是移动源的重要一类。此外，近年来大规模的露天生物质燃烧现象频发及冬季生物质的取暖使用，使生物质燃烧对 NO_x 的贡献率不断增大。有研究表明，1990～2013 年我国生物质燃烧对 NO_x 的贡献率增大了 6 倍。

利用 Bayesian 模型模拟的 4 类排放源对 NO_3^- 的季节贡献率如图 3.25 所示。可见，在春季和秋季，这 4 类排放源的贡献率相近。但是在冬季，燃煤排放的贡献率明显上升，四分位数值为 51.6%～65.5%，中值为 59.1%。相应地，其他 3 类排放源的贡献率明显下降，生物质燃烧的四分位数值为 13.6%～35.5%，中值为 23.6%；移动源的四分位数值为 5.4%～17.9%，中值为 10.6%；生物土壤源的四分位数值为 1.8%～6.1%，中值为 3.6%。冬季燃煤的高贡献率与这个季节 PM2.5 中相对较高的 SO_4^{2-} 与 NO_3^- 相关性相一致。生物土壤源在夏季对 NO_3^- 贡献率较高，但是在冬季明显下降，这分别与夏季高温、多雨和冬季寒冷、干燥的气候条件相一致。

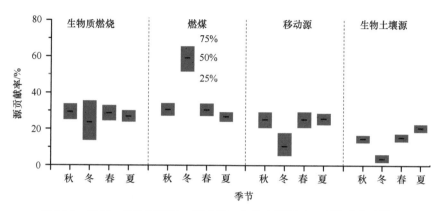

图 3.25　燃煤、生物质燃烧、移动源、生物土壤源对 NO_3^- 的季节贡献率

为了进一步探究采样期间这 4 类排放源对 NO_3^- 贡献率的变化,本研究对 $\delta^{15}N$-NO_3^- 做了滑动模拟研究。滑动原理是以 30 个 $\delta^{15}N$-NO_3^- 为一组,进行模型模拟,结束后以时间序列为基础,向后滑动 5 个数据,再利用模型进行模拟。图 3.26 给出了利用时间序列滑动模拟的 4 类排放源对 NO_3^- 的贡献率。总体上,其变化趋势与季节模拟结果相一致,但是变化规律更清晰。燃煤贡献率在 2014 年 9 月 18 日至

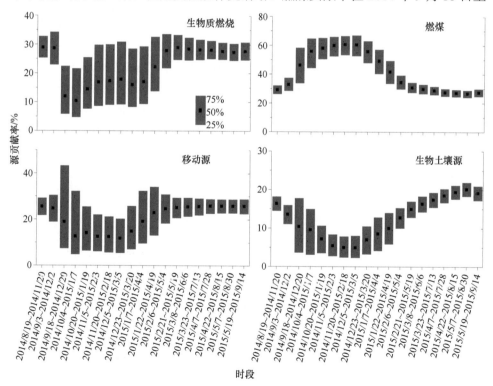

图 3.26　燃煤、生物质燃烧、移动源、生物土壤源对 NO_3^- 贡献率的滑动特征

12 月 20 日发生明显升高，其间其他 3 种排放源贡献率明显下降。然后燃煤贡献率在 2014 年 12 月 5 日至 2015 年 3 月 5 日达到峰值，而这期间恰好是华北地区集中供暖的时间段。除此之外，决定供暖需求的温度气象因子与 δ^{15}N-NO$_3^-$ 存在明显的相关性，因此可以推断取暖用的民用燃煤是当时 NO$_3^-$ 的主要排放源。这个结论也与之前的研究结果相一致：在冷季，民用取暖所用的燃煤是当时 NO$_3^-$ 的主要人为源。根据排放当量换算，3 亿 t 民用燃煤燃烧排放的污染物总量与 200 亿 t 电厂燃煤燃烧排放的污染物总量相当。因此这些年，民用燃煤排放也逐步受到关注。在 2016 年 10 月 26 日，环境保护部颁布了《民用煤燃烧污染综合治理技术指南（试行）》，强调了民用煤对中国整个污染现状治理的重要性。

3.3　砣矶岛冬季 PM2.5 污染特征

砣矶岛位于山东省烟台市龙口市西北 10km 处，是一个远伸海中似孤岛又连陆地的奇特半岛，南、北、西三面环海，东西长达 10km，宽 1km，沙堤与陆地相连，岛形纵短横阔、北高南低。受亚洲季风影响，在冬季盛行西北风，污染物主要来自京津冀地区，是研究华北地区大气 PM2.5 区域特征的理想背景监测站。

2014 年 1 月 3 日至 2 月 11 日在位于砣矶岛的国家海洋局龙口环境监测站进行了现场观测，采集 PM2.5 样品。采样器放置在监测站的观测平台上，该平台距离海平面约 1m，周围无有效建筑物阻挡。采样器为美国 Tisch 大流量 PM2.5 采样器，采样流速为 1.13m³/min。每 12h 采集一张 PM2.5 样品，样品分为白天样品与夜晚样品，白天样品的采集时间为 6:00 至 18:00，夜晚样品的采集时间为 18:00 至次日 6:00。如果遇到特殊天气（大雪、强风等），采样时间根据天气变化进行调整。收集 PM2.5 样品的滤膜信息及处理过程与北隍城岛的类似。在整个采样过程中，共采集 76 张 PM2.5 样品膜和 2 张空白膜。

3.3.1　PM2.5 及其化学成分

表 3.17 描述了整个采样期间砣矶岛 PM2.5 及其化学成分的浓度统计信息。可见，砣矶岛 PM2.5 的日平均浓度为（77.6±59.3）μg/m³，浓度大小略大于我国最新颁布的二级标准的 2 倍。虽然砣矶岛 PM2.5 浓度要比国家二级标准高，但是要远低于一些城市区域，如北京（208μg/m³）（Tian et al.，2014）、天津（221μg/m³）（Nizzetto et al.，2013），体现了华北地区冬季区域的污染特征。在 PM2.5 中，水溶性离子所占比重最大，占 PM2.5 浓度的（46±16）%。在这些离子中，SO$_4^{2-}$ 的浓度最高，为（14.2±18.0）μg/m³，其次是 NO$_3^-$［（11.9±16.4）μg/m³］和 NH$_4^+$［（3.11±2.14）μg/m³］。这 3 种二次离子占水溶性离子的（88±12）%。除此之外，

OC 和 EC 的平均浓度分别为（6.85±4.81）μg/m^3 和（4.90±4.11）μg/m^3，分别占 PM2.5 浓度的（8.8±2.1）% 和（6.3±1.8）%。总的分析的无机金属元素的浓度为（665±472）ng/m^3，占 PM2.5 浓度的（0.86±0.50）%。其中，Fe 的平均浓度最高，为（408±285）ng/m^3，其次是 Zn [（107±142）ng/m^3] 和 Pb [（88.4±85.7）ng/m^3]。

表 3.17　整个采样期间屺峿岛 PM2.5 及其化学成分的浓度统计信息

成分	平均值±标准差/（μg/m^3）	范围/（μg/m^3）	成分	平均值±标准差/（ng/m^3）	范围/（ng/m^3）
PM2.5	77.6±59.3	12.7～305	Fe	408±285	7.12～1588
SO$_4^{2-}$	14.2±18.0	1.37～96.2	Zn	107±142	5.56～987
NO$_3^-$	11.9±16.4	0.27～87.1	Pb	88.4±85.7	3.02～412
NH$_4^+$	3.11±2.14	0.61～10.1	Mn	29.3±28.0	1.38～108
Cl$^-$	2.06±1.78	0.10～8.90	Cu	9.08±11.4	0.03～77.7
K$^+$	0.96±0.84	0.07～3.95	Ti	7.72±7.34	0.01～30.7
Na$^+$	0.43±0.25	0.05～1.58	As	6.61±7.86	0.67～43.4
Ca^{2+}	0.38±0.22	0.07～1.32	Ni	4.28±2.30	1.68～13.8
Mg^{2+}	0.03±0.03	0.01～0.17	V	3.90±2.47	0.45～12.5
OC	6.85±4.81	0.81～21.3	Cd	1.82±4.06	0.04～25.9
EC	4.90±4.11	0.80～19.6	Co	0.24±0.18	0.01～0.73

　　与一些典型的城市区域相比（Liu et al.，2016；Yu et al.，2016），屺峿岛 PM2.5 中有机物的浓度较低，而 SO$_4^{2-}$、NO$_3^-$ 和 NH$_4^+$ 等二次离子的浓度较高，这与华北地区大气中它们各自前体物的浓度相一致。据报道，华北地区 SO$_2$、NO$_x$ 和 NH$_3$ 的排放量分别是 OC 排放量的 10 倍、5 倍和 5 倍，这说明屺峿岛 PM2.5 的浓度基本上表征了华北地区的背景水平（Wang et al.，2012）。对位于渤海海峡的长岛也有类似的发现。除此之外，SO$_4^{2-}$ 是 PM2.5 中最主要的成分，这种现象常常被认为是区域性污染的信号。因为在冬季低温的环境下，SO$_2$ 向 SO$_4^{2-}$ 的转化率较低，所以在 PM2.5 的排放源区 SO$_4^{2-}$ 的含量较低，只有通过长时间的区域扩散后，SO$_2$ 才能向 SO$_4^{2-}$ 充分转化（Lu et al.，2011；Streets et al.，2008），这从侧面说明了屺峿岛 PM2.5 的区域性特征。

3.3.2　基于后向气团轨迹的 PM2.5 源信号

　　利用后向轨迹模型对到达屺峿岛的气团进行分类分析，发现屺峿岛在采样期间有 54% 的气团来自京津冀地区，而有 35% 的气团来自内蒙古。这两类气团到达屺峿岛的过程中，分别在渤海上空传输了 200km 和 250km，因此，这两类气团所携带的污染物在传输过程中已经充分混合，体现了区域性的特征。只有 11% 的气团来自山东半岛，可能既携带了本地污染物又携带了外地污染物。龙口市区是距离屺姆岛最近的污染源区，可以划分为本地源。但是在整个采样期间，只有一天气团轨迹经过龙口市区，该气团所携带的 PM2.5 浓度为 95.3μg/m³，要低于来自山东半岛气团 PM2.5 浓度的平均水平，这说明龙口市区本地排放源对屺姆岛 PM2.5 的贡献率较低。为了揭示这 3 类气团的污染特性，我们将来自京津冀地区的气团命名为气团 1，将来自内蒙古的气团命名为气团 2，将来自山东半岛的气团命名为气团 3，并且将 PM2.5 及其化学组分按照气团类型进行统计，见表 3.18。

表 3.18　按照气团类型统计的 PM2.5 及其化学组分信息

成分	平均值±标准差（范围）			显著性水平		
	气团 1（n=4）	气团 2（n=2）	气团 3（n=9）	1&2	1&3	2&3
PM2.5/($\mu g/m^3$)	93.0±66.1（24.5～305）	41.6±26.7（12.7～143）	106±42.3（50.3～193）	0.00	0.59	0.00
EC/（$\mu g/m^3$）	6.53±4.66（1.39～19.6）	2.50±1.84（0.80～8.85）	3.94±1.49（2.53～7.66）	0.00	0.11	0.05
OC/（$\mu g/m^3$）	8.58±5.23（1.45～21.3）	3.51±2.35（0.81～11.4）	8.04±2.32（5.25～13.5）	0.00	0.76	0.00
Cl^-/（$\mu g/m^3$）	2.37±2.11（0.10～8.90）	1.22±0.65（0.20～2.85）	2.94±1.35（1.42～5.53）	0.01	0.45	0.00
NO_3^-/（$\mu g/m^3$）	17.6±19.6（1.75～87.0）	2.75±4.25（0.27～20.1）	10.6±6.09（4.41～20.3）	0.00	0.30	0.00
SO_4^{2-}/（$\mu g/m^3$）	19.4±21.8（2.09～96.2）	4.55±4.06（1.37～19.5）	16.4±8.74（5.34～35.6）	0.00	0.69	0.00
Na^+/（$\mu g/m^3$）	0.38±0.24（0.05～1.58）	0.55±0.26（0.18～1.08）	0.31±0.06（0.22～0.40）	0.01	0.41	0.01
NH_4^+/（$\mu g/m^3$）	3.97±2.29（1.28～10.1）	1.53±0.98（0.61～4.70）	3.52±0.96（1.93～4.90）	0.00	0.57	0.00
K^+/（$\mu g/m^3$）	1.11±0.74（0.28～3.10）	0.35±0.36（0.07～1.69）	2.01±0.93（0.78～3.95）	0.00	0.46	0.00
Mg^{2+}/（$\mu g/m^3$）	0.03±0.03（0.01～0.17）	0.03±0.02（0.01～0.11）	0.02±0.01（0.01～0.04）	0.66	0.41	0.13
Ca^{2+}/（$\mu g/m^3$）	0.37±0.22（0.11～1.32）	0.37±0.18（0.07～0.74）	0.44±0.29（0.09～0.97）	1.00	0.46	0.46
Ti/（ng/m^3）	6.96±5.98（0.35～25.9）	10.9±9.10（0.01～30.7）	2.51±0.85（1.16～3.58）	0.04	0.03	0.01
V/（ng/m^3）	4.68±2.29（0.76～11.3）	2.83±2.55（0.45～12.4）	3.24±1.50（2.05～7.12）	0.00	0.08	0.66
Mn/（ng/m^3）	33.8±31.3（1.97～108）	17.6±19.3（1.38～95.4）	40.9±20.3（9.14～69.8）	0.02	0.53	0.01
Fe/（ng/m^3）	404±308（7.12～1588）	375±263（9.13～826）	521±188（244～960）	0.70	0.29	0.15
Co/（ng/m^3）	0.26±0.20（0.01～0.73）	0.17±0.14（0.01～0.48）	0.36±0.13（0.10～0.59）	0.08	0.14	0.00
Ni/（ng/m^3）	4.85±2.56（1.68～13.8）	3.51±1.85（1.68～6.79）	3.80±1.02（2.45～5.84）	0.03	0.24	0.67
Cu/（ng/m^3）	11.6±13.6（0.72～77.7）	3.06±2.93（0.03～8.99）	13.9±7.05（3.90～26.4）	0.00	0.64	0.00
Zn/（ng/m^3）	146±176（9.92～987）	46.4±50.1（5.56～208）	90.4±47.4（24.2～201）	0.01	0.36	0.03
As/（ng/m^3）	9.03±9.52（1.11～43.4）	3.00±2.82（0.67～14.0）	5.35±3.35（2.25～13.6）	0.00	0.27	0.06
Cd/（ng/m^3）	2.70±5.26（0.11～25.9）	0.45±0.41（0.04～1.29）	1.54±0.65（0.49～2.66）	0.04	0.52	0.00
Pb/（ng/m^3）	110±95.3（5.30～412）	36.9±44.8（3.02～176）	128±53.2（45.4～215）	0.00	0.59	0.00

平均值检验表明，气团 1 与气团 3 的 PM2.5 浓度没有显著差异（$p>0.05$），但是要明显高于气团 2 的 PM2.5 浓度（$p<0.01$）。观测到的结果与华北地区 PM2.5 污染源的空间分布一致，因为京津冀地区与山东半岛污染源的种类和数量都要明显高于内蒙古（Lu et al.，2011）。而与山东半岛相比，京津冀地区的污染可能更严重，因为 PM2.5 经过了长距离传输才到达屺姆岛，在传输过程中，污染物已经

得到了稀释。除了污染源，风速可能是气团 2 中 PM2.5 浓度低的另外一个原因。气团 2 的平均风速为 7.6m/s，明显高于气团 1（4.79m/s）和气团 3（4.86m/s）。较高的风速使气团 2 的 PM2.5 得到了有效扩散和稀释，PM2.5 浓度下降。

不同气团所携带的 PM2.5 中的化学物质特征可以侧面反映传输区域的排放源特征。例如，气团 3 中 K^+ 浓度在这 3 个气团中较高，说明山东半岛 K^+ 的排放强度较高（Ge et al.，2018）。Na^+ 的浓度在气团 2 中较高，说明大风导致的海面机械破损对 Na^+ 的贡献率较高。屺岫岛地处渤海沿岸，这说明在对屺岫岛 PM2.5 来源解析的过程中，不能忽视海盐的贡献。海盐一般由 Cl^-、SO_4^{2-}、Na^+、K^+、Mg^{2+} 和 Ca^{2+} 等组成。依据它们在海水中的比例，PM2.5 中海盐源离子可以依据 Na^+ 的浓度进行换算。由此，非海盐源的离子浓度 Nss-x 等于该类离子总浓度扣除海盐源离子浓度（Nightingale et al.，2000），公式为

$$\text{Nss-}x = x - Na^+ \times a \tag{3.14}$$

式中，x 代表 Cl^-、SO_4^{2-}、Na^+、K^+、Mg^{2+} 和 Ca^{2+} 的浓度；Na^+ 代表 Na^+ 的浓度；a 是海水中各个离子与 Na^+ 浓度的比值：Cl^-/Na^+（1.80）、SO_4^{2-}/Na^+（0.25）、K^+/Na^+（0.036）、Mg^{2+}/Na^+（0.12）、Ca^{2+}/Na^+（0.038）。如果在计算中，非海盐源离子的浓度值为负值，则说明该离子全部来自海盐。经计算可见，Nss-Cl^- 在气团 1、2、3 中分别占总 Cl^- 浓度的（55.1±28.5）%、（19.3±23.8）%、（77.0±9.9）%；Nss-SO_4^{2-} 在气团 1、2、3 中分别占总 SO_4^{2-} 浓度的（98.6±2.3）%、（95.6±3.8）%、（98.5±0.3）%；Nss-K^+ 在气团 1、2、3 中分别占总 K^+ 浓度的（98.1±2.5）%、（99.3±0.3）%；Nss-Ca^{2+} 在气团 1、2、3 中分别占总 Ca^{2+} 浓度的（94.9±4.1）%、（91.3±10.0）%、（95.8±3.0）%。因此可以看出，上述离子除气团 2 中的 Cl^- 之外基本来自非海盐源的贡献，并且计算的估值偏低，因为在 PM2.5 中并不是所有的 Na^+ 都来自海盐，还有一部分 Na^+ 来自扬尘和生物质燃烧。从气团种类比较，气团 2 中各个离子的海盐源贡献率要高于气团 1 与气团 3，这与上面的论述相一致。K^+ 是生物质燃烧的优良示踪物，Nss-K^+ 在气团 3 中的浓度较高，这说明山东半岛生物质燃烧的贡献率要比京津冀地区和内蒙古高。这也与山东半岛是华北地区农作物产量最高的地区相吻合（Liu et al.，2013b）。在 3 类气团中，Nss-Mg^{2+} 占总 Mg^{2+} 浓度的比例均小于 4%，这说明三类气团内 Mg^{2+} 基本来自海盐源。除此之外，在 3 类气团中，Mg^{2+} 与 Na^+ 的浓度比值分别是 0.07±0.06、0.06±0.03、0.06±0.03，均小于 0.23，表明各个气团内 Mg^{2+} 的海盐源贡献率较高。

本研究利用 OC/EC 和 NO_3^-/SO_4^{2-} 的比值来示踪 PM2.5 的来源。正如上文提到的相比于高温燃烧，低温燃烧（如生物质燃烧）会排放更多的 OC，因此 OC/EC 的比值常被用来评估高温燃烧或低温燃烧对 PM2.5 的贡献。本文中，OC/EC 的比值在气团 1、2、3 中分别是 1.41±0.30、1.47±0.29、2.14±0.50。均值检验表明，气团 1 与气团 2 中 OC/EC 的比值在 95% 的置信区间内没有明显不同，但是两者均显

著低于气团 3 中 OC/EC 的比值。这说明低温燃烧在气团 3 中贡献较明显,而高温燃烧在气团 1 和气团 2 中贡献明显。除此之外,以汽车为例的移动源排放更多的 NO_x,而固定源(如燃煤)排放更多的 SO_2,这两种前体物在大气中分别转化为 NO_3^- 和 SO_4^{2-},所以移动源与固定源会显示不同的 NO_3^-/SO_4^{2-} 比值。这个比值也经常被当作移动源与固定源对 PM2.5 贡献相对大小的一种标志。在去除海盐对 SO_4^{2-} 的贡献后,$NO_3^-/Nss\text{-}SO_4^{2-}$ 的比值在气团 1、2、3 中分别是 0.96±0.31、0.47±0.24、0.64±0.14。均值检验显示,3 类气团内 $NO_3^-/Nss\text{-}SO_4^{2-}$ 的比值均明显不同($p<0.01$)。气团 1 内比值最高,说明移动源对京津冀地区的贡献率最高。与京津冀地区的一些典型城市相比(北京 1.20;天津 0.73;石家庄 0.76)(Wang et al.,2013c),气团 1 的比值在其范围之内,说明气团 1 具有区域混合的特性。气团 2 内 $NO_3^-/Nss\text{-}SO_4^{2-}$ 的比值最低,说明气团 2 所经过的区域固定源的贡献较为明显,并且根据上文提到的气团 2 内较低的 OC/EC 比值,可以判断燃煤是该区域固定源的主要组成部分。

3.3.3 PM2.5 的来源解析

由于一些污染物具有共同的排放源,因此很难定量解析各个排放源对 PM2.5 的相对贡献。为了进一步确定各类排放源的贡献,本研究对屺姆岛 PM2.5 样品进行了正定矩阵因子分析(PMF)(Yang et al.,2013)。利用 PMF 模型进行源解析时,因子数目是通过人为选取的。为了解析结果的准确性,对 PMF 模型进行了 5~15 个因子结果分析,发现因子数目为 8 时,模型 Q 值最低(6245)、F_{peak} 值为 0,并且解析结果比较合理。

PMF 模型解析的冬季屺姆岛 PM2.5 的 8 类排放源成分谱贡献率如图 3.27 所示。近年来,由于机动车保有量的不断增加,机动车排放越来越受到关注(Liu et al.,2016;Ramu et al.,2007)。例如,在 2012 年,机动车排放被确定是北京市最大的本地源,除了机动车扬尘,贡献了 22%的 PM2.5(Nizzetto et al.,2013)。因子 1 对 NO_3^-、SO_4^{2-}、NH_4^+、OC、EC、Zn 和 Cu 有较高的贡献率,符合机动车排放的特征(Nizzetto et al.,2013)。一般而言,NO_3^-、SO_4^{2-}、OC、EC 都来自汽车的直接排放,而 NH_4^+ 主要来自配备三元催化器的机动车(Tan et al.,2017),Zn 和 Cu 在机动车直接排放的颗粒中含量较高(Nizzetto et al.,2013)。在因子 1 中,NO_3^-/SO_4^{2-} 的比值为 1.28,体现了机动车排放的特征(Puxbaum et al.,2007)。此外,在全部因子中,因子 1 对 NO_3^- 的贡献率最高,达到了 66.2%。这个贡献率要比 2003 年解析的机动车排放对 NO_3^- 的贡献率(31%)高,这可能是机动车保有量不断增加的结果(Tian et al.,2014)。机动车是华北地区主要的污染源,在采样期间贡献了 16%的 PM2.5。这个贡献率要低于北京市,因为北京市是机动车的直接源区,贡献率更高（Nizzetto et al.，2013）。因子 2 除对典型的扬尘元素（Mn、Fe、Co）贡献率较高外，还对一些人为源指示物（Zn 和 EC）有较高贡献率（Khan et al.，2016），体现了自然源与人为源混合的特征。机动车是大气中 Zn 的重要来源，因为它不仅可以来自机动车的直接排放，还可以来自机动车所使用的的润滑油、机动车轮胎摩擦及机动车腐蚀等（Duan and Tan，2013），因此因子 2 被鉴定为机动车扬尘。

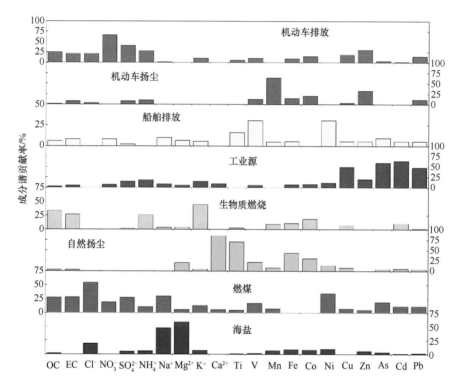

图 3.27　PMF 模型解析的冬季屺姆岛 PM2.5 的 8 类排放源成分谱贡献率（从上至下为因子 1～8）

因子 3 对 Ni 和 V 有较高的贡献率，被定义为船舶排放。在该因子中，V/Ni 的比值为 0.93，超过了前面提到的阈值 0.7（Cappa et al.，2014），说明船舶排放对屺姆岛 PM2.5 有一定贡献。因子 4 对 Cu、Zn、As、Cd 和 Pb 有较高的贡献率，被定义为工业源（Khan et al.，2016）。在各类工业中，炼钢也许是该地区工业源的重要组成部分，除此之外，因子 4 对 SO_4^{2-} 的贡献率为 12%，这与以前报道的工业源对 SO_4^{2-} 的贡献率（15%）接近（Wang et al.，2012）。因子 5 对 K^+、OC、EC 和 NH_4^+ 有较高的贡献率，符合生物质燃烧的排放特征（Liu et al.，2015）。表 3.19 列出了采样期间整体和不同气团中 8 类排放源对 PM2.5 的贡献率。可见，因子 5

在气团 3 中的贡献率较高。而上文论述的，在 3 个气团中生物质燃烧对气团 3 的贡献率较高，这两者相吻合。并且，因子 5 中 OC/EC 的比值最高（Liu et al.，2015），凸显了低温燃烧的特性。因子 6 对 Ca^{2+}、Ti 和 Fe 有较高的贡献率，表征了自然扬尘的特征（Nizzetto et al.，2013）。与之相对应的是，因子 6 对气团 2 的贡献率较高。另外，在该因子中 OC/EC 的比值为 1.09，可能是由扬尘中的植物碎屑所造成。因子 7 对 Cl^-、Na^+、OC、EC、SO_4^{2-}、Ni 和 As 有较高的贡献率，这与燃煤的排放特征相吻合（Chow et al.，2001）。以前的研究发现燃煤对 Cl^-、Na^+、OC 和 EC 有较大的排放量。在本研究中，因子 7 对 SO_4^{2-} 的贡献率较高，这与华北地区 SO_4^{2-} 的排放谱一致（Pui et al.，2014）。除此之外，Ni 和 As 经常被认为是燃煤火力发电厂的指示物。因子 8 对 Na^+、Mg^{2+} 和 Cl^- 有较高的贡献率，被定义为海盐。海盐主要来自海平面的机械破损，因此与扬尘源相类似（Gupta et al.，2015），在气团 2 中该因子的贡献率较高，因为风速较大会导致海盐的生成量增大。因子 8 对气团 1、2、3 的 OC 分别贡献了 2.53%、15.2% 和 1.93%，但是对 EC 没有任何贡献，一方面说明了本研究 PMF 模型模拟的准确性，另一方面说明海盐中存在一定的有机气溶胶，这可能与海水中微生物的活动有关（Wilson et al.，2015）。

表 3.19　采样期间整体和不同气团中 8 类排放源的贡献率　　（单位：%）

	机动车排放	机动车扬尘	船舶排放	工业源	生物质燃烧	自然扬尘	燃煤	海盐
整体	15.90	4.24	8.95	2.63	19.30	12.80	29.60	6.58
气团 1	23.60	4.89	8.79	3.64	19.60	6.32	29.20	3.96
气团 2	3.57	3.60	9.35	1.20	4.88	26.80	37.70	12.90
气团 3	12.40	3.08	8.67	1.96	52.70	6.46	12.40	2.33

从表 3.19 可看出，在 8 类排放源中，燃煤、生物质燃烧及机动车排放是整个采样期间屺姆岛 PM2.5 的主要来源，分别贡献了 29.60%、19.30% 和 15.90%，其次是自然扬尘（12.80%）、船舶排放（8.95%）、海盐（6.58%）、机动车扬尘（4.24%）和工业源（2.63%）。3 个气团源解析结果中，气团 1 的 PM2.5 源解析结果与整体的结果最相似，这是由于采样期间大部分的气团来自京津冀地区。气团 1 中燃煤和机动车排放贡献率较高，而气团 2 排放源贡献率与气团 1 相差很大，强烈的西北风使气团 2 具有更广范围的源特征，因此燃煤和自然扬尘在气团 2 中是 PM2.5 最大的来源，分别贡献了 37.70% 和 26.80%。这与北方地区冬季以燃煤为主的能源消耗结构相吻合（Lu et al.，2011）。据国家统计局统计，2014 年燃煤在整个能源消耗中占 66%，除了工业上的使用，在中国北方民用取暖也会用到燃煤。虽然民用燃煤的使用量远低于工业燃煤使用量，但是由于没有任何污染处理设施，因此会排放大量的污染物，是我国冬季 PM2.5 的主要来源之一。气团 2 中机动车排

放的贡献率较小，这是因为气团 2 经过的大型城市较少，机动车排放污染较弱（Liang et al.，2015）。除此之外，气团 3 中生物质燃烧是 PM2.5 最主要的贡献源，主要来自冬季的取暖加热。

3.3.4　PMF 模型源解析结果的 ^{14}C 验证

PMF 模型源解析通常伴随一定的不确定性，从而导致 PM2.5 解析结果可能存在偏差。本研究引入国际上比较先进的具有实测性质的放射性 ^{14}C 分析方法，分析具有代表性的 OC 与 EC 样品。这样一方面可以准确地解析对环境、人体健康产生重要影响的含碳物质的来源，另一方面可以比较 PMF 模型与 ^{14}C 分析方法对 OC、EC 的分析结果，从而验证 PMF 模型的有效性。

上文中提到，当气团来自山东半岛和京津冀地区时，PM2.5 的平均浓度较高。并且，各个气团化学物质所提供的源信号显示，高温燃烧和移动源对京津冀地区的 PM2.5 贡献率较高，而低温燃烧和固定源对山东半岛的 PM2.5 贡献率较高。为了进一步确定这两个地区的排放源特征，本研究从这两种气团内挑选样品进行 ^{14}C 分析。^{14}C 分析技术价格昂贵，为了利用较少的样品反映全面的源信息，本研究对 ^{14}C 分析样品进行了精心挑选。最终，两组样品被挑选进行 ^{14}C 分析。这两组样品来自一个连续的天气过程，前半段气团来自山东半岛，后半段气团来自京津冀地区，每半段天气过程都包含两个 PM2.5 样品，分别命名为 M1 和 M2。因此，M1 反映了山东半岛的源信息，而 M2 代表了京津冀地区的源信息。均值检验显示除了 EC/PM2.5 比值较高，M2 中 OC 浓度、EC 浓度及 OC/PM2.5 比值与整个气团 1 在 95%的置信区间内没有显著不同，这表明 M2 在含碳物质方面对气团 1 有较高的代表性。与 M2 相比，M1 对气团 3 的代表性稍低，只有 EC/PM2.5 比值、OC/PM2.5 比值与气团 3 在 95%的置信区间内没有显著不同，而 OC 浓度、EC 浓度要高于气团 3 的平均浓度。本研究选取 M1 和 M2 进行 ^{14}C 分析，因为连续的天气过程所反映的源信息要比间断的天气过程更为准确和全面，并且 EC/PM2.5 比值、OC/PM2.5 比值已经确保了 M2 的代表性。

根据 OC 的水溶性，可以将 OC 划分为水溶性有机碳（WSOC）和不溶性有机碳（WIOC）。在本研究中，针对 WSOC 和 WIOC 分别进行 ^{14}C 分析，得到 WSOC 的现代碳比例 f_c(WSOC)和 WIOC 的现代碳比例 f_c(WIOC)。而 OC 的现代碳比例可以通过以下公式进行计算：

$$f_c(OC) = [f_c(WSOC) \times c(WSOC) + f_c(WIOC) \times c(WIOC)] / [c(WSOC + c(WIOC))]$$

式中，c(WSOC)和 c(WIOC)分别是 WSOC 和 WIOC 的浓度。M1 与 M2 中 PM2.5、OC、EC、WSOC、WIOC 的浓度及 ^{14}C 信息分析结果见表 3.20。一般而言，WSOC 主要来自生物质燃烧和挥发性有机物的二次反应，而 WIOC 主要来自化石燃料燃

烧的直接排放（Weber et al.，2007）。在 M1 中，WSOC 和 WIOC 的浓度分别是
$6.40\mu g/m^3$ 和 $6.30\mu g/m^3$，而当气团来自京津冀地区时，WSOC 和 WIOC 的浓度分别下降为 $3.70\mu g/m^3$ 和 $5.31\mu g/m^3$。可见在气团转换过程中，WSOC/OC 比值由 50%下降为 41%，而 WIOC/OC 的比值由 50%上升到了 59%，这说明化石源燃烧在京津冀地区的贡献比山东半岛明显。相对应地，$f_c(WSOC)$的值由 0.59 下降为 0.49，$f_c(WIOC)$由 0.60 下降为 0.43，也证明了这一点。根据 ^{14}C 分析结果，$f_c(OC)$在 M1 和 M2 中分别是 0.60 和 0.46，而 $f_c(EC)$的值分别是 0.52 和 0.38，说明在气团 3 中生物源分别贡献了 60%的 OC 和 52%的 EC，而在气团 1 中生物源贡献了 46%的 OC 和 38%的 EC。综上所述，在气团自山东半岛慢慢移向京津冀地区的过程中，生物源的贡献越来越弱，而化石源贡献不断加强。

表 3.20　M1 与 M2 中 PM2.5、OC、EC、WSOC、WIOC 的浓度及 ^{14}C 信息分析结果

	M1 平均值±标准差	M2 平均值±标准差		M1 平均值±标准差	M2 平均值±标准差
PM2.5/（μg/m³）	159±0.510	91.8±0.490			
OC/（μg/m³）	12.70±0.700	9.01±0.510	$f_c(OC)$	0.60±0.04	0.46±0.04
WSOC/（μg/m³）	6.40±0.410	3.70±0.200	$f_c(WSOC)$	0.59±0.03	0.49±0.03
WIOC/（μg/m³）	6.30±0.620	5.31±0.400	$f_c(WIOC)$	0.60±0.03	0.43±0.03
EC/（μg/m³）	8.60±0.500	5.80±0.310	$f_c(EC)$	0.52±0.02	0.38±0.01

　　为了验证 PMF 模型的有效性，本研究将 M1 与 M2 的 PMF 模型源解析结果与 ^{14}C 分析方法源解析结果进行比对。为了方便对比，将 PMF 模型中燃煤、机动车排放、工业源及船舶排放划分为化石源，将海盐和生物质燃烧划分为生物源。自然扬尘及机动车扬尘并未考虑，因为它们通常来自化石和生物的混合源（Li et al.，2012）。比较结果见图 3.28。M1 气团来自山东半岛，M2 气团来自京津冀地区。在 M1 中，PMF 模型解析的生物源对 OC 及 EC 的贡献率分别是 52%和 49%，比 ^{14}C 源解析的结果（59%和 52%）分别低了 7%和 3%。PMF 模型解析的化石源对 OC 和 EC 的贡献都是 44%，分别比相应 ^{14}C 结果（41%和 48%）高了 3%和低了 4%。M2 中，PMF 模型解析的生物源对 OC 及 EC 的贡献率分别是 41%和 33%，比 ^{14}C 源解析的结果（45%和 38%）分别低了 4%和 5%。PMF 模型解析的化石源对 OC 和 EC 的贡献率分别是 52%和 65%，分别比相应 ^{14}C 源解析的结果（55%和 62%）低了 3%和高了 3%。总体上，PMF 模型的源解析结果要低于 ^{14}C 的解析结果，因为 PMF 模型结果中自然扬尘与机动车扬尘并未放入比较，而两种解析结果之间最大相差 7%，也说明了这两种源对 OC 与 EC 的贡献率较低。

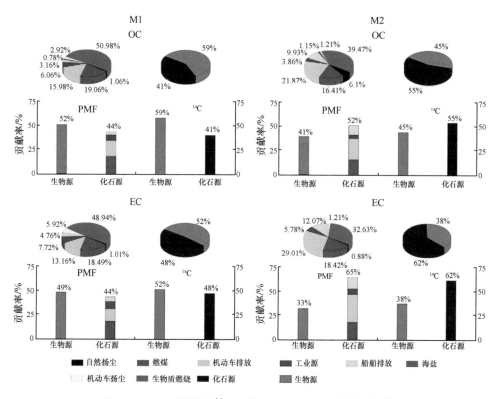

图 3.28　PMF 模型与 ^{14}C 分析对 M1 与 M2 解析结果比较

3.4　黄河三角洲夏季 PM2.5 污染特征

黄河三角洲位于渤海湾南岸和莱州湾西岸,主要分布在山东省东营市和滨州市境内,是由古代、近代和现代 3 个三角洲组成的联合体。黄河三角洲四季温差明显,年平均气温为 11.7℃,年均降水量为 530mm,其中 70% 分布在夏季。内设国家级自然保护区,区内生物资源丰富,现有珍稀野生动植物达 600 多种,是东北亚内陆和环西太平洋鸟类迁徙的越冬栖息地、繁殖地和重要的中转站。

除了具有重要的生态环境意义,黄河三角洲还具有重要的地理位置。其位于我国京津冀地区与山东等的交界位置,在东亚季风的影响下,冬季盛行西北风,污染物主要传输自京津冀地区,而夏季盛行南风,污染物主要传输自山东、江苏等地区。黄河三角洲地区基本不存在污染源,没有电厂和工业活动,受人类活动影响较小,是研究华北地区大气 PM2.5 区域特征的理想背景监测站。

2013 年 5 月 29 日至 6 月 30 日在黄河三角洲自然保护区内连续加强采集了PM2.5 样品和 TSP(total suspended particulate)样品。PM2.5 利用美国 Tisch 大流量 PM2.5 采样器采集,采样流速为 1.13m³/min,分 3 种模式采集:每 24h 采集一次（24h 样品）；每 12h 采集一次（6:00～18:00 或 18:00 至次日 6:00 样品）；每 6h 采集一次（6:00～12:00、12:00～18:00、18:00～24:00 或 0:00～6:00 样品）。TSP 样品是利用中国科学院广州地球化学研究所自制的 TSP 采样器采集。收集 PM2.5、TSP 的滤膜信息、处理过程与北隍城岛的类似。整个采样过程共采集 PM2.5、TSP 各 80 个样品膜和 4 张空白膜。

3.4.1 PM2.5 及其碳质成分

夏季加强观测期间，黄河三角洲 PM2.5 和碳质成分的日均浓度见表 3.21。可见，PM2.5 的平均浓度为 92.27μg/m^3，超过了国家一级标准（35μg/m^3），并且超标天数为 97%。PM2.5 浓度是 33.31～194.30μg/m^3，最大浓度是国家一级标准的 5.6 倍。PM2.5 中 OC 和 EC 的平均浓度是 5.19μg/m^3 和 2.03μg/m^3，分别占 PM2.5 浓度的 5.6%和 2.2%。与我国其他沿海地区相比，夏季加强观测期间黄河三角洲 PM2.5 中 OC 与 EC 的浓度偏低，与长岛（3.5μg/m^3，1.1μg/m^3）、砣矶岛（5.7μg/m^3，1.7μg/m^3）和宁波（2.5μg/m^3，0.8μg/m^3）浓度相近，但是要低于天津（10.2μg/m^3，5.5μg/m^3）、上海（9.3μg/m^3，2.3μg/m^3）和厦门（9.6μg/m^3，2.2μg/m^3）等。这说明黄河三角洲碳质成分排放源与其他背景点类似，但与城市区域明显不同。

表 3.21 黄河三角洲 PM2.5 和 OC、EC 的日均浓度

		PM2.5/（μg/m^3）	OC/（μg/m^3）	EC/（μg/m^3）	OC/EC
全天	最大值	194.30	10.98	3.94	4.01
	最小值	33.31	1.79	0.58	1.97
	平均值	92.27	5.19	2.03	2.69
白天	最大值	203.87	18.33	4.75	5.09
	最小值	31.58	1.93	0.58	2.00
	平均值	101.85	6.69	2.34	3.01
夜晚	最大值	184.74	10.02	3.97	5.62
	最小值	28.84	0.66	0.25	1.48
	平均值	83.49	4.19	1.80	2.55

表 3.21 也列出了采样期间 OC、EC 及 PM2.5 的昼夜浓度值。可见，各类物质白天的浓度要明显高于夜晚。PM2.5 昼夜浓度比值（昼/夜）平均值是 1.32，这说明 PM2.5 白天人为源排放比较严重。OC 与 EC 的昼夜浓度比值（昼/夜）平均值分别为 2.54 和 2.09，比值差异说明 OC 与 EC 来自不同的排放源。OC 的昼夜比值高于 EC，这可能是白天 OC 受光催化影响出现二次反应所致。相似的结果在我国其他地区也有报道，如上海（Cao et al.，2013）。为了探究这些物质的排放与传输特征，本研究对它们昼夜的浓度做了相关性分析。一般而言，相关性越高，排放

源类型或者传输特征越接近。在夜晚 PM2.5 及碳质成分的相关性要高于白天，说明白天排放源数目较多，如建筑扬尘等非燃烧源。

为了进一步探究 PM2.5 及其碳质成分的昼夜变化，以 6h 为采样时长，在 2013 年 6 月 1~4 日（第一阶段）、6 月 18~21 日（第二阶段）采集 PM2.5 样品。结果显示第一阶段各类物质的浓度都高于第二阶段。第一阶段后向气团主要来自黄河三角洲南部地区，途经生物质燃烧区域，所携带的污染物浓度较高，这一点将在后面进行详细论述。第二阶段后向气团主要来自海洋，气团干净，使黄河三角洲地区污染物得到了有效稀释和扩散，污染物浓度较低。在采样过程中，上半夜（18:00~24:00）各类污染物的浓度都出现明显的下降趋势，这可能与人为源数目减少有关；下半夜（00:00~06:00）污染物浓度小幅上升，这可能是下半夜大气层趋于稳定、污染物得到积累及 OC 发生二次反应的缘故（Kim et al.，2012）。上午（06:00~12:00）污染物浓度持续上升，下午（12:00~18:00）污染物浓度达到峰值，这与白天人为源的数量持续增加有关。除了人为源的强度增加，下午较高的 OC/EC 比值说明 OC 的二次反应也贡献了部分 OC。

3.4.2　PM2.5 中碳质成分的 ¹⁴C 源解析

为了探究黄河三角洲 PM2.5 中碳质成分的来源，选取两组具有代表性的样品对其中 WIOC 及 EC 组分进行 ¹⁴C 分析。第一组样品采集于 2013 年 6 月 3 日，包含 4 个采样时长为 6h 的 PM2.5 样品。第二组样品采集于 2013 年 6 月 11 日，包含 2 个采样时长为 12h 的 PM2.5 样品，分析结果见表 3.22。两组样品中 f_c(WIOC) 的平均值为 0.69，这说明生物源是黄河三角洲地区 WIOC 的主要来源。f_c(EC) 的平均值为 0.54，要稍微低于 f_c(WIOC)，说明与 WIOC 相比，化石源对 EC 的贡献更为显著。在我国其他区域的研究中也发现了类似的结果，如宁波和尖峰岭（Liu et al.，2013a；Zhang et al.，2014b）。背景区域生物源对 EC 的贡献要明显高于城市区域，如北京（17%）、上海（17%）、厦门（13%）、广州（29%）（Chen et al.，2013；Liu et al.，2014b；Sun et al.，2012）。

表 3.22　2013 年 6 月 3 日和 11 日两组 PM2.5 样品 ¹⁴C 分析结果

日期	风向	WIOC/（μg/m³）	EC/（μg/m³）	f_c(WIOC)	f_f(WIOC)	f_c(EC)	f_f(EC)
6 月 3 日	南风	5.04	4.64	0.74	0.26	0.59	0.41
6 月 11 日	北风	0.96	0.76	0.63	0.37	0.48	0.52
平均		—	—	0.69	0.32	0.54	0.47

夏季加强观测期间，黄河三角洲在东亚夏季风的影响下盛行南风，气团大部分来自南部区域。2013 年 6 月 3 日，f_c(WIOC) 和 f_c(EC) 的值分别是 0.74 和 0.59，

表明这期间生物源对 WIOC 和 EC 的贡献率分别为 74% 和 59%，而化石源对 WIOC 和 EC 只分别贡献了 26% 和 41%。此时 OC 和 EC 的浓度达到最高，在 PM2.5 中分别是 14.04μg/m³ 和 4.64μg/m³。这一天气团来自安徽、河南和江苏，此时卫星火点图显示这些区域存在生物质大面积燃烧现象，与 ^{14}C 分析的结果一致。在夏季，作为华北地区的上风向，安徽、河南和江苏生物质大面积燃烧对华北地区气溶胶有较高的贡献率（Zhao et al.，2012）。2013 年 6 月 11 日气团主要来自北方，经过京津冀地区。^{14}C 分析的结果显示，生物源对 WIOC 及 EC 的贡献率分别是 63% 和 48%，要比 6 月 3 日结果均低 11%。京津冀地区是我国污染最严重的区域之一，主要的污染源有燃煤及机动车排放等（Pui et al.，2014；Sun et al.，2014）。但是根据 ^{14}C 分析的结果可以看出，京津冀地区夏季这些排放源对 WIOC 及 EC 的影响较小。

在 ^{14}C 分析结果的基础上，将 WIOC 和 EC 进一步划分为生物碳和化石碳。2013 年 6 月 3 日，WIOC 和 EC 中的生物碳分别是 3.73μg/m³ 和 2.74μg/m³，化石碳分别是 1.31μg/m³ 和 1.90μg/m³。而在 6 月 11 日，WIOC 和 EC 中的生物碳分别是 0.60μg/m³ 和 0.36μg/m³，化石碳分别是 0.36μg/m³ 和 0.40μg/m³。这两天化石碳与生物碳含量的不同主要是 6 月 3 日大量的生物质燃烧所致。为了进一步确定 OC、EC 与生物质燃烧的关系，本研究探究了 OC、EC 浓度随生物质燃烧面积的一致性变化，见图 3.29。可见，当生物质燃烧面积较小时，OC 与 EC 的一致性并不明显，但是随生物质燃烧面积的增大 OC 和 EC 的浓度明显升高，凸显出生物质大面积燃烧对 OC 与 EC 的浓度起决定性作用。

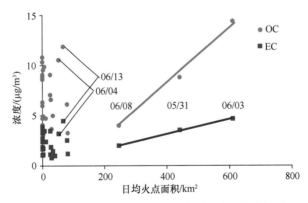

图 3.29　OC、EC 浓度与生物质燃烧面积的散点图

3.4.3　PM2.5 中水溶性有机碳浓度的昼夜变化特征

观测期间 WSOC 的浓度范围是 0.03～14.56μg/m³，平均值是（3.09±

2.45）μg/m³，在 OC 中占 56%（表 3.23）。黄河三角洲 WSOC 的浓度与一些背景点相近（Park and Cho，2011），但要远低于一些城市区域，例如，北京为（6.7±4.4）μg/m³（Du et al.，2014）、上海为（5.8±4.2）μg/m³（Pathak et al.，2011）。OC 中 WSOC 的比例要明显高于 WIOC（44%），说明 WSOC 是 OC 中最主要的组成部分。有研究表明，WSOC/OC 的比值可以用来评估经过长距离传输的有机气溶胶老化程度。与一些城市区域相比，如上海（0.35）、广州（0.32）、兰州（0.40）（Pathak et al.，2011），黄河三角洲 WSOC/OC 比值较高，说明有机气溶胶的老化程度较高，大部分都经过长距离传输，这也符合黄河三角洲大气背景点的特性。黄河三角洲的 WSOC/OC 与其他背景点类似。有研究表明，在日本北部札幌地区有 41%～75% 的 OC 是水溶性的（Agarwal et al.，2010）；在亚马孙地区 WSOC 贡献了 45%～75% 的 OC，其中大部分来自生物质的燃烧。

表 3.23　黄河三角洲地区 PM2.5 中 OC、EC、WSOC、WIOC 昼夜浓度特征

	OC	WSOC	WIOC	WSOC/OC	WIOC/OC
全天（6:00～次日 6:00）（μg/m³）	5.48±3.65	3.09±2.45	2.39±1.78	0.56±0.15	0.44±0.18
白天（6:00～18:00）（μg/m³）	6.86±4.11	3.82±2.77	3.03±2.11	0.56±0.11	0.44±0.16
夜晚（18:00 至次日 6:00）（μg/m³）	4.20±2.62	2.41±1.90	1.79±1.13	0.57±0.17	0.43±0.22
白天/夜晚	1.63	1.59	1.69	—	—
F-上午（6:00～12:00）（μg/m³）	6.84±3.59	4.13±2.15	2.71±2.19	0.60±0.09	0.40±0.15
F-下午（12:00～18:00）（μg/m³）	11.10±3.85	7.28±1.65	3.82±3.61	0.66±0.09	0.34±0.13
F-上午/F-下午	0.63	0.60	0.66	—	—
F-前夜（18:00～24:00）（μg/m³）	4.52±2.07	2.56±1.56	1.96±0.77	0.57±0.04	0.43±0.04
F-后夜（24:00 至次日 6:00）（μg/m³）	4.56±3.30	2.84±3.40	1.72±0.98	0.62±0.03	0.38±0.04
F-前夜/F-后夜	0.97	0.79	1.31	—	—
S-上午（6:00～12:00）（μg/m³）	4.00±1.35	2.49±1.28	1.51±0.50	0.62±0.10	0.38±0.15
S-下午（12:00～18:00）（μg/m³）	6.15±2.59	3.54±2.01	2.61±0.74	0.58±0.12	0.42±0.06
S-上午/S-下午	0.65	0.70	0.58	—	—
S-前夜（18:00～24:00）（μg/m³）	1.63±1.31	0.6±0.77	1.03±1.12	0.37±0.40	0.63±0.62
S-后夜（24:00 至次日 6:00）（μg/m³）	1.79±1.06	1.29±0.94	0.5±0.17	0.72±0.61	0.28±0.06
S-前夜/S-后夜	0.91	0.47	2.06	—	—

注：F 指第一阶段（6 月 1～4 日），S 指第二阶段（6 月 18～21 日）

表 3.23 也描述了观测期间 WSOC 浓度的昼夜变化特征。可见，WSOC 和 WIOC 白天浓度要高于夜晚，但是 WSOC/OC 与 WIOC/OC 比值在昼夜没有明显不同。此外，OC 昼夜平均浓度比（昼/夜）为 1.63，WSOC 昼夜平均浓度比为 1.59，WIOC 昼夜浓度比为 1.69，三者也没有显著不同。这说明它们的形成过程在昼夜期间相对稳定。白天，较高的浓度是人为源数量较多所致。为了进一步探究 WSOC 浓度

的波动原因，以 6h 为采样时段采集 PM2.5 样品。WSOC 浓度从前夜开始持续增加，一直到第二天的下午达到峰值。WIOC 的浓度在下半夜出现下降，到第二天上午浓度又增加，到下午达到峰值。一般来说，WIOC 主要来自燃烧源的直接排放（Zhang et al.，2014b）。因此根据 WIOC 浓度变化趋势可以推断相比于前夜，后夜污染源的数量明显下降。而在后半夜 WSOC 的浓度上升可能是 WSOC 的二次生成所致。在后半夜较高的 WSOC/OC 比值也证明了这一点。除此之外，第一阶段的 WSOC 浓度要高于第二阶段，可见当气团来源于黄河三角洲南部时，WSOC 的污染较为严重。

3.4.4 PM2.5 中水溶性有机碳的二次特性及其与酸度的关系

WSOC 由很多二次成分组成，如醇类、金属羰基化合物、多元羧酸及光化学反应产物。为了进一步探究黄河三角洲 WSOC 的二次特性，研究了它与 SOC 之间的相关性。SOC 是利用 EC-tracer 方法进行估算：

$$SOC = OC - (OC/EC)_{prim} \times EC \qquad (3.15)$$

式中，$(OC/EC)_{prim}$ 是指在一次排放中 OC/EC 的比值，这里采用 OC/EC 的最小值。结果显示估算的 SOC 平均浓度为 2.41μg/m³，占 WSOC 浓度的 77.90%，比例未达到 100%，因为 WSOC 中并不是所有的成分都是二次的，如氨基酸、尿素等。除此之外，WSOC 与 SOC 具有良好的相关性，在很大程度上说明了 WSOC 的二次特性。SIA 包含 SO_4^{2-}、NO_3^-、NH_4^+，其中 SO_4^{2-} 主要来自 SO_2 的二次转化，NO_3^- 主要来自 NO_x 的转化，NH_4^+ 主要来自 NH_3 的转化，这些都体现了 SIA 的二次特性。本研究探究了 WSOC 与 SIA 的相关性，见图 3.30。可见，虽然它们的相关性要稍微弱于 WSOC 与 SOC 的相关性，但是依旧保持在 0.7 左右。相关性良好代表来源或者形成过程相似，因此 WSOC 与 SIA 之间略低的相关性可以归因于它们的来源不同。例如，区域背景点地区 NH_4^+ 主要来自农畜排泄和化肥挥发，与 WSOC 的来源有显著的不同（Dawson et al.，2014）。

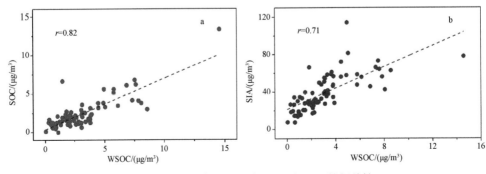

图 3.30　PM2.5 中 WSOC 与 SOC 和 SIA 的相关性

实验室模拟实验显示 WSOC 的浓度与酸度具有良好的相关性（Pathak et al., 2011）。但这个推论在野外观测中很少被证实，本研究探究了 WSOC 的浓度与酸度之间的关系。气溶胶酸度利用 PM2.5 中阴离子与阳离子的摩尔浓度差值进行计算：

$$[H^+] = [Anion] - [Cation] \tag{3.16}$$

显然，如果$[H^+]$小于 0，说明 PM2.5 中阴离子已经全部被阳离子中和；如果$[H^+]$大于 0，则说明气溶胶呈现酸性。经计算，采样期间$[H^+]$变化范围较大，为-0.03～1.64μmol/m^3，平均值为 0.38μmol/m^3。相比于其他城市区域（Pathak et al., 2009），黄河三角洲$[H^+]$值偏高，但是与北京一农村地区的值类似。一般来说，区域背景点 NH_4^+ 浓度偏低，而 SO_4^{2-}、NO_3^- 的浓度偏高（Hu et al., 2014），这可能是本研究中$[H^+]$值偏高的主要原因。气溶胶中 NH_4^+ 首先与 SO_4^{2-} 结合，剩余的与 NO_3^- 或者 Cl^- 相结合。在采样期间，黄河三角洲地区$[NH_4^+]/[SO_4^{2-}]$的平均值为 1.18，说明没有足够的 NH_4^+ 与 SO_4^{2-} 结合，所以气溶胶中$[H^+]$主要以 HNO_3 或者 HCl 的形式存在。

在本研究中，利用以下两种方法探究 WSOC 的浓度与酸度之间的关系。首先是利用统计分析获得$[H^+]$浓度中 75%和 25%的阈值。以 75%和 25%为界，将高于 75%的值定义为高酸度，将低于 25%的值定义为低酸度。然后将对应高酸度的 WSOC 浓度与对应低酸度的 WSOC 浓度进行比较。结果发现当$[H^+]$大于 0.53μmol/m^3（75%）时，WSOC 浓度为 5.53μg/m^3，WSOC/OC 为 0.59；而当$[H^+]$低于 0.03μmol/m^3（25%）时，WSOC 的浓度与 WSOC/OC 明显下降（$p<0.01$），分别是 1.32μg/m^3 和 0.49。这说明高酸度可以促进 WSOC 的生成。除此之外，图 3.31 描述了 WSOC 的浓度与酸度的时间序列特征。可见，在整个采样期间，WSOC 的浓度与酸度具有良好的相关性。它们之间的关系式为

$$WSOC = 5.58[H^+] + 0.989 \tag{3.17}$$

从式（3.18）可以看出，$[H^+]$每增加 0.1μg/m^3，WSOC 的生成量将增加 0.558μg/m^3。这个增量是长岛观测结果的一半（Feng et al., 2012），这可能与黄河三角洲地区酸度较高有关。式（3.18）的截距为 0.989，说明 WSOC 中一些组分的生成与酸度无关。

3.4.5　PM2.5 中水溶性有机碳的人为源特性

PM2.5 中各类组分可以提供至关重要的排放源信息。上述对于 OC 和 EC 的分析，已经证明生物质燃烧对黄河三角洲 PM2.5 贡献率较高（Zong et al., 2015）。此处 K^+ 浓度较高，再次证明了这一观点。为了明确 WSOC 的来源，本研究探究了 WSOC 与 PM2.5 中非碳主要成分之间的相关性，见表 3.24。若两者具有良好的相关性，则说明两者来源类似。本研究将相关系数高于 0.6 定义为相关性显著。PM2.5 中 SO_4^{2-}、NO_3^-、K^+、Cu 和 Zn 与 WSOC 的相关系数分别是 0.64、0.76、0.80、

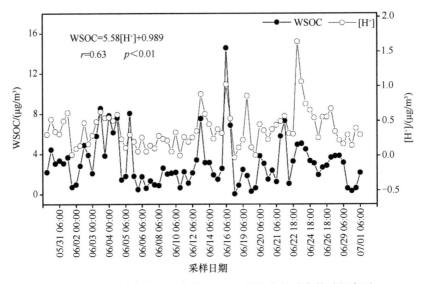

图 3.31 观测期间黄河三角洲 WSOC 的浓度与酸度的时间序列

表 3.24 WSOC 与 PM2.5 中非碳主要成分的相关性

成分	相关系数	显著性水平	成分	相关系数	显著性水平
Cl^-	0.11	$p>0.05$	V	−0.05	$p>0.05$
NO_3^-	0.76	$p<0.01$	Cr	−0.04	$p>0.05$
SO_4^{2-}	0.64	$p<0.01$	Mn	0.43	$p<0.01$
Na^+	0.32	$p<0.05$	Fe	0.28	$p<0.05$
NH_4^+	0.56	$p<0.01$	Ni	0.06	$p>0.05$
K^+	0.80	$p<0.01$	Cu	0.66	$p<0.01$
Mg^{2+}	0.18	$p<0.05$	Zn	0.68	$p<0.01$
Ca^{2+}	0.25	$p<0.05$	As	0.15	$p>0.05$
Cd	0.32	$p<0.05$	Pb	0.25	$p<0.05$

0.66 和 0.68，均高于 0.6，说明它们与 WSOC 的来源相近。这些成分一般来自人为源，但是部分 SO_4^{2-} 与 K^+ 也来自海洋源，这可能对 WSOC 的来源解析造成干扰。利用 Na^+ 计算法，发现非海洋源分别占 SO_4^{2-} 与 K^+ 的 99.64% 和 99.44%，说明这两种离子主要来自人为源，海洋源可以忽略。K^+ 主要来自生物质的燃烧，而 SO_4^{2-} 主要来自化石燃烧，说明黄河三角洲地区生物质燃烧与化石燃料燃烧可能是 WSOC 非常重要的来源。

利用多元线性回归方法分析这些人为源成分（SO_4^{2-}、NO_3^-、K^+、Cu 和 Zn）对 WSOC 的贡献。在标准化之后，它们的关系式为

$$C(WSOC) = 0.67[NO_3^-] - 0.54[SO_4^{2-}] + 0.75[K^+] + 0.19[Cu] + 0.26[Zn] \quad (3.18)$$

图 3.32 显示，观测 WSOC 浓度与估算 WSOC 浓度具有良好的相关性，侧面

体现了公式的有效性。多元线性回归分析方法可以去除离子之间存在的自相关，更能代表 WSOC 与各成分之间的相关性。多元线性回归分析结果显示，SO_4^{2-} 与 WSOC 的相关系数为负值，说明 SO_4^{2-} 也许会阻碍 WSOC 的形成。部分原因是挥发性有机物（volatile organic compounds，VOCs）和 SO_2 分别是 WSOC 和 SO_4^{2-} 的前体物，两者在氧化反应过程中存在竞争关系。此外，很多研究表明，NO_x 作为催化剂可以促进 SO_4^{2-} 的形成，因此 NO_3^- 与 SO_4^{2-} 存在较高的相关性。SO_4^{2-} 与 WSOC 的相关系数为 0.64（SPSS 结果），可能是 NO_3^- 与 SO_4^{2-} 的相关性较高造成的。在大气中，NO_3^- 主要来自 NO_x 与·OH 或 O_3 的反应，而 NO_x 主要来自高温燃烧过程，如机动车排放或者工业源排放。机动车排放也是气溶胶中 Cu 和 Zn 的主要来源。有研究表明，Zn 不仅来自机动车的直接排放，还来自机动车所使用的润滑油、轮胎摩擦等（Duan and Tan, 2013）。除此之外，NO_3^-、Cu 和 Zn 在 PMF 模型分析中经常被认为是机动车排放的指示物，这说明机动车排放可能是 WSOC 比较重要的来源。在多元线性回归分析中，K^+ 与 WSOC 的相关系数是最高的，说明生物质燃烧是黄河三角洲地区 WSOC 最主要的来源。

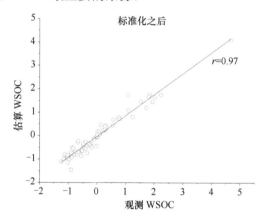

图 3.32　观测 WSOC 浓度与估算 WSOC 浓度拟合图

3.4.6　PM2.5 中水溶性有机碳的来源解析

条件概率函数（conditional probability function，CPF）可以评估当气团来自某个方向时，目标物超过阈值浓度的概率，因此可以判定目标物的不同源区方向。本研究利用这种方法初步判断 WSOC 来源的方向。将 WSOC 浓度与风速的乘积作为目标物，可以更好地代表 WSOC 源区信息。CPF 被表示为

$$\mathrm{CPF}_{\Delta\theta} = \frac{m_{\Delta\theta}}{n_{\Delta\theta}} \tag{3.19}$$

式中，m 是指在 $\Delta\theta$ 角度浓度超过阈值的次数，而 n 是风向来自 $\Delta\theta$ 角度的总次数。

在本研究中，将 $\Delta\theta$ 设为 15°，并且将 75%的浓度乘以风速的值设为阈值。将风速小于 1 的值去除，因为在如此低的风速下，很难判断风向。CPF 结果如图 3.33 所示，CPF 值越大，代表这个方向是 WSOC 源区的可能性越大。显然，当风向为南风（135°～195°）和西北风（285°～345°）时，对应的 CPF 值较大，说明这些方向是黄河三角洲地区 WSOC 的潜在源区方向。从采样点的位置来看，上述的西北风主要来自京津冀地区，而南风主要来自安徽、河南和江苏等。

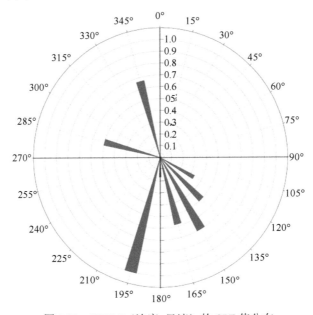

图 3.33　WSOC（浓度×风速）的 CPF 值分布

为了进一步确定 WSOC 的来源信息，从这两个方向挑选 PM2.5 样品进行 [14]C 分析。如前文所说，来自南风的样品采集于 6 月 3 日，包含 4 组 PM2.5 样品；来自西北方向的样品采集于 6 月 11 日，包含 2 组 PM2.5 样品。均值检验表明，挑选的样品与对应方向的全部样品 WSOC 浓度及 WSOC/OC 在 95%的置信区间内没有明显不同，说明两者对两个方向的样品具有良好的代表性。表 3.25 列出了两组样品的基本信息及 [14]C 分析结果。可见，采样期间 f_c(WSOC)的平均值为 0.57±0.01，说明生物源是黄河三角洲地区 WSOC 最主要的来源。f_c(WIOC)和 f_c(EC)的平均值分别为 0.69±0.02 和 0.54±0.03，这说明相比于 WIOC，EC 更倾向于来自化石源。宁波、海南等也发现有类似的规律，但是与这些区域不同的是，黄河三角洲生物源对 WSOC 的贡献率要低于 WIOC（Liu et al.，2013a；Zhang et al.，2014b）。上文提到 WIOC 多来自燃烧源的直接排放，而 WSOC 大部分经过二次生成。因此与 WIOC 相比，黄河三角洲地区化石源可能对 WSOC 的前体物 VOCs 有较高的贡献率。

表 3.25　6 月 3 日与 11 日样品的基本信息及 ^{14}C 分析结果

	样品 C1	样品 C2	单位	数据来源
OC	10.06±5.00	2.67±0.41	μg/m^3	Zong et al.，2015
EC	4.60±3.07	0.80±0.20	μg/m^3	Zong et al.，2015
WSOC	5.06±2.78	1.67±0.79	μg/m^3	本研究
WIOC	5.00±2.28	1.00±0.38	μg/m^3	Zong et al.，2015
WSOC/OC	0.49±0.07	0.63±0.04	—	本研究
f_c(WSOC)	0.54±0.01	0.59±0.01	—	本研究
f_c(WIOC)	0.74±0.02	0.63±0.03	—	Zong et al.，2015
f_c(EC)	0.59±0.03	0.48±0.03	—	Zong et al.，2015
$NO_3^-/Nss\text{-}SO_4^{2-}$	0.77±0.11	0.61±0.11	—	本研究
$Nss\text{-}K^+/PM2.5$	2.01±0.1	3.49±0.5	%	本研究
风向	南	北	—	本研究
风速	2.09±0.83	4.51±0.55	m/s	本研究

当气团来自黄河三角洲南部时，WSOC 浓度为（5.06±2.78）μg/m^3，WSOC/OC 为 0.49±0.07；而当气团来自北部时，WSOC 浓度下降为（1.67±0.79）μg/m^3，WSOC/OC 上升为 0.63±0.04。WSOC 浓度下降趋势与 OC、EC 和 WIOC 趋势类似，而 WSOC/OC 上升，表明 WSOC 区别于 OC、EC、WIOC 的源特征。^{14}C 分析结果证明了这个观点，当气团来自南方时，f_c(WIOC) 和 f_c(EC) 分别是 0.74±0.02 和 0.59±0.03，明显高于当气团来自北方时对应的值（0.63±0.03 和 0.48±0.03），这说明山东、安徽、江苏和河南等生物质燃烧对 EC 和 WIOC 的影响要高于京津冀地区。当气团来自南方时，f_c(WSOC) 是 0.54±0.01，要低于当气团来自北方的值（0.59±0.01）。这与 f_c(EC) 和 f_c(WIOC) 的结果相反，但是与 WSOC/OC 的结果一致。这一趋势表明，在山东、安徽、江苏和河南化石燃料燃烧对 WSOC 的贡献率要高于京津冀地区。另外，来自山东、安徽、江苏和河南等的气团里，$NO_3^-/Nss\text{-}SO_4^{2-}$ 的比值较高，说明在化石燃料中机动车排放占了很大比例。这并不奇怪，因为除京津冀地区是公认的较高机动车排放源外，山东、安徽、江苏和河南也存在较多机动车排放源。《2015 中国统计年鉴》表明山东与江苏机动车保有量在全国排名分别是第一和第三，机动车污染较为严重。总之，在黄河三角洲地区生物质燃烧是 WSOC 的主要贡献源，但是机动车排放的贡献也不能忽视。

3.5　渤海区域多环芳烃（PAHs）的沉降通量

渤海区域 PM2.5 污染整体处于较高水平，持续高水平的大气污染势必通过干湿沉降增加 PM2.5 的入海通量。然而，一直以来陆源污染物通过河流入海是关注的对象，对大气沉降的关注明显不足。在陆源物质入海研究中，最受关注的是对海洋生态系统初级生产力有影响和危害的物质，如氮、磷等生源要素和重金属、持久有机污染物等有毒害作用的物质（Liu et al.，2011；Wang et al.，2013b）。在渤海入海河流径流量逐年降低和大气污染日益严重的情况下，一些机构开始关注大气沉降对渤海的影响。例如，2009 年国家海洋局在环渤海组建了 9 个大气监测点，开始对营养盐和重金属进行监测，以期为合理评估渤海入海污染物总量提供支撑，但多环芳烃（PAHs）却没有被列为监测对象。

PAHs 是环境中普遍存在的一类有毒有机污染物，能够通过呼吸、饮水、饮食等诸多途径进入人体，对人体健康造成一定的威胁。大气中的 PAHs 主要以气态和颗粒态的形式存在，具有长距离传输潜力，可以通过干湿沉降的形式进入地表环境。大气干湿沉降是 PAHs 进入海洋环境的一个重要途径（Lipiatou et al.，1997）。沉降入海的 PAHs 不仅可以在海水、沉积物等各环境介质中存在和交换，还可以通过环境暴露进入海洋生物体内，通过食物链逐级富集放大危害海洋生态系统，并通过经济鱼类危害人类健康（Zhang et al.，2009）。

我国 PAHs 的年排放量约 10.6 万 t，占全球排放量的 21%（Shen et al.，2013）。环渤海的辽宁、河北和山东 3 省 PAHs 排放量约占全国排放量的 20%，邻近的山西、河南、安徽和江苏 4 省排放量又约占全国排放量的 20%（Xu et al.，2006）。这些地区 PAHs 大气浓度处于较高水平（Liu et al.，2008），在西风带的作用下，向东流出量占总流出量的 80%，且以华北地区排放源贡献为主（Zhang et al.，2011）。在大气流出过程中，约 70%沉降在我国东部的海岸带和近海海域（Lang et al.，2008）。因此，渤海及其周边地区 PAHs 大气沉降通量处于较高水平。相对大的沉降量和相对长的水交换周期使渤海生态系统处于较高风险水平（Kang et al.，2009）。

本节以砣矶岛 PM2.5 样品的 PAHs 分析为切入点，结合环渤海地区滨海沉降样品的采集分析，研究该地区大气中 PAHs 的沉降通量，以期了解环渤海地区 PAHs 的污染水平、时空分布特征和生态毒性，并对 PAHs 的污染来源进行初步评价，该研究成果有助于后续 PAHs 的污染治理和相关政策的制定，为其他类型的有机污染物研究提供参考依据。

3.5.1 砣矶岛 PM2.5 中 PAHs 的组成、来源及风险

2011 年 11 月至 2013 年 1 月在砣矶岛国家大气背景监测站采集了 PM2.5 滤膜样品，每个月选取 5 个样品分析美国国家环境保护局优控的 16 种 PAHs。

监测期间，PM2.5 平均浓度为（57.34 ± 37.13）$\mu g/m^3$，范围为 $3.69\sim144.22\mu g/m^3$。如表 3.26 所示，16 种优控 PAHs 总含量（Σ_{16}PAHs）范围为 $4.72\sim41.01ng/m^3$，平均值为（16.90 ± 9.38）ng/m^3，中值为 $13.40ng/m^3$。PM2.5 和 Σ_{16}PAHs 具有较显著

的相关性（$r=0.52$，$p<0.01$），说明两者具有一定的共传输特征。从组成上看，高环（5 环和 6 环）所占比例最大，为 52.8%；其次为低环（2 环和 3 环），比例为 27.1%；比例最低的是中环（4 环），为 20.1%。与国内外同类站点比较，砣矶岛的 $\Sigma_{16}PAHs$ 含量水平显著高于北美（中值为 0.24～3.4ng/m^3）（Li et al.，2009）和欧洲（范围值 0.18～2.1ng/m^3）（Barrado et al.，2012），也高于宁波大气背景监测站［平均值为（13±15）ng/m^3］（Liu et al.，2014a）。砣矶岛的 $\Sigma_{16}PAHs$ 含量也高于一些大型城市的浓度，如广州（Yang et al.，2010），与南京的污染水平相当（He et al.，2014），但明显低于京津冀地区（28～154ng/m^3）（Wang et al.，2011）。砣矶岛较高的 $\Sigma_{16}PAHs$ 浓度水平与环渤海地区 PAHs 排放量列居全国前位的情况一致（Xu et al.，2006）。

表 3.26　2011 年秋季至 2012 年冬季砣矶岛 PM2.5 中 PAHs 的浓度变化　（单位：ng/m^3）

		平均值	中值	标准差	最小值	最大值
全部样品	$\Sigma_{16}PAHs$	16.90	13.40	9.38	4.72	41.01
	$\Sigma_{2\&3}PAHs$	4.56	4.72	1.67	0.52	8.93
	Σ_4PAHs	3.37	2.02	2.98	0.64	12.15
	$\Sigma_{5\&6}PAHs$	8.89	6.46	6.83	1.20	29.14
2011 年冬季	$\Sigma_{16}PAHs$	20.48	17.79	10.89	7.39	41.01
	$\Sigma_{2\&3}PAHs$	4.87	4.90	1.51	2.50	7.27
	Σ_4PAHs	2.50	2.02	1.77	0.66	6.53
	$\Sigma_{5\&6}PAHs$	13.10	11.39	8.56	4.21	29.14
2012 年春季	$\Sigma_{16}PAHs$	15.28	12.48	7.82	6.71	30.94
	$\Sigma_{2\&3}PAHs$	5.74	5.60	1.00	4.06	7.50
	Σ_4PAHs	2.47	1.73	1.86	0.64	6.68
	$\Sigma_{5\&6}PAHs$	7.07	4.87	5.13	1.91	17.08
2012 年夏季	$\Sigma_{16}PAHs$	9.75	8.27	4.28	4.72	22.31
	$\Sigma_{2\&3}PAHs$	4.26	4.30	1.00	2.47	5.87
	Σ_4PAHs	1.53	1.48	0.38	0.97	2.38
	$\Sigma_{5\&6}PAHs$	3.97	2.18	3.90	1.20	16.32
2012 年秋季	$\Sigma_{16}PAHs$	16.84	14.54	10.09	5.12	38.88
	$\Sigma_{2\&3}PAHs$	3.49	3.36	1.76	0.54	6.25
	Σ_4PAHs	5.81	5.79	4.31	1.10	11.26
	$\Sigma_{5\&6}PAHs$	7.54	5.70	5.60	1.48	21.38
2012 年冬季	$\Sigma_{16}PAHs$	23.80	23.52	8.51	10.57	36.50
	$\Sigma_{2\&3}PAHs$	4.99	5.20	2.10	0.52	8.93
	Σ_4PAHs	5.32	4.14	3.21	2.02	12.15
	$\Sigma_{5\&6}PAHs$	13.00	11.34	6.16	3.70	23.81

如表 3.26 所列，从季节上看，Σ_{16}PAHs 浓度从高到低依次为 2012 年冬季、2011 年冬季、2012 年秋季、2012 年春季和 2012 年夏季，浓度分别为（23.80±8.51）ng/m^3、（20.48±10.89）ng/m^3、（16.84±10.09）ng/m^3、（15.28±7.82）ng/m^3 和（9.75±4.28）ng/m^3，总体上呈现冷季高、暖季低的趋势。Σ_{16}PAHs 在季节上的组成也表现出高环冷季高、暖季低的特征，2011 年冬季高环 PAHs 的贡献率最高，达到 64.0%；2012 年冬季高环 PAHs 的贡献率次高，达到 55.8%；2012 年夏季高环 PAHs 贡献率最低，为 40.7%，但低环 PAHs 的贡献率最高，达到 43.6%。

由图 3.34 可见，砣矶岛颗粒态 Σ_{16}PAHs 浓度月均最大值出现在 2012 年 1 月，达到 27.83ng/m^3；最小值为 2012 年 7 月，为 7.51ng/m^3；两者比值为 3.7。这种冬季高、夏季低的趋势与京津冀地区的趋势相似（Wang et al.，2011），与冬季排放量明显升高有关。高环 PAHs 的贡献率与 Σ_{16}PAHs 浓度变化相一致，在组成上总体以高环 PAHs 为主。2011 年 12 月 5 环和 6 环化合物的贡献率最高，达到 68.41%；2012 年 7 月贡献率最低，为 24.65%。高环 PAHs 贡献率的变化基本与低环 PAHs 贡献率互补，中环 PAHs 贡献率保持相对稳定。砣矶岛 PAHs 高环冷季高、暖季低的现象主要可以从两个方面解释。一方面是因为受季风影响，冷季该地区的污染物主要来自于西北方向的京津冀及其周边地区，这些区域是环渤海地区经济比较发达的省（直辖市），机动车、冶炼工业等高温燃烧源排放更加普遍，从而可以产生相对较多的高环 PAHs。而在暖季，砣矶岛地区的大气污染物主要来自山东半岛及其临近区域，相对落后的经济表现为低温燃烧现象更加普遍，也就排放出相对较多的低环 PAHs。另一方面冷季京津冀地区集中供暖也是砣矶岛高环 PAHs 的一个主要贡献源。

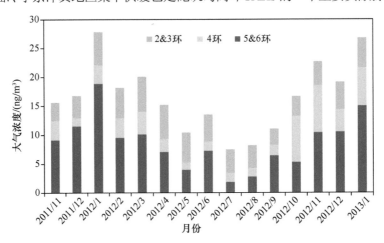

图 3.34　砣矶岛颗粒态 Σ_{16}PAHs 浓度的月均变化

按化合物的相似性汇总各化合物的季节变化，如图 3.35 所示。3 环化合物中 Ace、Acy 和 Flu 的浓度在春季较高，Phe 和 Ant 的浓度在冬季出现高值；4 环和

5 环 PAHs 在冷季节均表现较高的浓度，6 环 PAHs 的季节变化特征不明显。就单个 PAH 而言，主要成分为 BkF（19%）、BbF（16%）、Phe（10%）和 BaP（9%）。

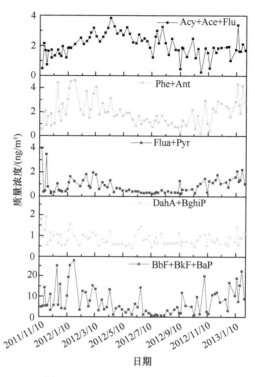

图 3.35　分组 PAHs 的浓度变化

Acy-苊；Ace-苊烯；Flu-芴；Phe-菲；Ant-蒽；Flua-荧蒽；Pyr-芘；DahA-二苯并[a,h]蒽；
BghiP-苯并[g,h,i]芘；BbF-苯并[b]荧蒽；BkF-苯并[k]荧蒽；BaP-苯并[a]芘

3.5.2　基于砣矶岛 PAHs 浓度估算沉降通量

大气中 PAHs 颗粒态沉降通量与颗粒的粒径有密切关系。通常干沉降通量（Fp）是利用不同粒径颗粒物的沉降速率及其内部 PAHs 浓度的积分形式获得，形如：

$$Fp = \sum_{i=1}^{n} Vd_i \times Cp_i \tag{3.20}$$

式中，Vd_i 是第 i 个粒径段颗粒物的沉降速率；Cp_i 是第 i 个粒径段颗粒物中 PAHs 的浓度。其中，沉降速率 Vd 受很多因素的影响，如地表湍流状态、表面冠层、风速、相对湿度等气象和自然地理条件，不同地点、不同时间的 Vd 均有差别。

多数研究表明，大气颗粒物的沉降速率为 0.1～0.8cm/s，海域沉降速率为 0.1～0.2cm/s。本研究选择 0.2cm/s，用于计算日干沉降通量。高负荷沉降通量主要出现在冬季，例如，2012 年 1 月沉降通量达到 4.81μg/（m²·d），2013 年 1 月沉降通量

达到 4.78μg/（m²·d），基本相当；而沉降通量最小值出现在 7 月，为 1.30μg/（m²·d）。Σ_{16}PAHs 日均沉降通量为（2.92±1.61）μg/（m²·d），范围为 0.82～7.09μg/（m²·d）。

评估的砣矶岛 PAHs 干沉降通量明显低于北方一些大型城市，如北京[5.14μg/（m²·d）]（Zhang et al.，2008）；但高于南方一些城市，如广州[0.60～1.19μg/（m²·d）]（Zhang et al.，2012）。砣矶岛 PAHs 干沉降通量也低于北黄海沿岸地区大气中的干沉降通量，例如，獐子岛、老虎滩和小麦岛三个地点的 PAHs 总干沉降通量分别为 10.20μg/（m²·d），16.75μg/（m²·d）和 18.98μg/（m²·d），均高于渤海湾地区的沉降通量 [4.35μg/（m²·d）]（孙艳，2010）。大气中总的 PAHs 通过干湿沉降及水气交换进入水体，颗粒态 PAHs 则是通过干湿沉降两个途径进入水体，湿沉降的效率明显大于干沉降的效率。在周边有明显排放源的地点采集样品，一场降水过后，因大气中的颗粒物被有效地沉降到地表，样品分析可以得出比无降水情况下高几倍、甚至有量级差别的沉降通量。而在周边无显著排放源的地区，大气中被湿沉降清除的 PAHs 不会很快得到补充，继而表现出相对较低的干沉降通量。就砣矶岛而言，其位于渤海与北黄海的交界处，周边没有明显的排放源，大气中 PAHs 处于区域背景水平。在一场降水之后，大气中的 PAHs 将处于较低水平，不像距离源较近的区域大气中 PAHs 会很快被污染排放所补充。从这个角度，可以利用砣矶岛的干沉降通量粗略估计渤海 PAHs 的干沉降通量。计算公式可以表达为

$$F_{\mathrm{B}} = A_{\mathrm{B}} \times F_{\mathrm{d}} \times D \tag{3.21}$$

式中，F_{B} 是 PAHs 的渤海年干沉降通量；A_{B} 是渤海的面积，取 $7.7 \times 10^4 \mathrm{km}^2$；$F_{\mathrm{d}}$ 是 PAHs 的日均干沉降通量；D 是一年中的天数，按 365d 计。

以分析的砣矶岛 PAHs 日均干沉降通量代替 F_{d}，计算的渤海 PAHs 年干沉降通量的平均值、标准差、最大值和最小值列于表 3.27。可见，在 16 种 PAHs 化合物中干沉降通量按平均值计从大到小依次为 BkF、BbF、Phe、BaP、BaA、Flu、Chr、Nap、Acy、Pyr、BghiP、Ind、DahA、Flua、Ace、Ant，具体干沉降通量分别为（15.67±13.30）t、（13.65±13.09）t、（8.19±4.61）t、（7.65±6.15）t、（6.94±11.85）t、（5.59±2.07）t、（5.19±4.46）t、（3.19±1.73）t、（2.60±0.89）t、（2.33±1.82）t、（2.18±1.00）t、（2.15±1.39）t、（1.93±0.62）t、（1.92±1.67）t、（1.65±0.63）t 和（1.24±0.55）t。16 种 PAHs 中 BaA 的干沉降通量变化性最大，其离差系数达到 1.71；其次为 BbF，离差系数为 0.96，较 BaA 有明显的降低。DahA 的干沉降通量变化性最小，其离差系数仅为 0.32，次小者为 Acy，离差系数为 0.34。按平均值计，渤海 Σ_{16}PAHs 的年干沉降通量达到（82.06±45.26）t，范围为 22.94～199.18t。

3.5.3　渤海 PAHs 河流径流和大气沉降通量对比

对环渤海河流 PAHs 沉降通量较为系统的研究是 2005 年 7 月 1～5 日夏斌

（2007）对环渤海 16 条主要入海河流进行的采样分析。这 16 条河流包括黄河流域的小清河、黄河，海河流域的徒骇河、马颊河、子牙新河、大清河、独流减河、海河、潮白新河、蓟运河、滦河和辽河流域的六股河、小凌河、大凌河、双台子河、大辽河，见表 3.28。在每条河流接近入海处设置取样横断面，具体点位信息见表 3.28，每个横断面取 3 个采样点（$n=3$），取表层水样分析颗粒态 PAHs 的浓度。

表 3.27　渤海 PAHs 年干沉降通量　（单位：t）

化合物	平均值	标准差	最大值	最小值
Nap	3.19	1.73	12.95	0.38
Acy	2.60	0.89	4.49	0.43
Ace	1.65	0.63	3.13	0.00
Flu	5.59	2.07	11.22	0.79
Phe	8.19	4.61	20.54	0.95
Ant	1.24	0.55	2.84	0.15
Flua	1.92	1.67	10.83	0.52
Pyr	2.33	1.82	8.51	0.36
BaA	6.94	11.85	47.21	0.72
Chr	5.19	4.46	18.52	0.41
BbF	13.65	13.09	65.31	0.00
BkF	15.67	13.30	56.02	1.18
BaP	7.65	6.15	24.54	0.65
Ind	2.15	1.39	7.23	0.41
DahA	1.93	0.62	3.98	1.06
BghiP	2.18	1.00	6.40	0.93
Σ_{16}PAHs	82.06	45.26	199.18	22.94

表 3.28　2005 年 7 月环渤海 16 条主要入海河流径流量和采样点位信息　（单位：亿 m³）

流域	河流	采样点位	径流量
黄河流域	小清河	小清河山东羊口站	0.25
	黄河	黄河口浮桥站	81.63
海河流域	徒骇河	徒骇河山东沾化站	5.31
	马颊河	马颊河山东庆云站	0.58
	子牙新河	子牙新河河北歧口站	0.22
	大清河	大清河天津千米桥站	0.17
海河流域	独流减河	独流减河天津万家码头桥站	1.07
	海河	海河河口闸门站	11.19
	潮白新河	潮白新河天津塘沽站	2.45

续表

流域	河流	采样点位	径流量
海河流域	蓟运河	蓟运河天津汉沽站	5.66
	滦河	滦河河北姜各庄站	0.85
辽河流域	六股河	六股河辽宁绥中站	2.33
	小凌河	小凌河辽宁锦州站	3.11
	大凌河	大凌河辽宁凌海站	14.03
	双台子河	双台子河辽宁大洼站	8.24
	大辽河	大辽河辽宁营口站	33.61

利用分析的颗粒态 PAHs 浓度及径流量计算其径流入海通量，可表达为

$$W = K\sum_{i=1}^{n} \frac{C_i}{n} Q_{\text{ave}} \tag{3.22}$$

式中，W 是估算时间段内 PAHs 的径流入海通量；K 是不同估算时间段的转换系数；n 是估算时间段内的采样次数；C_i 是分析的第 i 个样品的 PAHs 浓度值；Q_{ave} 是时间段内的平均径流量。

表 3.28 列出了夏斌（2007）收集的各水文水情信息网报道的环渤海 16 条河流的 2005 年夏季径流量。如黄河径流量取自黄河网（http：//www.yellowriver.gov.cn）；蓟运河的径流量取自天津市水情雨情信息网（http：//www.shuiqing.com.cn）；双台子河和大凌河的径流量取自辽宁水文水资源信息网（http：//www.lnmwr.gov.cn）。

利用表 3.28 给出的径流量，计算得出的夏季环渤海 16 条河流悬浮颗粒物中 PAHs 的总入海通量为 122.45t，主要是由黄河、大凌河、双台子河和蓟运河贡献的，入海通量分别为 95.03t、24.20t、5.23t 和 0.99t，分别占总径流量的 77.6%、19.7%、1.8%和 0.8%。

图 3.36 是 PAHs 年大气沉降和河流径流入海通量对比。可见，PAHs 年大气沉降入渤海通量是河流径流入渤海通量的 28.41%～34.63%，大气沉降通量低于河流

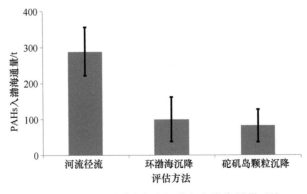

图 3.36 PAHs 通过大气和河流年入渤海通量对比

径流通量，但基本处于同一数量级。在环渤海河流径流入海水量整体呈现下降趋势的背景下，大气污染持高不下，应对污染物大气沉降入渤海通量加强研究。

参 考 文 献

曹军骥, 等. 2014. PM$_{2.5}$ 与环境. 北京: 科学出版社.

陈怀满, 等. 2002. 土壤中化学物质的行为与环境质量. 北京: 科学出版社.

洪华生. 2012. 中国区域海洋学——化学海洋学. 北京: 海洋出版社.

孙艳. 2010. 黄海沿岸大气中多环芳烃的污染水平、源解析及干沉降通量的研究. 辽宁师范大学硕士学位论文.

夏斌. 2007. 2005 年夏季环渤海 16 条主要河流的污染状况及入海通量. 中国海洋大学硕士学位论文.

Agarwal S, Aggarwal S G, Okuzawa K, et al. 2010. Size distributions of dicarboxylic acids, ketoacids, α-dicarbonyls, sugars, WSOC, OC, EC and inorganic ions in atmospheric particles over Northern Japan: implication for long-range transport of Siberian biomass burning and East Asian polluted aerosols. Atmospheric Chemistry and Physics, 10: 5839-5858.

Andersson A, Deng J, Du K, et al. 2015. Regionally-varying combustion sources of the january 2013 severe haze events over eastern China. Environmental Science & Technology, 49: 2038-2043.

Barrado A I, García S, Barrado E, et al. 2012. PM$_{2.5}$-bound PAHs and hydroxy-PAHs in atmospheric aerosol samples: correlations with season and with physical and chemical factors. Atmospheric Environment, 49: 224-232.

Cao J J, Lee S C, Chow J C, et al. 2007. Spatial and seasonal distributions of carbonaceous aerosols over China. Journal of Geophysical Research: Atmospheres, 112: D22S11.

Cao J J, Shen Z X, Chow J C, et al. 2012. Winter and summer PM$_{2.5}$ chemical compositions in fourteen Chinese cities. Journal of the Air & Waste Management Association, 62: 1214-1226.

Cao J J, Zhu C S, Tie X X, et al. 2013. Characteristics and sources of carbonaceous aerosols from Shanghai, China. Atmospheric Chemistry and Physics, 13: 803-817.

Cappa C D, Williams E J, Lack D A, et al. 2014. A case study into the measurement of ship emissions from plume intercepts of the noaa ship miller freeman. Atmospheric Chemistry and Physics, 14: 1337-1352.

Chen B, Andersson A, Lee M, et al. 2013. Source forensics of black carbon aerosols from China. Environmental Science & Technology, 47: 9102-9108.

Chow J C, Watson J G, Crow D, et al. 2001. Comparison of improve and niosh carbon measurements. Aerosol Science and Technology, 34: 23-34.

Dawson M L, Perraud V, Gomez A, et al. 2014. Measurement of gas-phase ammonia and amines in air by collection onto an ion exchange resin and analysis by ion chromatography. Atmospheric Measurement Techniques, 7: 2733-2744.

Du Z, He K, Cheng Y, et al. 2014. A yearlong study of water-soluble organic carbon in Beijing Ⅱ: light absorption properties. Atmospheric Environment, 89: 235-241.

Duan J, Tan J. 2013. Atmospheric heavy metals and arsenic in China: situation, sources and control policies. Atmospheric Environment, 74: 93-101.

Elliott E M, Kendall C, Wankel S D, et al. 2007. Nitrogen isotopes as indicators of nox source contributions to atmospheric nitrate deposition across the midwestern and northeastern United States. Environmental Science & Technology, 41: 7661-7667.

Felix J D, Elliott E M, Shaw S L. 2012. Nitrogen isotopic composition of coal-fired power plant nox: influence of emission controls and implications for global emission inventories. Environmental Science & Technology, 46: 3528-3535.

Feng J L, Guo Z G, Chan C K, et al. 2007. Properties of organic matter in $PM_{2.5}$ at Changdao Island, China—a rural site in the transport path of the Asian continental outflow. Atmospheric Environment, 41: 1924-1935.

Feng J L, Guo Z G, Zhang T R, et al. 2012. Source and formation of secondary particulate matter in $PM_{2.5}$ in Asian continental outflow. Journal of Geophysical Research: Atmospheres, 117: D03302.

Fibiger D L, Hastings M G. 2016. First measurements of the nitrogen isotopic composition of NO_x from biomass burning. Environmental Science & Technology, 50: 11569-11574.

Fountoukis C, Nenes A. 2007. Isorropia II: a computationally efficient thermodynamic equilibrium model for K^+-Ca^{2+}-Mg^{2+}-NH_4^+-Na^+-SO_4^{2-}-NO_3^--Cl^--H_2O aerosols. Atmospheric Chemistry and Physics, 7: 4639-4659.

Gao J, Tian H, Cheng K, et al. 2014. Seasonal and spatial variation of trace elements in multi-size airborne particulate matters of Beijing, China: mass concentration, enrichment characteristics, source apportionment, chemical speciation and bioavailability. Atmospheric Environment, 99: 257-265.

Ge B, Wang Z, Lin W, et al. 2018. Air pollution over the North China Plain and its implication of regional transport: a new sight from the observed evidences. Environmental Pollution, 234: 29-38.

Genga A, Ielpo P, Siciliano T, et al. 2017. Carbonaceous particles and aerosol mass closure in $PM_{2.5}$ collected in a port city. Atmospheric Research, 183: 245-254.

Gu J, Du S, Han D, et al. 2014. Major chemical compositions, possible sources, and mass closure analysis of $PM_{2.5}$ in Jinan, China. Air Quality, Atmosphere & Health, 7: 251-262.

Guo S, Hu M, Zamora M L, et al. 2014. Elucidating severe urban haze formation in China. Proceedings of the National Academy of Sciences, 111: 17373-17378.

Gupta D, Kim H, Park G, et al. 2015. Hygroscopic properties of NaCl and NaNo3 mixture particles as reacted inorganic sea-salt aerosol surrogates. Atmospheric Chemistry and Physics, 15: 3379-3393.

Hastings M G, Jarvis J C, Steig E J. 2009. Anthropogenic impacts on nitrogen isotopes of ice-core nitrate. Science, 324: 1288.

Hastings M G, Sigman D M, Lipschultz F. 2003. Isotopic evidence for source changes of nitrate in rain at Bermuda. Journal of Geophysical Research: Atmospheres, 108: 4790.

Hastings M G, Steig E J, Sigman D M. 2004. Seasonal variations in N and O isotopes of nitrate in snow at Summit, Greenland: implications for the study of nitrate in snow and ice cores. Journal of Geophysical Research-Atmospheres, 109: 306.

He C, Li J, Ma Z, et al. 2015. High NO_2/NO_x emissions downstream of the catalytic diesel particulate filter: an influencing factor study. Journal of Environmental Sciences, 35: 55-61.

He J, Fan S, Meng Q, et al. 2014. Polycyclic aromatic hydrocarbons (PAHs) associated with fine particulate matters in Nanjing, China: distributions, sources and meteorological influences. Atmospheric Environment, 89: 207-215.

Hu Q, Zhang L, Evans G J, et al. 2014. Variability of atmospheric ammonia related to potential emission sources in downtown Toronto, Canada. Atmospheric Environment, 99: 365-373.

Huang D, Xiu G, Li M, et al. 2017. Surface components of $PM_{2.5}$ during clear and hazy days in Shanghai by tof-sims. Atmospheric Environment, 148: 175-181.

Huang R J, Zhang Y, Bozzetti C, et al. 2014. High secondary aerosol contribution to particulate pollution during haze events in China. Nature, 514: 218-222.

Ianniello A, Spataro F, Esposito G, et al. 2011. Chemical characteristics of inorganic ammonium salts in $PM_{2.5}$ in the atmosphere of Beijing (China). Atmospheric Chemistry and Physics, 11: 10803-10822.

Johansen A M, Siefert R L, Hoffmann M R. 1999. Chemical characterization of ambient aerosol collected during the southwest monsoon and intermonsoon seasons over the Arabian Sea: anions and cations. Journal of Geophysical Research: Atmospheres, 104: 26325-26347.

Kang Y, Wang X, Dai M, et al. 2009. Black carbon and polycyclic aromatic hydrocarbons (PAHs) in surface sediments of China's marginal seas. Chinese Journal of Oceanology and Limnology, 27: 297-308.

Khan M F, Latif M T, Saw W H, et al. 2016. Fine particulate matter in the tropical environment: monsoonal effects, source apportionment, and health risk assessment. Atmospheric Chemistry and Physics, 16: 597-617.

Kim H-S, Chung Y S, Lee S G. 2012. Characteristics of aerosol types during large-scale transport of air pollution over the Yellow Sea region and at Cheongwon, Korea, in 2008. Environmental Monitoring and Assessment, 184: 1973-1984.

Kumar M, Raju M P, Singh R K, et al. 2017. Wintertime characteristics of aerosols over middle Indo-Gangetic Plain: vertical profile, transport and radiative forcing. Atmospheric Research, 183: 268-282.

Lang C, Tao S, Liu W, et al. 2008. Atmospheric transport and outflow of polycyclic aromatic hydrocarbons from China. Environmental Science & Technology, 42: 5196-5201.

Li J, Wang G, Zhou B, et al. 2012. Airborne particulate organics at the summit (2060m, a.s.l.) of Mt. Hua in central China during winter: implications for biofuel and coal combustion. Atmospheric Research, 106: 108-119.

Li X, Wang S, Duan L, et al. 2007. Particulate and trace gas emissions from open burning of wheat straw and corn stover in China. Environmental Science & Technology, 41: 6052-6058.

Li Z, Sjodin A, Porter E N, et al. 2009. Characterization of $PM_{2.5}$-bound polycyclic aromatic hydrocarbons in atlanta. Atmospheric Environment, 43: 1043-1050.

Liang X, Zou T, Guo B, et al. 2015. Assessing Beijing's $PM_{2.5}$ pollution: severity, weather impact, APEC and winter heating. Proceedings of the Royal Society of London A: Mathematical, Physical and Engineering Sciences, 471: 20150257.

Limbeck A, Kulmala M, Puxbaum H. 2003. Secondary organic aerosol formation in the atmosphere via heterogeneous reaction of gaseous isoprene on acidic particles. Geophysical Research Letters,

30: 379-394.

Lipiatou E, Tolosa I, Simó R, et al. 1997. Mass budget and dynamics of polycyclic aromatic hydrocarbons in the Mediterranean Sea. Deep Sea Research Part Ⅱ: Topical Studies in Oceanography, 44: 881-905.

Liu D, Li J, Zhang Y, et al. 2013a. The use of levoglucosan and radiocarbon for source apportionment of $PM_{2.5}$ carbonaceous aerosols at a background site in East China. Environmental Science & Technology, 47: 10454-10461.

Liu D, Xu Y, Chaemfa C, et al. 2014a. Concentrations, seasonal variations, and outflow of atmospheric polycyclic aromatic hydrocarbons (PAHs) at Ningbo site, Eastern China. Atmospheric Pollution Research, 5: 203-209.

Liu J, Li J, Zhang Y, et al. 2014b. Source apportionment using radiocarbon and organic tracers for $PM_{2.5}$ carbonaceous aerosols in Guangzhou, South China: contrasting local- and regional-scale haze events. Environmental Science & Technology, 48: 12002-12011.

Liu J, Mauzerall D L, Chen Q, et al. 2016. Air pollutant emissions from Chinese households: a major and underappreciated ambient pollution source. Proceedings of the National Academy of Sciences, 113: 7756-7761.

Liu S, Tao S, Liu W, et al. 2008. Seasonal and spatial occurrence and distribution of atmospheric polycyclic aromatic hydrocarbons (PAHs) in rural and urban areas of the North Chinese Plain. Environmental Pollution, 156: 651-656.

Liu T, Xia X, Liu S, et al. 2013b. Acceleration of denitrification in turbid rivers due to denitrification occurring on suspended sediment in oxic waters. Environmental Science & Technology, 47: 4053-4061.

Liu X, Duan L, Mo J, et al. 2011. Nitrogen deposition and its ecological impact in China: an overview. Environmental Pollution, 159: 2251-2264.

Liu Y, Zhang S, Fan Q, et al. 2015. Accessing the impact of sca-salt emissions on aerosol chemical formation and deposition over Pearl River Delta, China. Aerosol and Air Quality Research, 15: 2232-2245.

Lu Z, Xue M, Shen G, et al. 2011. Accumulation dynamics of chlordanes and their enantiomers in cockerels (*Gallus gallus*) after oral exposure. Environmental Science & Technology, 45: 7928-7935.

Manousakas M, Papaefthymiou H, Diapouli E, et al. 2017. Assessment of $PM_{2.5}$ sources and their corresponding level of uncertainty in a coastal urban area using EPA PMF 5.0 enhanced diagnostics. Science of The Total Environment, 574: 155-164.

Masiol M, Hopke P K, Felton H D, et al. 2017. Analysis of major air pollutants and submicron particles in New York City and Long Island. Atmospheric Environment, 148: 203-214.

Nightingale P D, Liss P S, Schlosser P. 2000. Measurements of air-sea gas transfer during an open ocean algal bloom. Geophysical Research Letters, 27: 2117-2120.

Nizzetto L, Liu X, Zhang G, et al. 2013. Accumulation kinetics and equilibrium partitioning coefficients for semivolatile organic pollutants in forest litter. Environmental Science & Technology, 48: 420-428.

Osburn C L, Handsel L T, Peierls B L, et al. 2016. Predicting sources of dissolved organic nitrogen to an estuary from an agro-urban coastal watershed. Environmental Science & Technology, 50: 8473-8484.

Pan Y, Tian S, Liu D, et al. 2016. Fossil fuel combustion-related emissions dominate atmospheric ammonia sources during severe haze episodes: evidence from ^{15}N-stable isotope in size-resolved aerosol ammonium. Environmental Science & Technology, 50: 8049-8056.

Park S S, Cho S Y. 2011. Tracking sources and behaviors of water-soluble organic carbon in fine particulate matter measured at an urban site in Korea. Atmospheric Environment, 45: 60-72.

Parnell A C, Phillips D L, Bearhop S, et al. 2013. Bayesian stable isotope mixing models. Environmetrics, 24: 387-399.

Pathak R K, Wang T, Ho K F, et al. 2011. Characteristics of summertime $PM_{2.5}$ organic and elemental carbon in four major chinese cities: implications of high acidity for water-soluble organic carbon (WSOC). Atmospheric Environment, 45: 318-325.

Pathak R K, Wu W S, Wang T. 2009. Summertime $PM_{2.5}$ ionic species in four major cities of China: nitrate formation in an ammonia-deficient atmosphere. Atmospheric Chemistry and Physics, 9: 1711-1722.

Perrino C, Catrambone M, Farao C, et al. 2016. Assessing the contribution of water to the mass closure of PM_{10}. Atmospheric Environment, 140: 555-564.

Pey J, Pérez N, Cortés J, et al. 2013. Chemical fingerprint and impact of shipping emissions over a western mediterranean metropolis: primary and aged contributions. Science of the Total Environment, 463-464: 497-507.

Pui D Y H, Chen S C, Zuo Z. 2014. $PM_{2.5}$ in China: measurements, sources, visibility and health effects, and mitigation. Particuology, 13: 1-26.

Puxbaum H, Caseiro A, Sánchez-Ochoa A, et al. 2007. Levoglucosan levels at background sites in europe for assessing the impact of biomass combustion on the European aerosol background. Journal of Geophysical Research: Atmospheres, 112: D23S05.

Ram K, Sarin M M, Tripathi S N. 2011. Temporal trends in atmospheric $PM_{2.5}$, PM_{10}, elemental carbon, organic carbon, water-soluble organic carbon, and optical properties: impact of biomass burning emissions in the Indo-Gangetic Plain. Environmental Science & Technology, 46: 686-695.

Ramu K, Kajiwara N, Sudaryanto A, et al. 2007. Asian mussel watch program: contamination status of polybrominated diphenyl ethers and organochlorines in coastal waters of Asian countries. Environmental Science & Technology, 41: 4580-4586.

Reisen F, Meyer C P, McCaw L, et al. 2011. Impact of smoke from biomass burning on air quality in rural communities in southern Australia. Atmospheric Environment, 45: 3944-3953.

Shah M H, Shaheen N, Nazir R. 2012. Assessment of the trace elements level in urban atmospheric particulate matter and source apportionment in Islamabad, Pakistan. Atmospheric Pollution Research, 3: 39-45.

Shen H, Huang Y, Wang R, et al. 2013. Global atmospheric emissions of polycyclic aromatic hydrocarbons from 1960 to 2008 and future predictions. Environmental Science & Technology, 47: 6415-6424.

Streets D G, Yu C, Wu Y, et al. 2008. Aerosol trends over China, 1980-2000. Atmospheric Research,

88: 174-182.

Sun K, Tao L, Miller D J, et al. 2014. On-road ammonia emissions characterized by mobile, open-path measurements. Environmental Science & Technology, 48: 3943-3950.

Sun X, Hu M, Guo S, et al. 2012. ^{14}C-based source assessment of carbonaceous aerosols at a rural site. Atmospheric Environment, 50: 36-40.

Tan H, Cai M, Fan Q, et al. 2017. An analysis of aerosol liquid water content and related impact factors in Pearl River Delta. Science of the Total Environment, 579: 1822-1830.

Tan S C, Shi G Y, Wang H. 2012. Long-range transport of spring dust storms in Inner Mongolia and impact on the China seas. Atmospheric Environment, 46: 299-308.

Tao J, Gao J, Zhang L, et al. 2014. $PM_{2.5}$ pollution in a megacity of southwest China: source apportionment and implication. Atmospheric Chemistry and Physics, 14: 8679-8699.

Tian Y Z, Shi G L, Han B, et al. 2014. The accuracy of two- and three-way positive matrix factorization models: applying simulated multisite data sets. Journal of the Air & Waste Management Association, 64: 1122-1129.

Walters W W, Michalski G. 2015. Theoretical calculation of nitrogen isotope equilibrium exchange fractionation factors for various NO_y molecules. Geochimica et Cosmochimica Acta, 164: 284-297.

Walters W W, Michalski G. 2016. Theoretical calculation of oxygen equilibrium isotope fractionation factors involving various NO_y molecules, OH, and H_2O and its implications for isotope variations in atmospheric nitrate. Geochimica et Cosmochimica Acta, 191: 89-101.

Walters W W, Simonini D S, Michalski G. 2016. Nitrogen isotope exchange between NO and NO_2 and its implications for $\delta^{15}N$ variations in tropospheric NO_x and atmospheric nitrate. Geophysical Research Letters, 43: 440-448.

Wang F, Guo Z, Lin T, et al. 2016a. Seasonal variation of carbonaceous pollutants in $PM_{2.5}$ at an urban "supersite" in Shanghai, China. Chemosphere, 146: 238-244.

Wang G, Zhang R, Gomez M E, et al. 2016b. Persistent sulfate formation from London Fog to Chinese haze. Proceedings of the National Academy of Sciences, 113: 13630-13635.

Wang L, Qi J H, Shi J H, et al. 2013a. Source apportionment of particulate pollutants in the atmosphere over the Northern Yellow Sea. Atmospheric Environment, 70: 425-434.

Wang Q, Shao M, Zhang Y, et al. 2009. Source apportionment of fine organic aerosols in Beijing. Atmospheric Chemistry and Physics, 9: 8573-8585.

Wang S L, Xu X R, Sun Y X, et al. 2013b. Heavy metal pollution in coastal areas of South China: a review. Marine Pollution Bulletin, 76: 7-15.

Wang W, Simonich S, Giri B, et al. 2011. Atmospheric concentrations and air-soil gas exchange of polycyclic aromatic hydrocarbons (PAHs) in remote, rural village and urban areas of Beijing-Tianjin region, North China. Science of the Total Environment, 409: 2942-2950.

Wang X, Chen Y, Tian C, et al. 2014. Impact of agricultural waste burning in the Shandong Peninsula on carbonaceous aerosols in the BoHai Rim, China. Science of the Total Environment, 481: 311-316.

Wang X, Ding X, Fu X, et al. 2012. Aerosol scattering coefficients and major chemical compositions of fine particles observed at a rural site in the central Pearl River Delta, South China. Journal of

Environmental Sciences, 24: 72-77.

Wang X, Halsall C, Codling G, et al. 2013c. Accumulation of perfluoroalkyl compounds in Tibetan mountain snow: temporal patterns from 1980 to 2010. Environmental Science & Technology, 48: 173-181.

Wang Y, Zhuang G S, Tang A H, et al. 2005. The ion chemistry and the source of $PM_{2.5}$ aerosol in Beijing. Atmospheric Environment, 39: 3771-3784.

Weber R J, Sullivan A P, Peltier R E, et al. 2007. A study of secondary organic aerosol formation in the anthropogenic-influenced southeastern United States. Journal of Geophysical Research: Atmospheres, 112: D13302.

Wilson T W, Ladino L A, Alpert P A, et al. 2015. A marine biogenic source of atmospheric ice-nucleating particles. Nature, 525: 234-238.

Xing L, Fu T M, Cao J J, et al. 2013. Seasonal and spatial variability of the OM/OC mass ratios and high regional correlation between oxalic acid and zinc in chinese urban organic aerosols. Atmospheric Chemistry and Physics, 13: 4307-4318.

Xu S, Liu W, Tao S. 2006. Emission of polycyclic aromatic hydrocarbons in China. Environmental Science & Technology, 40: 702-708.

Yang F, Kawamura K, Chen J, et al. 2016. Anthropogenic and biogenic organic compounds in summertime fine aerosols ($PM_{2.5}$) in Beijing, China. Atmospheric Environment, 124: 166-175.

Yang X F, Luo Z J, Dai X Y. 2013. A global convergence of LS-CD hybrid conjugate gradient method. Advances in Numerical Analysis: 517452.

Yang Y, Guo P, Zhang Q, et al. 2010. Seasonal variation, sources and gas/particle partitioning of polycyclic aromatic hydrocarbons in Guangzhou, China. Science of the Total Environment, 408: 2492-2500.

Yu Q, Gao B, Li G, et al. 2016. Attributing risk burden of $PM_{2.5}$-bound polycyclic aromatic hydrocarbons to major emission sources: case study in Guangzhou, South China. Atmospheric Environment, 142: 313-323.

Zhang F, Chen Y, Tian C, et al. 2014a. Identification and quantification of shipping emissions in BoHai Rim, China. Science of The Total Environment, 497: 570-577.

Zhang K, Zhang B Z, Li S M, et al. 2012. Diurnal and seasonal variability in size-dependent atmospheric deposition fluxes of polycyclic aromatic hydrocarbons in an urban center. Atmospheric Environment, 57: 41-48.

Zhang P, Song J, Yuan H. 2009. Persistent organic pollutant residues in the sediments and mollusks from the BoHai Sea coastal areas, North China: an overview. Environment International, 35: 632-646.

Zhang R, Jing J, Tao J, et al. 2013. Chemical characterization and source apportionment of $PM_{2.5}$ in Beijing: seasonal perspective. Atmospheric Chemistry and Physics, 13: 7053-7074.

Zhang S, Zhang W, Shen Y, et al. 2008. Dry deposition of atmospheric polycyclic aromatic hydrocarbons (PAHs) in the southeast suburb of Beijing, China. Atmospheric Research, 89: 138-148.

Zhang Y L, Li J, Zhang G, et al. 2014b. Radiocarbon-based source apportionment of carbonaceous aerosols at a regional background site on Hainan Island, South China. Environmental Science & Technology, 48: 2651-2659.

Zhang Y X, Shen H, Tao S, et al. 2011. Modeling the atmospheric transport and outflow of polycyclic aromatic hydrocarbons emitted from China. Atmospheric Environment, 45: 2820-2827.

Zhao B, Wang P, Ma J Z, et al. 2012. A high-resolution emission inventory of primary pollutants for the HuaBei region, China. Atmospheric Chemistry and Physics, 12: 481-501.

Zhao M, Zhang Y, Ma W, et al. 2013. Characteristics and ship traffic source identification of air pollutants in China's largest port. Atmospheric Environment, 64: 277-286.

Zhou S, Yuan Q, Li W, et al. 2014. Trace metals in atmospheric fine particles in one industrial urban city: spatial variations, sources, and health implications. Journal of Environmental Sciences, 26: 205-213.

Zong Z, Chen Y, Tian C, et al. 2015. Radiocarbon-based impact assessment of open biomass burning on regional carbonaceous aerosols in North China. Science of The Total Environment, 518-519: 1-7.

Zong Z, Wang X, Tian C, et al. 2016a. Source and formation characteristics of water-soluble organic carbon in the anthropogenic-influenced Yellow River Delta, North China. Atmospheric Environment, 144: 124-132.

Zong Z, Wang X, Tian C, et al. 2016b. Source apportionment of $PM_{2.5}$ at a regional background site in North China using PMF linked with radiocarbon analysis: insight into the contribution of biomass burning. Atmospheric Chemistry and Physics, 16: 11249-11265.

第 4 章

黄渤海有机磷酸酯（OPEs）的分布特征

4.1 OPEs 的分布、分析方法及毒性

4.1.1 OPEs 概述

有机磷酸酯（organophosphate esters，OPEs）是以磷为中心原子的一类有机物，其结构通式见图 4.1。根据其取代基团 R 的不同，可形成多种 OPEs 化合物。这些化合物可大致分为烷基取代 OPEs（alkyl OPEs）、芳香基取代 OPEs（aryl OPEs）及氯代 OPEs（chlorinated OPEs）等。也正是因为 OPEs 多变的取代基团，导致其具有多变的化学性质。例如，磷酸三甲酯（trimethy phosphate，TMP）具有最小的取代基团（甲基），其正辛醇/水分配系数的对数（$\lg K_{OW}$）为 –0.65，饱和蒸汽压（V_P）为 8.50×10^{-1} Torr[①]，这导致 TMP 较易溶于水且极易挥发（van der Veen and de Boer，2012）。而磷酸三（2-乙基己基）酯[tris (2-ethylhexyl) phosphate，TEHP]因具有较大的取代基团（2-乙基己基），其 $\lg K_{OW}$ 达 9.49，V_P 达 1.1×10^{-5} Torr，导致其难溶于水且不易挥发。对于不同的 OPEs，其理化性质、应用及毒性见表 4.1。

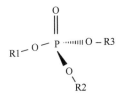

图 4.1　有机磷酸酯的结构通式

表 4.1　有机磷酸酯（OPEs）的理化性质、应用及毒性

名称（英文缩写）	理化性质	应用（Bollmann et al.，2012；Etter and Baures，1987；Fuheng et al.，2009）	毒性（Cristale and Lacorte，2013；Salamova et al.，2014；WHO，2000）
磷酸三（氯丙基）酯（TCPP）	$\lg K_{OW}$=2.59 W_S=1.2g/L V_P=2.7×10⁻³Pa	阻燃剂、增塑剂	疑似致癌性
磷酸三（2-氯乙基）酯（TCEP）	$\lg K_{OW}$=1.44 W_S=7.0g/L V_P=8.2Pa	阻燃剂、增塑剂、油漆颜料、胶水、工业过程	致癌性、神经毒性
磷酸三（1,3-二氯-2-丙基）酯（TDCPP）	$\lg K_{OW}$=3.65 W_S=7.0×10⁻³g/L V_P=9.8×10⁻⁶Pa	阻燃剂、增塑剂、油漆颜料、胶水	神经毒性、致癌性
磷酸三异丁酯（TiBP）	$\lg K_{OW}$=3.6 W_S=1.6×10⁻²g/L V_P=1.71Pa	油漆颜料、胶水、阻泡剂、工业过程	暂无相关数据

———————

① 1Torr=1mmHg=1.333 22×10² Pa

续表

名称（英文缩写）	理化性质	应用（Bollmann et al., 2012；Etter and Baures, 1987；Fuheng et al., 2009）	毒性（Cristale and Lacorte, 2013；Salamova et al., 2014；WHO, 2000）
磷酸三正丁酯（TnBP）	$\lg K_{OW}=4.0$ $W_S=0.28g/L$ $V_P=0.15Pa$	增塑剂、液压剂、油漆颜料、胶水、阻泡剂、工业过程	疑似神经毒性
磷酸三戊基酯（TpeP）	$\lg K_{OW}=5.29$ $W_S=3.3\times10^{-4}g/L$ $V_P=2.2\times10^{-3}Pa$	暂无相关数据	暂无相关数据
磷酸三（2-乙基己基）酯（TEHP）	$\lg K_{OW}=9.49$ $W_S=6.0\times10^{-4}g/L$ $V_P=1.1\times10^{-5}Pa$	阻燃剂、增塑剂、抗真菌剂	暂无相关数据
磷酸三苯酯（TPhP）	$\lg K_{OW}=4.59$ $W_S=1.9\times10^{-3}g/L$ $V_P=8.4\times10^{-4}Pa$	阻燃剂、增塑剂、液压剂、油漆颜料、胶水	疑似神经毒性
磷酸三甲苯酯（TCrP）	$\lg K_{OW}=5.11$ $W_S=3.6\times10^{-4}g/L$ $V_P=8.0\times10^{-5}Pa$	阻燃剂、液压剂、油漆颜料、胶水、工业过程	暂无相关数据
三苯基氧化膦（TPPO）	$\lg K_{OW}=2.83$ $W_S=6.3\times10^{-2}g/L$ $V_P=3.47\times10^{-7}Pa$	阻燃剂、金属配体、提取剂、合成中间体、助结晶剂	对水生生物具有毒性

注：$\lg K_{OW}$ 表示正辛醇/水分配系数的对数；W_S 表示水溶解度；V_P 表示饱和蒸汽压

如表 4.1 所示，OPEs 用途较为广泛，非氯代 OPEs 主要用作增塑剂、阻泡剂及液压剂等；而氯代 OPEs 则主要作为阻燃剂广泛应用于地板抛光剂、室内装饰材料、家具及电子用品等（Marklund et al.，2003）。此外，三苯基氧化膦（triphenyl phosphine oxide，TPPO）则作为合成中间体广泛应用于药物合成及冶金工业中（Hu et al.，2009；Wang et al.，2015）。随着溴系阻燃剂（brominated flame retardants，BFRs）在欧洲乃至全球范围内的禁用，OPEs 的产量及消费量逐年增加。据报道，欧洲 2006 年 OPEs 阻燃剂消费量占总阻燃剂消费量的 20%（Wang et al.，2015）。世界范围内，2011 年 OPEs 的使用量约为 500 000t，而 2015 年，OPEs 的使用量达 680 000t（Ou，2011）。在中国，2013 年 OPEs 的使用量为 300 000t，且这一数字正逐年快速增长（Zhang，2014）。毫无疑问，中国将在世界范围内成为最大的 OPEs 生产和消费国之一（Zhong et al.，2017）。

因 OPEs 以直接添加而非化学结合的形式加入材料，故其极易通过挥发、磨损及溶解等方式从材料中释出进入环境（Wei et al.，2015）。且 Liagkouridis 等（2015）及 Zhang 等（2016）已基于实验数据与软件分析得出了 OPEs 环境存在的持久性。同时，OPEs 还可通过长距离大气运输（long-range atmospheric transport，LRAT）传播到远至极地的偏远地区（Moller et al.，2012）。此外，氯代 OPEs 在污水处理厂亦不能被有效降解（Wei et al.，2015）。虽然人们对 OPEs 这类化合物的使用已经有 150 多年的历史，但因其在近 10 年的大规模生产、使用及其向环境中的排放，OPEs 已经被公认为是一种"新兴污染物"（Reemtsma et al.，2008）。

4.1.2　环境及生物相中 OPEs 的分布

如前所述，OPEs 作为一种"新兴污染物"已经逐渐引起人类的关注。多篇研究论文证实了 OPEs 在水、沉积物、土壤、大气及生物相等多种环境介质中普遍存在。

4.1.2.1　OPEs 在水相中的分布

早在 1999 年，日本海基固体垃圾填埋场的水体中就有高浓度的 OPEs 检出。据报道，该处水体中磷酸三（2-氯乙基）酯[tris (2-chloro ethyl) phosphate，TCEP]及磷酸三（氯丙基）酯[tris (1-chloro-2-propyl) phosphate，TCPP]的浓度分别高达 87.4μg/L 和 47.2μg/L。而浓度相对较低的磷酸三乙基酯（triethyl phosphate，TEP）及磷酸三（1,3-二氯-2-丙基）酯[tri (dichloroisopropyl) phosphate，TDCPP]的浓度也分别达 10.6μg/L 和 6.18μg/L（Kawagoshi et al.，1999）。该报道指出，日本海基固体垃圾填埋场中 OPEs 从材料中的析出可能是导致该水域 OPEs 浓度极高的原因之一（Kawagoshi et al.，1999）。英国艾尔河（Aire River）总 OPEs 浓度达 26 300ng/L，河流附近人类活动的影响是导致该河流高浓度 OPEs 检出的原因（Cristale et al.，2013b）。然而，位于城区的梅陶罗河（Metauro River）流域水体中总 OPEs 浓度仅达 142ng/L，其主要的 OPEs 化合物为磷酸三正丁酯（tri-*n*-bufyl phosphate，T*n*BP）及 TCPP。Bollmann 等（2012）分析了德国 6 条入海河流 OPEs 的浓度及分布情况。该研究表明，最高 OPEs 总浓度出现在 Scheldt 河，达 1092ng/L，TCEP 及 TCPP 为上述河流的主要 OPEs 污染物。此外，该研究还估算了上述河流 OPEs 的入海通量，其中莱茵河（Rhine River）达 42.5t/a（Bollmann et al.，2012），这表明河流输入是 OPEs 进入海洋的主要途径之一（Wei et al.，2015；Zhong et al.，2017）。而西地中海河流入海口则有高浓度的磷酸三异丁酯（triisobutyl phosphate，T*i*BP）及 T*n*BP（共 152 117ng/L）检出，附近的工业活动是该区域 OPEs 主要的污染源（Barcelo et al.，1990）。Wang 等（2015）探究了我国黄渤海 40 条入海河流中 12 种 OPEs（包括 TPPO）的浓度及分布情况。该研究表明，上述河流中 OPEs 总浓度为 9.6～1549ng/L，氯代 OPEs（TCEP 及 TCPP）及 TPPO 为 OPEs 主要污染物，其中，鸭绿江入海口 TPPO 浓度高达 5852ng/L。而我国珠江入海口 OPEs 总浓度则达 3120ng/L，且 TCEP 及 TCPP 仍为主要 OPEs 污染物（Wang et al.，2014）。总体而言，不同区域水体中 OPEs 浓度变化较大，但氯代 OPEs（如 TCEP 及 TCPP）往往是主要 OPEs 污染物。

4.1.2.2　OPEs 在沉积物及土壤中的分布

目前，有关环境沉积物 OPEs 浓度及分布的报道较少，但挪威、瑞典、西班牙及德国污水处理厂的污泥中仍有较高浓度的 OPEs（主要为 TCPP 及 TnBP 等）检出（达 0.62～21.0μg/g）（Bester，2005；Cristale and Lacorte，2013；Marklund et al.，2005）。日本海基固体垃圾填埋场底部的沉积物中 OPEs（主要为 TCEP）总浓度也达 10.9μg/g，这表明污水处理厂及垃圾填埋场的污泥可能是环境沉积物中 OPEs 的一个主要来源。同时，挪威河流沉积物中 OPEs 浓度（0.49～22.5μg/g）也相对较高，其主要 OPEs 为 TCEP、TCPP、TDCPP、磷酸三（丁氧基乙基）酯（TBEP）及磷酸三苯酯（TPhP）等，这一分布模式可能是挪威大量使用 OPEs 阻燃剂所致（Wei et al.，2015）。然而，其他国家和地区沉积物中 OPEs 浓度则相对较低。例如，奥地利河流中主要 OPEs 污染物为磷酸三甲苯酯（TCrP）及磷酸三（2-乙基己基）酯（TEHP），其浓度分别仅达 39ng/g 及 140ng/g（Martinez-Carballo et al.，2007）。北美三大湖[安大略（Ontario）湖、密歇根（Michigan）湖及苏必利尔（Superior）湖]中 14 种 OPEs 总浓度平均值也仅 16.6ng/g，且不同大湖中各 OPEs 化合物的组成及浓度均有较大差异（Cao et al.，2017）。北太平洋及北冰洋表层沉积物中 7 种 OPEs 总浓度也仅达 4.66ng/g，氯代 OPEs 污染物较非氯代 OPEs 污染物有较高的浓度（Ma et al.，2017）。同样，中国珠江三角洲排污口沉积物中 OPEs 总浓度也相对较低，仅达 1 310ng/g，其主要 OPEs 污染物为 TBEP、TCPP 及 TPhP 等（Zeng et al.，2015）。中国太湖及台湾省湖泊沉积物中 OPEs 总浓度最高也分别仅为 14.3ng/g 及 12.6ng/g，这表明沉积物中 OPEs 区域分布有巨大差异。

　　有关土壤中 OPEs 的报道主要集中于奥斯纳布吕克大学校园及美国空军基地等（Mihajlovic et al.，2011；David and Seiber，1999）。据报道，奥斯纳布吕克大学校园中主要 OPEs 污染物为 TCEP、TCPP 及 TPhP，其最高浓度仅达 4.96ng/g，该报道指出大气沉降是导致该校园土壤 OPEs 污染的首要原因（Mihajlovic et al.，2011）。而美国空军基地土壤中主要的 OPEs 污染物为 TCrP，其浓度达 30μg/g，作者认为液压剂及农业用塑料薄膜的释放是导致该区域高浓度 TCrP 的原因（David and Seiber，1999）。

4.1.2.3　OPEs 在大气中的分布

　　大气作为一个重要的环境组分，同样被认为是 OPEs 的一个主要汇（Moller et al.，2012）。室内大气 OPEs 浓度及分布主要取决于室内装饰材料、家具及电子用品的种类。据报道，私人住所空气中 OPEs 最高浓度达 234ng/m^3，其主要污染物为 TCPP 及 TnBP 等。而挪威货物分选车间及办公室大气中 TPhP 为主要 OPEs 污染物，其平均浓度分别达 24μg/m^3 及 1.92μg/m^3（Green et al.，2008）。而中国南部电子垃圾处理厂车间大气中 TPhP 浓度已达 46.5μg/m^3（Bi et al.，2010）。此外，私人住宅大气中 OPEs 浓度总体上低于诸如办公楼、学校、医院、监狱及车间等公共场所。这可能是因为公共建筑具有更高的消防安全要求，故其所使用的装修材料中具有更多的阻燃剂添加所致（Wei et al.，2015）。

室内空气中的 OPEs 最终可通过空气流通等途径进入室外大气环境，甚至可通过 LRAT 传播进入偏远地区（Moller et al.，2012）。例如，内华达山脉地区的松针中就检测出平均浓度分别高达 324ng/g、107ng/g 及 233ng/g 的 TCEP、TCPP 及 TDCPP，这与毗邻区域室外大气中高浓度氯代 OPEs 相一致，表明 OPEs 具有通过大气进行长距离运输并进行生物富集的能力（Salamova et al.，2014；Aston et al.，1996）。此外，在北海、日本海、地中海及黑海等海域上空的大气中也分别检出 1.4ng/g、2.9ng/g、5.1ng/g 及 6.2ng/g 的 OPEs（Castro-Jimenez et al.，2014；Moller et al.，2012），这些区域大气中 OPEs 的检出被认为是周边人口及工业密集区的大气中 OPEs 输入所致。

4.1.2.4　OPEs 在生物相中的分布

有关 OPEs 在生物相中浓度及分布的研究，主要集中于鱼类、贝类、家禽及人类乳汁等。例如，中国珠江鱼类中分别有高达 8 840 ng/g、4 690 ng/g 及 2 950ng/g（本小节生物相中 OPEs 的浓度均以脂重计）的 TBEP、TCPP 及 TnBP 检出，这与珠江入海口水体中高浓度 OPEs 一致（Wang et al.，2014；Ma et al.，2013）。而附近清远县（广东省第二大电子垃圾处理厂所在地）家禽中主要 OPEs 污染物为 TnBP、TBEP、TPhP 及 TCEP，其浓度分别达 281ng/g、266ng/g、209ng/g 及 162ng/g。菲律宾马尼拉湾鱼类中主要的 OPEs 则为 TEHP、TnBP 及 TEP，其浓度分别为 2 000ng/g、590ng/g 及 410ng/g。而北美大湖区域银鸥蛋中 OPEs 浓度则较低，仅分别有 39ng/g、8.2ng/g 的 TBEP 及 TPhP 检出（Letcher et al.，2011）。人类乳汁中则有高达 180ng/g 的 OPEs 检出，其中 TCPP 及 TnBP 是主要污染物（Sundkvist et al.，2010）。上述研究结果表明，环境中普遍存在的 OPEs 也可以在生物相中进行富集且可达到较高浓度。

4.1.3　环境及生物相中 OPEs 的分析方法

OPEs 的分析方法大致可分为两步，即样品的前处理和仪器分析。OPEs 仪器分析一般选用气相色谱-质谱法（GC-MS）或液相色谱-质谱法（LC-MS）等手段，此处不做详述。而根据介质的不同，环境及生物相中 OPEs 的前处理方法存在较大差异。因本研究主要涉及对水相、沉积物及生物相中 OPEs 浓度的检测和分析，故此处仅就水相、沉积物及生物相中 OPEs 的分析方法进行介绍。

4.1.3.1　水相中 OPEs 的分析方法

水相中 OPEs 的分析方法主要可分为液相萃取及固相萃取等（van der Veen and

de Boer，2012）。液相萃取属于传统方法，其具有操作简便、待分析物质回收率较高等优点。例如，Wang 等（2015）利用液相萃取作为前处理手段，分析了黄渤海 40 条入海河流 OPEs 的浓度及分布情况。该研究中，液相萃取的操作步骤可概括如下：以氘代磷酸三正丁酯（TnBP-d$_{27}$）及氘代磷酸三苯基酯（TPhP-d$_{15}$）各 20ng 为内标，将其加入 800mL 水样中。将标记水样用玻璃纤维膜（直径为 47mm，孔径为 0.7μm）过滤后，使用 50mL 二氯甲烷抽提 30min，并重复 3 次。短暂静置溶液，收集有机相，并使用冷冻及添加无水硫酸钠的方法去除有机相中残余的水分。随后，将二氯甲烷置换为正己烷，并缓慢氮吹浓缩至 150μL。向浓缩后的液体中加入 500pg ^{13}C$_6$-2,2′,3,3′,4,5,5′,6,6′-九氯联苯（^{13}C$_6$-PCB 208）作为进样内标，随后选用 GC-MS 进行仪器分析。

Wang 等（2015）利用该方法研究了 12 种 OPEs 化合物（包括 TPPO）的回收率，分别达（67±2）%（TPPO）至（95±8）%（TCEP），并保持了较低的本底空白。对于理化性质多变的 OPEs 化合物，这一数据基本可以满足定量分析的要求。

较液相萃取，固相萃取对大多数 OPEs 化合物都具有较高的回收率，且其具有溶剂耗费量少、操作相对简单等优点（van der Veen and de Boer，2012）。Rodriguez 等（2006）利用固相萃取的方法分析了废水中多种 OPEs 的浓度，其固相萃取的方法概括如下：首先，将 1000mL 过滤后的水样缓慢通过用乙酸乙酯及甲醇各 2mL 预处理的水脂两亲（HLB）固相萃取小柱（OASIS）；其次，用 25mL 甲醇∶水=1∶3 的溶剂淋洗盛放水样的玻璃器皿，并同样将该淋洗液通过 HLB 小柱；随后，将 HLB 小柱在柔和氮气下吹干 30min，用 2mL 乙酸乙酯淋洗 HLB 小柱，并收集洗脱液；最后，将洗脱液氮吹至 1mL，并使用带有氮磷敏感检测器的气相色谱进行分析。据 Rodriguez 等（2006）报道，该方法对大多数 OPEs 化合物的回收率达 90%以上，且本底空白较低。但该方法对 TEHP 提取效果较差，其回收率只能达到 50%左右。

4.1.3.2　沉积物及生物相中 OPEs 的分析方法

沉积物及生物相样品都具有基质效应较为强烈、对 OPEs 形成干扰的物质较多等特点，且生物相中这一现象更为明显。因此，对于沉积物及生物相中样品的处理，如何减弱基质效应及其对 OPEs 定性、定量的干扰成为分析处理这类样品的首要问题。Cao 等（2012）使用超声辅助萃取的方法分析了中国太湖沉积物中 7 种 OPEs 的含量和分布，其具体操作步骤如下：首先，将 5g 冷冻干燥后的沉积物样品用 25ng TnBP-d$_{27}$ 标记，将标记后的样品在 20mL 乙腈∶水=1∶3 的混合溶剂中进行超声辅助萃取 30min，并维持抽提温度为 20℃；其次，将抽提液取出并于 4 500rpm[①]下离心 10min，取上清液于洁净玻璃瓶中；随后，重复上述步骤一次，

---

① 1 rpm=1 r/min

并将两次实验所得溶液混合；再将混合溶液以超纯水稀释至 500mL，并将其通过 HLB 小柱（200mg，6mL）进行净化（HLB 小柱提前用乙酸乙酯、甲醇及超纯水各 4mL 条件化）；最后，将 HLB 小柱置于柔和高纯氮气下吹干，并用乙酸乙酯淋洗小柱两次，每次 8mL，收集滤液，并氮吹至 100μL，加入 100ng 六甲基苯（Hexa methyl benzene，HMB）作为进样内标。

利用这种方法处理的沉积物样品，其空白仅为 0.07ng/g（TBEP）至 0.3ng/g（TDCPP），而其回收率可达（81±11）%（TBEP）至（108±5）%（TnBP）。此外，Cao 等（2017）也利用类似方法探究了北美大湖多种 OPEs 的浓度和分布，这也证明了利用该方法分析沉积物样品的可行性。

生物相中 OPEs 前处理方法与沉积物中类似，其基本步骤也是抽提、净化、浓缩等。但相较于沉积物，生物相中样品的净化更为复杂，其主要的技术难点在于去除生物相中脂类的干扰。针对这些问题，Chen 等（2012）利用加速液相萃取配合多层次净化的方法分析了休伦（Huron）湖银鸥蛋中 12 种 OPEs 浓度，其具体步骤如下：首先，将约 1g 样品于硅藻土中进行均质化处理，并以 10ng（TnBP-d$_{27}$）作为内标对其进行标记；其次，在二氯甲烷：正己烷=1：1 的混合溶剂中，使用加速液相萃取的方法抽提样品（抽提条件为 100℃，1500psi[①]）；随后，用无水硫酸钠去除残余水分，并取抽提物的 10% 用于重量法测定脂肪含量，将剩余抽提物加载至装有 1g 氨丙基硅石填料的 SPE 凝胶净化小柱，用 2mL 二氯甲烷：正己烷=1：1 的混合溶剂淋洗小柱并弃洗脱液；再用 4mL 二氯甲烷：正己烷=1：1 的混合溶剂及 8mL 二氯甲烷依次淋洗小柱，收集淋洗液（OPEs 即位于该组分）；最后，将所收集的淋洗液氮吹至几乎干燥，溶解于 200μL 甲醇中，并离心过滤，将滤液收集于洁净进样瓶中待仪器分析。

该方法具有较好的实用性，其回收率最高达（104±13）%（TEHP），方法定量限达 0.07ng/g（湿重）。但同时，基质效应的干扰仍是生物相 OPEs 分析中存在的主要问题（Chen et al.，2012），其对生物相中 OPEs 的准确定量仍存在一定影响。

4.1.4 环境污染物的生态毒理学及 OPEs 的毒性

4.1.4.1 环境污染物的生态毒理学

生态毒理学主要在群体、群落、生态系统及生物圈水平上研究有毒化学物质对生物有机体的毒理效应，是一门综合了多学科领域的交叉学科（Altenburger，2011）。随着人类社会在农业、工业及信息文明方面的全面发展，各种"新兴污染物"[如多环芳烃（PAHs）、多溴联苯醚（PBDEs）和 OPEs 等]的生产量及使用

---

① 1psi=1in^{-2}=0.155cm^{-2}

量逐年增加，从而导致其有更多的机会进入自然环境并长期驻留，进而可能对生物乃至人类产生健康风险。因此，环境污染物的生态毒理学作为生态毒理学的分支学科也应运而生（Lin et al.，2012），其主要的研究对象为环境污染物及各种生态胁迫因素对有机生命体可能产生的毒理效应。同时，环境污染物的生态毒理学还进一步探究了环境污染物胁迫下生命体的反馈解毒与适应进化机制，其最鲜明的特点是宏观生态理论与微观分子机理的有机结合（Lin et al.，2012）。针对这一新兴学科，其主要的研究方法论述如下。

1）表型观测

表型观测即通过群体暴露实验，观测相关环境污染物对生物体致畸性、致癌性、致死率及对其生长发育和生殖繁育的影响等。该方法具有实验操作简单、效应明显、直观性强及重现性好等优点。同时，其也是进一步研究环境污染物对生物体毒理影响的基础。例如，Wu 等（2011）通过直接群体暴露实验测定了啶虫脒（acetamiprid）、丙溴磷（profenofos）、二嗪磷（diazinon）和马拉硫磷（malathion）等 4 种稻田常用农药（杀虫剂）对斜生栅列藻（*Scenedesmus obliquus*）、大型溞（*Daphnia magna*）及斑马鱼（*Danio rerio*）等生物的半最大效应浓度（EC_{50}）及急性半致死浓度（LC_{50}），并根据 EC_{50} 及 LC_{50} 判断了农药的毒性（如低毒、中毒及高毒等），为上述有毒农药的环境风险评价积累了有效数据。

2）生物标志物的检测

环境污染物作用下生物体相关作用分子的改变是其细胞、组织、个体乃至群体发生相应变化的基础，而生物标志物往往是这类相关作用分子中的一员。因此，在生态毒理学研究中，生物标志物的筛选与确定具有重要意义。通过对生物标志物水平的检测，研究人员可以有效监控环境污染物对生物的早期影响。例如，谷胱甘肽转移酶（gluthathione S-transferase，GST）及细胞色素 P450 酶系因在外源污染物解毒过程中发挥重要作用而被视为表征污染物毒理效应的重要生物标志物；胺甲萘（carbaryl）暴露后虹鳟（*Oncorhynchus mykiss*）肝脏/肾脏中 GST 及细胞色素 P450-1A（CYP1A）酶活均被显著诱导（Ferrari et al.，2007），这验证了二者作为生物标志物的有效性。类似的环境污染物相关的生物标志物还有抗氧化酶系统的过氧化氢酶（catalase，CAT）、超氧化物歧化酶（superoxide dismutase，SOD）及过氧化物酶（perioxidase，POD）等，其酶活的改变则部分反映了生物体所受氧化胁迫水平的高低（Fang et al.，2007）。

3）组织及细胞学研究

有毒环境污染物对生物体的影响往往还体现在组织及细胞水平上。因此，通过组织细胞切片辅助显微镜观察对阐明有毒物质对细胞及组织的特异性影响显得尤为重要。同时，因可在微观上原位确定组织细胞的化学成分，在组织切片基础上发展而来的免疫组织化学（免疫组化）技术更能体现其优势。例如，Madureira

等（2012）通过免疫组化技术探究了葡萄牙杜罗河（Douro River）入海口主要药物污染物［卡马西平（Carbamazepine）、普萘洛尔（propranolol）、磺胺甲恶唑（sulfamethoxazole）及甲氧苄啶（trimethoprim）等］对斑马鱼肝脏细胞色素 P450-1A 的影响，并指出这些药品可能影响斑马鱼肝脏细胞细胞核的体积。

4）系统生物学及组学分析

顾名思义，系统生物学即以系统、整体手段研究生物学的一门学科，其主要研究内容为生物体中所有组成成分（如核酸、蛋白质及其他生物分子等）及特定条件下这些成分的动态变化和相互关系。利用该方法对环境生态毒理学进行研究的最大优势在于可以高通量地检测环境污染物在生命活动的各个层次（如基因表达、转录后修饰、蛋白合成及酶活调控等）上对生物体产生的影响，并可通过数据整合揭示这些影响之间的内在联系。因此，系统生物学的发展，很大程度上得益于近代组学技术（基因组学、转录组学、蛋白质组学及代谢组学）的蓬勃发展（Werner，2007）。例如，Pillai 等（2014）通过整合转录组（transcriptome）及蛋白质组（proteome）数据系统阐述了莱茵衣藻（*Chlamydomonas reinhardtii*）对银离子（Ag⁺）暴露的响应机制。研究指出，银离子暴露后，莱茵衣藻细胞转录组及蛋白质组成分迅速发生变化，这些变化直接导致了对莱茵衣藻铜运输系统及解毒系统的干扰。随后，银离子暴露诱导的氧化胁迫又导致了莱茵衣藻 ATP 产出及光合作用水平的大幅下降。而莱茵衣藻细胞本身则通过启动氧化胁迫应对机制及合成外排转运蛋白等途径减轻银离子暴露对其所造成的有害影响。

4.1.4.2 OPEs 的毒性

对 OPEs 的毒理效应及致毒机制的研究仍在进行中，有关组织及研究机构已经发现了 OPEs 的多种毒性（Wei et al.，2015）。除某些 OPEs 为人们所熟知的致癌性及神经毒性（Wei et al.，2015；van der Veen and de Boer，2012）外，Liu 等（2012）近期还报道了 6 种 OPEs（TCEP、TCPP、TDCPP、TBEP、TPhP 及 TCrP）对人类细胞及斑马鱼的内分泌干扰毒性。研究指出，上述 6 种 OPEs 暴露均能引起人类 H295R 细胞系（人类肾上腺皮质癌细胞系）中 17β-雌二醇及睾丸素的浓度上升，且该细胞系中 4 个类固醇激素合成相关基因（上调）及 2 个磺基转移酶基因（下调）的表达均有所变化。同样，该研究中 TCrP、TDCPP 及 TPhP 暴露的斑马鱼细胞质中 17β-雌二醇及睾丸素的浓度也显著提高。这些结果表明，OPEs 可通过诸如作用于类固醇激素及雌激素代谢等多种途径影响生物体性激素的平衡。

Dishaw 等（2014）探究了 TDCPP、TCEP 及 TCPP 对斑马鱼幼鱼的毒性。该研究指出，浓度达 10μmol/L 的 TDCPP 对斑马鱼幼鱼具有明显的致畸性，根据分子结构相似性推测 OPEs 可能与有机磷杀虫剂具有相似的神经毒性。Crump 等（2012）研究了 TCPP 及 TDCPP 对鸡胚胎肝细胞和胚胎神经细胞的毒性。该研究指出，TDCPP 对鸡胚胎肝细胞及胚胎神经细胞的 LC_{50} 分别达（60.3±45.8）μmol/L 及（28.7±19.1）μmol/L，而 TCPP（最高浓度达 300μmol/L）对上述细胞却无显著致死效应。随后，该研究又利用实时定量反转录 PCR 技术探究了 TCPP 及 TDCPP 暴露对上述两细胞系 Ⅰ/Ⅱ 期代谢、甲状腺激素代谢及脂肪代谢等途径中相关基因的表达情况。结果表明，一定浓度的 TCPP 及 TDCPP 均显著诱导异生物质代谢途径中 CYP2H1 基因 CYP2H1 基因（Ⅰ期代谢）及 UGT1A9 基因（Ⅱ期代谢）的上调表达。同时，脂肪代谢相关基因（L-FABP 及 THRSP14-a）在 TCPP 及 TDCPP 暴露后均表现出不同程度的差异表达。但有趣的是，仅 TCPP 暴露后甲状腺激素代谢途径 TTR 基因表达上调，而 TDCPP（最高浓度达 300μmol/L）则不具备上述效应，这表明不同 OPEs 在致毒机制上可能存在特异性。

Su 等（2014）研究了 TPhP 及其代谢产物［磷酸二苯基酯（DPhP）］对鸡胚胎肝细胞（CEH）的毒性。该研究利用 ToxChip 聚合酶链式反应（polymerase chain reaction，PCR）技术检测了 TPhP 及 DPhP 作用下与 Ⅰ/Ⅱ 期代谢（CYP3A37、CYP1A4、UGT1A9、SULT1B1 及 SULT1E1）、免疫功能（BATF3、IL16 及 HSP90AB1）、糖/脂肪酸代谢（PDK4）、氧化胁迫（MT4 及 TXN）、胆固醇代谢（ACSL5、HMGCR、SLCO1A2、LBFABP、CD36 及 SCD）、甲状腺激素代谢（TTR、DIO1、THRSP、IGF1 及 NCOA3）、法尼酯及肝脏 X 受体（CYP7B1）、细胞凋亡（CASP1、LOC100859 及 733）、脂肪变性（HSD3B1）及类固醇代谢（ALAS1）等途径相关的 28 个基因的表达情况。结果表明，TPhP（主要影响甲状腺激素代谢、糖/脂代谢及氧化胁迫相关基因的表达）及 DPhP（主要影响甲状腺激素代谢、糖/脂代谢、胆固醇代谢、Ⅰ/Ⅱ 期代谢、法尼酯及肝脏 X 受体相关基因的表达）对上述途径相关多个基因的表达存在显著影响，且 DPhP 的毒理效应可能强于 TPhP。

此外，Bruchajzer 等（2015）报道了 TCrP 对人类的生殖毒性及神经毒性等。同年，基于前人对 OPEs 致癌性的报道，Li 等（2015）通过实时定量聚合酶链式反应（realtime polymerase chain reaction，RT-PCR）技术探究了 TPhP 及 TCPP 对人类胚胎肝细胞（L02 细胞系）肿瘤抑制基因 p53 表达的影响，并进一步表征了包括 TPhP 及 TCPP 在内的 9 种 OPEs 与 p53 DNA 的相互作用。结果表明，氢键及疏水作用是 OPEs 与 p53 DNA 相互作用的主要途径。这一研究在分子水平上进一步解释了 OPEs 化合物可能的致癌机制。

综上所述，多种 OPEs 化合物对多种生物（包括人类）具有致癌性、致畸性、代谢毒性、神经毒性及生殖毒性等，这表明 OPEs 对生物乃至人类健康可能存在潜在风险。

虽然人们对 OPEs 毒性的研究已经取得了较好的进展，但现阶段的研究主要还是集中于对单个（一类）基因及蛋白或某些已知通路进行探究。其主要的研究方法为表型观测、组织及细胞学研究、生物标志物的检测（如酶活及丙二醛测定等）、实时定量 PCR 及 Western 杂交等。这就不可避免地仅能就这些有限的蛋白和生物通路解析 OPEs 对生物体的影响，因而增加了研究的局限性。此外，使用这些方法，也很难发现新的与 OPEs 相关的生物分子及通路。因此，近几年来随着近代组学技术（基因组学、转录组学、蛋白质组学及代谢组学）的蓬勃发展，在各组学水平上关键生物分子对污染物的响应情况可以被高通量监控，这为我们探究污染物对生物的影响提供了更为全局化的信息。此外，因为蛋白质是生命活动的直接执行者，故以组学手段探究污染物暴露后生物体蛋白质水平的变化对阐明相关污染物对生物的毒理效应具有更加直接的意义。例如，Ji 等（2013，2016）利用蛋白质组学手段探究了四溴双酚 A（tetrabromobis-phenol A，TBPPA）及四溴联苯醚（BDE-47）等有机污染物对海洋生物紫贻贝（*Mytilus galloprovincialis*）的毒理效应，为阐明这类有机污染物对紫贻贝的毒理效应及致毒机制提供了新的依据。

4.2 OPEs 在黄渤海海水中的浓度、分布及其影响因素

4.2.1 样品采集与分析

4.2.1.1 实验溶剂及标准品

本研究所用到的实验溶剂均为色谱纯，购自德国 Merck 公司。标准样品除 TPPO 购自 Tokyo Chemical Industry（Tokyo）外，其余均购自 Dr. Ehrenstorfer（Germany），其详细信息见表 4.2。

表 4.2　有机磷酸酯（OPEs）的名称、缩写、定量离子（Q1）、定性离子（Q2 及 Q3）、方法回收率、方法空白、方法检出限（MDL）

OPEs	英文缩写	Q1	Q2	Q3	方法回收率/%（$n=6$）	方法空白/（pg/L）（$n=6$）	方法检出限/（pg/L）
氘代磷酸三正丁酯	TnBP-d$_{27}$	103	167	231	74±6	—	—
氘代磷酸三（2-氯乙基）酯	TCEP-d$_{12}$	261	213	67	84±12	—	—
氘代磷酸三苯基酯	TPhP-d$_{15}$	341	223	180	88±6	—	—
多氯联苯醚-208	PCB 208	462	464	466	—	—	—
磷酸三（2-氯乙基）酯	TCEP	249	143	99	101±6	46±23	115
磷酸三（氯丙基）酯	TCPP	125	99	277	86±4	120±43	249
磷酸三（1,3-二氯-2-丙基）酯	TDCPP	191	99	379	87±6	123±30	213
磷酸三异丁酯	T*i*BP	99	155	139	95±7	36±22	102
磷酸三正丁酯	T*n*BP	99	125	211	97±8	12±6	30
磷酸三苯基酯	TP*h*P	326	215	169	81±8	32±20	92
三苯基氧膦	TPPO	277	278	183	80±9	430±33	529

4.2.1.2　航次信息及样品采集

自 2015 年 8 月 17 日至 9 月 5 日，于东方红 2 号科考船采集了来自黄渤海海域 50 个站位的 106 份海水样品。使用偶联于温盐深自动采样仪（seabird 25，USA）的 Niskin 瓶完成了各站位及各层海水样品的采集。于站位 B09、H07、H09 及 H11 均采集表层、中层、底层海水样品；于站位 H26 采集表层、次表层、中层及底层海水样品；于其他站位均采集表层及底层海水样品。图 4.2 展示了黄渤海海域的主要洋流及水团等水文信息，图 4.3 展示了采样站位的地理位置及总有机磷酸酯（ΣOPEs）的空间分布情况。

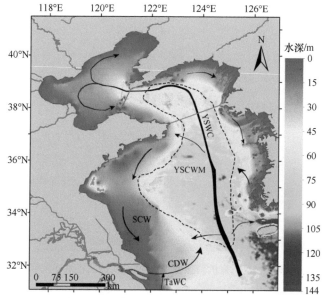

图 4.2　黄渤海海域的主要水文信息［改绘自 Guo 等（2006）］
灰色实线标明了渤海、北黄海及南黄海的界限；虚线围起的区域为黄海冷水团所在位置
YSWC：黄海暖流；YSCWM：黄海冷水团；SCW：苏北沿岸流；CDW：长江冲淡水；TaWC：台湾暖流

4.2.1.3　样品前处理

样品前处理的方法主要参照 Rodriguez 等（2006）所提出的固相萃取法，并在其基础上进行了改进，具体处理方法如下。取 1L 采集完成的海水样品，于 0.7μm 孔径的玻璃纤维滤膜上过滤。将过滤后的海水转入洁净的分液漏斗，以 HLB（6cm³，200mg）小柱为吸收介质，在重力的作用下进行固相萃取。HLB 小柱在使用前均用 6mL 乙酸乙酯及 6mL 甲醇条件化。将 3 种氘代内标（TnBP-d$_{27}$、TCEP-d$_{12}$ 及 TPhP-d$_{15}$）各 20ng 于登船前事先加入各条件化后的 HLB 小柱上。各标记的 HLB 小柱均以锡箔纸密封并储存于–20℃备用。随后，将滤完海水样品的 HLB 小柱于

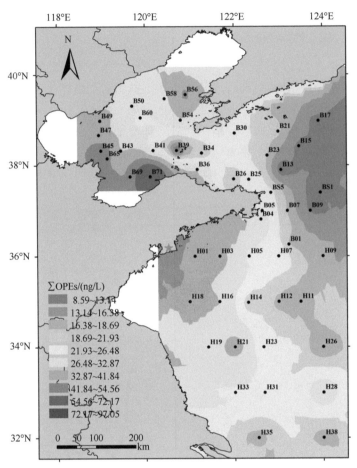

图 4.3　采样站位的地理位置及总有机磷酸酯（ΣOPEs）（每站各水层浓度平均值）的空间分布

负压下抽干并以 10mL 乙酸乙酯淋洗小柱，收集洗脱液于贮液瓶中。将洗脱液于 −20℃ 冷冻 24h 除水，随后再加入 3g 无水硫酸钠以除去残余水分。将洗脱液转移至新的小瓶中并氮吹至 200μL。最后，加入 20ng $^{13}C_6$-PCB 208 作为进样内标。

4.2.1.4　方法质控

方法回收率实验中，将 6 种非氘代 OPEs（TCEP、TCPP、TDCPP、TiBP、TnBP 及 TPhP）及 TPPO 标样各 100ng 和 3 种氘代 OPEs 内标（TnBP-d27、TCEP-d12 及 TPhP-d$_{15}$）各 20ng 加入条件化的 HLB 小柱上。在纯水中加入 32‰ 的氯化钠以模拟海水盐度，其余所有步骤均与样品前处理中描述的一致。对于方法空白实验，仅将 3 种氘代 OPEs 内标（TnBP-d$_{27}$、TCEP-d$_{12}$ 及 TPhP-d$_{15}$）各 20ng 加入条件化的 HLB 小柱上，其余所有步骤均与样品前处理中描述的一致。

对于 7 种待分析的 OPEs 化合物（包括 TPPO），其方法回收率达（80±9）%（TPPO）至（101±6）%（TCEP）（n=6）。7 种待分析的 OPEs 化合物在方法空白实验中均有检出，其方法空白达（12±6）pg/L（TnBP）至（430±33）pg/L（TPPO）（n=6）。将方法检出限（MDL）定义为方法空白的平均值加 3 倍方法空白的标准差。该方法的 MDL 达 30pg/L（TnBP）至 529pg/L（TPPO）。有关方法回收率及方法空白的详细信息见表 4.2。本研究有关 OPEs 的所有浓度数据均进行了方法空白和方法回收率校正。本研究所有实验中所用到的氯化钠、无水硫酸钠、玻璃纤维滤膜及玻璃用具均于 450℃烘烤 6h 以去除外部环境中 OPEs 的污染。

4.2.1.5　仪器分析

本实验使用 7890A 气相色谱串联 5975C 质谱（GC-MS，Agilent）对前处理后的样品进行分析。使用自动进样器（Agilent）于脉冲不分流模式下完成进样。气相色谱仪配备 DB-5MS 色谱柱（30m×0.25mm×0.25μm），色谱柱加热程序为：80℃（3min）$\xrightarrow{8℃/min}$ 150℃（0min）$\xrightarrow{5℃/min}$ 300℃（5min）。质谱四级杆温度设置为 150℃，离子源状态维持于 230℃、70eV。仪器分析过程中将质谱调至"单离子扫描模式"（single ion monitoring，SIM）。用于定性及定量分析的各选定碎片离子分子量（Q1、Q2）列于表 4.2。衍生于 8 个浓度梯度（0pg/L、10pg/L、20pg/L、50pg/L、100pg/L、200pg/L、500pg/L 及 1 000pg/μL）的标准曲线用于目标物质定量。所有标准样品均溶解于乙酸乙酯中。

4.2.1.6　数据分析

所有色谱-质谱数据均由 MSD ChemStation 软件（Agilent）分析。后续数据处理由 Microsoft® Office Excel 2003、IBM® SPSS® Statistics 22（t 检验、ANOVA 分析及 Spearman 分析）及 Origin® 8.5 等软件完成。所有 OPEs 分布的插值图均由 ArcGIS® 10.0 于克里金（Kriging）算法下获得。

4.2.2　OPEs 的浓度

总体而言，7 种 OPEs 化合物中的 6 种（TCEP、TCPP、TDCPP、TiBP、TPhP 及 TPPO）在黄渤海水体中有检出。有关黄渤海海水中 OPEs 浓度的数据总结于表 4.3，具体信息见表 4.4～表 4.5。如表 4.3 所示，氯代 OPEs 普遍检出，其中 TCEP 及 TCPP 的检出率均为 100%，而 TDCPP 的检出率也达 99%；对于 2 种脂肪族 OPEs 而言，只有 TiBP 在渤海的某些站位有检出；芳香族 OPEs 的 TPhP 在黄海及渤海均有检出，TPPO 也普遍存在，具有 100%的检出率。

表 4.3　黄渤海海水中 OPEs 浓度统计

值	氯代 OPEs			脂肪族 OPEs		芳香族 OPEs	
	TCPP	TCEP	TDCPP	TiBP	TnBP	TPhP	TPPO
几何平均值/（ng/L）	9.49	6.51	0.83	0.09	—	0.15	5.47
最大值/（ng/L）	31.40	29.24	3.24	11.83	—	0.75	29.24
最小值/（ng/L）	2.83	2.35	0.12	—	—	—	1.58
检出率/%	100	100	99	12	0	73	100

注：—表示相关数值低于方法检出限

表 4.4　黄渤海海水中单一及总 OPEs 浓度的几何平均值（GM）、最大值及最小值（单位：ng/L）

海域	值	TCPP	TCEP	TDCPP	TiBP	TPhP	TPPO	ΣOPEs
渤海	几何平均值	10.79	9.65	1.01	0.45	0.09	8.38	33.42
	最大值	31.40	23.14	3.24	11.83	0.49	29.24	98.04
	最小值	3.68	2.46	0.30	—	—	1.58	8.12
黄海	几何平均值	9.06	5.65	0.78	—	0.17	4.69	20.95
	最大值	21.95	13.49	2.14	—	0.75	11.96	41.34
	最小值	2.83	2.27	0.12	—	0.04	1.90	9.57
黄渤海	几何平均值	9.49	6.51	0.83	0.09	0.15	5.47	23.70
	最大值	31.40	29.24	3.24	11.83	0.75	29.24	98.04
	最小值	2.83	2.35	0.12	—	—	1.58	8.12

注：—表示相关数值低于方法检出限

如表 4.3 所示，所有检出 OPEs 化合物的浓度为<MDL（TDCPP、TiBP 及 TnBP）至 31.40ng/L（TCPP）。就整个海域而言，TCPP 是浓度最高的 OPEs 化合物，其浓度的几何平均值（geometrie mean，GM）可达 9.49ng/L，TCEP 的浓度仅略低于 TCPP，其 GM 达 6.51ng/L。然而，对于同为氯代 OPEs 的 TDCPP，其 GM 比 TCPP 及 TCEP 低了一个数量级，仅达 0.83ng/L（$P<0.01$）。脂肪族 OPEs 的 TiBP 仅在渤海海域几个近岸站位有检出，其 GM 也仅达 0.09ng/L。对于芳香族 OPEs，TPhP 的 GM 仅略高于 TiBP，达 0.15ng/L。

虽然本研究在黄渤海水体中检出的 OPEs 浓度与德国湾（German Bight）中的（Bollmann et al.，2012）相近，但其比黄渤海 40 条入海河流中的 OPEs 浓度（Wang et al.，2015）低一个数量级。而据 Hu 等（2014）的报道，青岛、连云港及厦门三市近岸海水 TCPP、TCEP 及 TDCPP 的平均浓度远高于本研究中相关化合物的浓度，分别达 84.12ng/L、134.40ng/L 及 109.30ng/L。这可能是由 Hu 等（2014）的研究中海水采样站位更加接近海岸线及陆源污染源所致。本研究中 OPEs 化合物的组成与黄渤海 40 条入海河流中的一致，即氯代 OPEs 是主要污染物。TCPP 与 TCEP 浓度在黄渤海水体中存在正相关性，这表明该区域上述两种 OPEs 化合物可能具有相似的污染源。

表 4.5　站位信息、盐度、水温、层深及总有机磷酸酯（ΣOPEs）和单一 OPEs 的浓度

站位	纬度/(°N)	经度/(°E)	水层	OPEs/ (ng/L)								盐度‰	水温/℃	层深/m
				TCPP	TCEP	TDCPP	TiBP	TPhP	TPPO	ΣOPEs			
B39	38.33	120.71	表层	4.00	2.72	0.39	<MDL	<MDL	1.85	9.06	31.11	24.43	3
			底层	3.68	2.46	0.30	<MDL	<MDL	1.58	8.12	31.34	18.95	27
			几何平均值	3.84	2.59	0.35	<MDL	<MDL	1.72	8.59	31.23	21.67	—
B41	38.33	120.18	表层	6.87	5.31	0.52	<MDL	<MDL	11.08	23.88	30.48	24.60	3
			底层	5.74	5.24	0.38	<MDL	<MDL	10.18	21.64	31.17	20.00	25
			几何平均值	6.31	5.28	0.45	<MDL	<MDL	10.63	22.76	30.82	22.30	—
B43	38.32	119.44	表层	10.02	10.69	1.09	<MDL	0.10	10.51	32.46	30.91	25.27	3
			底层	9.47	10.94	0.72	<MDL	<MDL	10.20	31.43	30.98	20.59	22
			几何平均值	9.75	10.82	0.91	<MDL	<MDL	10.36	31.95	30.95	22.93	—
B45	38.32	119.00	表层	19.88	15.14	1.70	10.26	0.14	8.89	56.01	31.00	24.28	3
			底层	19.61	14.68	1.67	8.51	<MDL	7.17	51.69	31.00	24.32	19
			几何平均值	19.75	14.91	1.69	9.39	<MDL	8.03	53.85	31.00	24.30	—
B47	38.67	118.95	表层	16.96	8.76	1.41	<MDL	<MDL	6.56	33.79	30.96	25.43	3
			底层	14.39	8.62	0.80	<MDL	0.18	5.52	29.56	31.05	20.45	23
			几何平均值	15.68	8.69	1.10	<MDL	0.12	6.04	31.68	31.01	22.94	—
B49	38.98	118.98	表层	15.59	10.75	1.29	<MDL	<MDL	8.48	36.21	30.87	24.15	3.5
			底层	15.08	8.93	1.58	<MDL	<MDL	7.70	33.39	30.89	23.85	18
			几何平均值	15.33	9.84	1.44	<MDL	<MDL	8.09	34.80	30.88	24.00	—
B50	39.31	119.70	表层	11.70	9.38	0.93	<MDL	<MDL	7.78	29.89	30.90	25.12	3
			底层	8.39	8.73	0.79	0.17	<MDL	7.18	25.31	31.16	20.09	23
			几何平均值	10.05	9.06	0.86	0.11	<MDL	7.48	27.60	31.03	22.60	—

续表

站位	纬度/(°N)	经度/(°E)	水层	OPEs/ (ng/L)							盐度/‰	水温/℃	层深/m
				TCPP	TCEP	TDCPP	TrBP	TPhP	TPPO	ΣOPEs			
B54	39.00	120.80	表层	14.08	9.98	2.10	<MDL	0.41	9.38	36.00	31.31	21.02	3
			底层	12.32	7.12	1.64	<MDL	0.33	8.23	29.69	31.57	16.36	35
			几何平均值	13.20	8.55	1.87	<MDL	0.37	8.81	32.85	31.44	18.69	—
B56	39.56	120.91	表层	11.68	13.75	1.37	10.72	0.18	12.79	50.49	30.72	22.81	3
			底层	7.09	12.32	1.08	9.22	<MDL	10.65	40.41	30.74	21.38	28
			几何平均值	9.39	13.04	1.23	9.97	0.12	11.72	45.45	30.73	22.09	—
B58	39.47	120.44	表层	7.89	10.82	0.79	5.45	0.15	7.74	32.84	30.66	24.10	3
			底层	7.69	8.80	0.66	5.34	0.24	6.76	29.49	31.12	21.10	23
			几何平均值	7.79	9.81	0.73	5.40	0.20	7.25	31.17	30.89	22.59	—
B60	39.05	119.89	表层	9.45	10.42	0.61	<MDL	0.20	5.80	26.35	30.71	24.35	3
			底层	7.15	9.54	0.65	<MDL	<MLD	5.94	23.38	30.96	23.65	21
			几何平均值	8.30	9.98	0.63	<MDL	0.13	5.87	25.00	30.83	24.00	—
B65	38.15	119.14	表层	8.82	12.53	1.73	10.57	0.11	9.21	42.97	30.86	24.81	3
			底层	9.63	14.46	1.34	10.83	<MLD	8.00	44.31	30.86	24.82	13
			几何平均值	9.23	13.50	1.54	10.70	<MLD	8.61	43.64	30.85	24.82	—
B69	37.75	119.65	表层	12.44	10.70	0.80	6.29	<MDL	14.76	45.04	29.82	26.41	3
			底层	12.37	10.18	0.63	6.06	<MDL	14.12	43.41	29.82	26.42	14
			几何平均值	12.41	10.44	0.72	6.18	<MDL	14.44	44.23	29.82	26.42	—
B71	37.75	120.11	表层	31.40	24.14	3.24	10.91	0.49	27.86	98.04	29.66	26.19	3
			底层	28.50	23.60	2.78	11.83	0.11	29.24	96.06	29.66	26.19	17
			几何平均值	29.95	23.87	3.01	11.37	0.30	28.55	97.05	29.66	26.19	—
B01	36.26	123.23	表层	6.50	6.50	0.58	<MDL	0.16	6.56	20.35	31.13	26.19	3
			底层	6.61	4.08	0.46	<MDL	<MDL	4.87	16.12	32.59	8.22	73
			几何平均值	6.56	5.29	0.52	<MDL	0.11	5.72	18.24	31.86	17.20	—

续表

| 站位 | 纬度/(°N) | 经度/(°E) | 水层 | OPEs/（ng/L） | | | | | | | 盐度/‰ | 水温/℃ | 层深/m |
				TCPP	TCEP	TDCPP	TiBP	TPhP	TPPO	ΣOPEs			
B04	36.81	122.6	表层	10.85	8.19	1.55	<MDL	0.48	11.96	33.08	31.22	24.82	3
			底层	9.95	7.52	1.18	<MDL	0.26	8.59	27.55	31.43	19.32	35
			几何平均值	10.4	7.86	1.37	<MDL	0.37	10.28	30.32	31.33	22.07	—
B05	37.00	122.63	表层	9.03	9.22	1.24	<MDL	0.19	7.63	27.36	31.12	24.56	3
			底层	7.91	8.68	0.88	<MDL	0.18	7.06	24.76	31.35	20.61	33
			几何平均值	8.47	8.95	1.06	<MDL	0.19	7.35	26.06	31.23	22.58	—
B07	37	123.2	表层	8.09	6.30	1.08	<MDL	0.17	4.40	20.09	31.45	26.44	3
			底层	7.2	4.52	0.78	<MDL	0.13	4.14	16.82	32.05	8.72	65
			几何平均值	7.65	5.41	1.93	<MDL	0.15	4.27	18.46	31.75	17.58	—
B09	37	123.72	表层	4.71	3.97	0.72	<MDL	0.11	4.34	13.9	31.45	27.05	3
			中层	5.16	3.18	0.75	<MDL	<MDL	3.97	13.1	32.22	8.28	37
			底层	4.10	2.92	0.46	<MDL	<MDL	3.17	10.74	32.61	8.44	73
			几何平均值	4.66	3.35	0.64	<MDL	<MDL	3.83	12.58	32.09	14.59	—
B13	37.9	123.06	表层	2.93	2.98	1.12	<MDL	0.1	4.16	11.34	31.36	25.94	3
			底层	2.83	2.62	0.92	<MDL	<MDL	3.49	9.96	32.13	7.59	59
			几何平均值	2.88	2.80	1.02	<MDL	<MDL	3.83	10.65	31.75	16.77	—
B15	38.42	123.47	表层	5.03	3.15	0.75	<MDL	0.10	3.59	12.67	31.87	25.83	3
			底层	4.47	3.43	0.55	<MDL	0.13	3.04	11.67	32.12	15.60	62
			几何平均值	4.75	3.29	0.65	<MDL	0.12	3.32	12.17	31.99	20.72	—
B17	38.98	123.91	表层	4.05	2.35	0.61	<MDL	<MDL	3.35	10.46	31.89	25.83	3
			底层	5.72	2.59	0.79	<MDL	<MDL	4.62	13.82	31.90	15.60	62
			几何平均值	4.89	2.47	0.7	<MDL	<MDL	3.99	12.14	31.89	20.72	—

续表

站位	纬度/(°N)	经度/(°E)	水层	OPEs/(ng/L)							盐度/‰	水温/℃	层深/m
				TCPP	TCEP	TDCPP	TiBP	TPhP	TPPO	ΣOPEs			
B21	38.75	123.00	表层	8.57	5.10	1.12	<MDL	0.75	4.41	20.00	31.85	23.80	3
			底层	8.06	4.81	1.08	<MDL	0.55	4.43	18.98	32.04	17.25	53
			几何平均值	8.32	4.96	1.10	<MDL	0.65	4.42	19.49	31.95	21.02	—
B23	38.22	122.75	表层	10.39	4.82	0.81	<MDL	0.12	3.54	19.73	30.73	24.28	3
			底层	8.94	4.22	0.77	<MDL	<MDL	3.81	17.84	31.06	21.39	21
			几何平均值	10.67	4.52	0.79	<MDL	<MDL	3.68	18.79	30.90	22.84	—
B25	37.69	122.33	表层	16.19	7.81	1.28	<MDL	0.31	4.15	29.79	31.18	24.64	3
			底层	14.66	5.30	1.09	<MDL	0.16	3.81	25.07	31.40	18.56	26
			几何平均值	15.43	6.56	1.19	<MDL	0.24	3.98	27.43	31.29	21.75	—
B26	37.70	121.99	表层	8.86	4.30	1.53	<MDL	<MDL	3.64	18.43	18.43	31.18	3
			底层	7.24	4.06	1.09	<MDL	<MDL	3.83	16.32	16.32	31.40	26
			几何平均值	8.05	4.18	1.31	<MDL	<MDL	3.74	17.38	17.38	31.29	—
B30	38.71	122.01	表层	11.06	9.57	2.14	<MDL	0.15	4.46	27.43	31.35	26.10	3
			底层	10.20	9.32	1.22	<MDL	<MDL	3.75	24.59	32.13	10.25	49
			几何平均值	10.63	9.45	1.68	<MDL	0.10	4.11	26.01	31.74	18.16	—
B34	38.27	121.27	表层	9.59	6.38	0.76	<MDL	0.15	3.34	20.27	31.51	25.82	3
			底层	7.07	5.06	0.58	<MDL	0.17	2.94	15.87	31.88	11.22	40
			几何平均值	8.33	5.72	0.67	<MDL	0.16	3.14	18.07	31.69	18.52	—
B36	37.91	121.17	表层	12.34	13.49	1.63	<MDL	0.2	11.06	38.77	30.69	23.77	3
			底层	8.59	9.34	1.12	<MDL	0.22	8.27	27.59	30.78	23.28	18
			几何平均值	10.47	11.42	1.38	<MDL	0.21	9.67	33.18	30.73	23.52	—

续表

站位	纬度/(°N)	经度/(°E)	水层	TCPP	TCEP	TDCPP	TrBP	TPhP	TPPO	ΣOPEs	盐度/‰	水温/℃	层深/m
							OPEs/ (ng/L)						
BS1	37.40	123.95	表层	3.86	3.36	0.83	<MDL	<MDL	2.61	10.76	32.00	26.67	3
			底层	3.60	2.92	0.56	<MDL	<MDL	2.39	9.57	32.24	9.01	71
			几何平均值	3.73	3.14	0.70	<MDL	<MDL	2.50	10.17	32.12	17.84	—
BS5	37.40	122.83	表层	14.97	4.89	1.61	<MDL	0.22	4.64	26.38	30.92	25.47	3
			底层	12.76	3.00	1.37	<MDL	<MDL	3.01	20.24	31.26	20.58	35
			几何平均值	13.87	3.95	1.49	<MDL	0.14	3.83	23.31	31.09	23.02	—
H01	36.00	121.11	表层	18.62	9.29	1.29	<MDL	0.19	11.91	41.34	31.01	28.28	3
			底层	15.03	8.21	0.93	<MDL	0.14	7.78	32.29	31.48	14.88	30
			几何平均值	16.83	8.75	1.13	<MDL	0.17	9.85	36.77	31.24	31.08	—
H03	36.00	121.67	表层	17.29	10.6	0.99	<MDL	0.42	7.97	37.32	31.00	27.87	3
			底层	17.44	10.73	0.68	<MDL	0.41	5.82	35.13	31.48	12.71	33
			几何平均值	17.37	10.67	0.84	<MDL	0.42	6.90	36.23	31.24	20.29	—
H05	36.00	122.33	表层	11.48	7.90	0.32	<MDL	0.28	6.61	24.64	31.10	25.78	3
			底层	12.09	6.80	0.12	<MDL	0.19	5.04	24.29	32.32	8.58	51
			几何平均值	11.79	7.35	0.22	<MDL	0.24	5.83	25.47	31.71	17.18	—
H07	36.00	123.00	表层	11.64	10.68	0.76	<MDL	0.4	5.22	20.75	31.18	27.16	3
			中层	13.71	10.50	0.68	<MDL	0.39	4.81	30.24	31.14	23.95	15
			底层	12.17	7.16	0.63	<MDL	0.18	3.64	20.83	32.65	8.33	69
			几何平均值	12.51	9.45	0.72	<MDL	0.32	4.56	27.61	31.67	19.81	—
H09	36.00	124.00	表层	9.34	5.79	0.63	<MDL	0.18	4.42	20.41	31.74	27.72	3
			中层	7.74	4.93	0.64	<MDL	0.14	4.26	17.71	32.63	7.82	35
			底层	8.00	4.99	0.60	<MDL	0.11	4.21	17.96	32.68	7.03	74
			几何平均值	8.36	5.24	0.62	<MDL	0.14	4.30	18.69	32.35	14.19	—

续表

站位	纬度/(°N)	经度/(°E)	水层	OPEs/(ng/L)							盐度/‰	水温/℃	层深/m
				TCPP	TCEP	TDCPP	TiBP	TPhP	TPPO	ΣOPEs			
H11	35.00	123.50	表层	8.89	4.66	0.4	<MDL	0.16	6.25	20.41	32.12	27.25	3
			中层	9.14	3.11	0.35	<MDL	0.21	2.84	15.65	32.68	10.96	38
			底层	9.16	3.22	0.4	<MDL	0.22	2.82	15.87	33.13	9.22	75
			几何平均值	9.06	3.66	0.38	<MDL	0.20	3.97	17.31	32.64	15.81	—
H12	35.00	123.00	表层	5.54	5.05	1.11	<MDL	0.44	6.09	18.28	31.77	27.48	3
			底层	5.84	4.33	0.84	<MDL	0.39	4.48	15.93	32.83	12.03	71
			几何平均值	5.69	4.69	0.98	<MDL	0.42	5.29	17.11	32.30	19.75	—
H14	34.98	122.31	表层	10.39	5.39	1.15	<MDL	0.34	6.67	23.99	30.91	27.31	3
			底层	6.08	3.47	0.86	<MDL	0.24	3.17	13.87	32.58	9.02	58
			几何平均值	8.24	4.43	1.01	<MDL	0.29	4.92	18.93	31.74	18.16	—
H16	35.00	121.66	表层	15.21	11.38	0.8	<MDL	0.41	6.49	34.34	30.72	27.44	3
			底层	14.42	11.63	0.56	<MDL	0.33	4.88	31.87	31.06	9.61	44
			几何平均值	14.82	11.51	0.68	<MDL	0.37	5.69	33.11	30.89	18.52	—
H18	35.00	120.99	表层	16.27	10.49	1.23	<MDL	0.68	8.99	37.71	30.58	24.93	3
			底层	14.24	10.36	0.96	<MDL	0.58	7.43	33.62	31.45	13.54	35
			几何平均值	15.26	10.43	1.10	<MDL	0.63	8.21	35.67	31.01	19.24	—
H19	34.00	121.40	表层	12.96	9.13	0.57	<MDL	0.53	6.81	30.05	30.52	25.05	3
			底层	10.88	8.57	0.32	<MDL	0.39	6.47	26.68	30.52	25.06	16
			几何平均值	11.92	8.85	0.45	<MDL	0.46	6.64	28.37	30.52	25.05	—
H21	34.00	122.00	表层	20.48	9.20	1.17	<MDL	0.36	7.80	39.06	30.62	22.87	3
			底层	18.5	8.78	1.02	<MDL	0.2	8.64	37.19	30.66	22.77	16
			几何平均值	19.49	8.99	1.1	<MDL	0.28	8.22	38.13	30.64	22.82	—

续表

站位	纬度/(°N)	经度/(°E)	水层	OPEs/ (ng/L)							盐度/‰	水温/℃	层深/m
				TCPP	TCEP	TDCPP	TiBP	TPhP	TPPO	ΣOPEs			
H23	34.00	122.65	表层	11.89	7.10	0.73	<MDL	0.31	6.80	26.88	30.18	25.89	3
			底层	8.35	4.81	0.8	<MDL	0.16	5.93	20.10	33.05	10.14	52
			几何平均值	10.12	6.00	0.77	<MDL	0.24	6.37	23.49	31.61	18.01	—
H26	34.00	124.00	表层	9.58	2.93	0.66	<MDL	0.27	2.56	16.05	30.59	24.50	3
			亚表层	9.46	2.27	0.46	<MDL	0.17	2.12	16.48	31.27	21.35	15
			中层	7.34	3.4	0.82	<MDL	0.12	1.98	13.66	32.98	8.79	40
			底层	7.23	4.4	0.8	<MDL	0.17	2.86	15.51	32.99	8.74	77
			几何平均值	8.40	3.25	0.69	<MDL	0.18	2.38	14.93	31.96	15.84	—
H28	33.00	124.00	表层	21.95	10.11	0.87	<MDL	0.39	7.95	41.32	29.56	25.71	3
			底层	14.43	6.98	0.34	<MDL	0.17	3.90	25.87	32.80	11.79	47
			几何平均值	18.19	8.56	0.61	<MDL	0.28	5.93	33.60	31.20	18.75	—
H31	33.00	122.67	表层	9.79	9.86	1.01	<MDL	0.13	5.18	26.02	29.44	25.75	3
			底层	9.75	8.59	1.85	<MDL	0.13	4.69	25.06	30.45	20.97	30
			几何平均值	9.77	9.23	1.43	<MDL	0.13	4.94	25.54	29.94	23.36	—
H33	33.00	122.00	表层	10.24	7.20	1.71	<MDL	0.19	6.28	25.67	29.09	25.32	3
			底层	10.85	6.98	0.81	<MDL	0.12	6.66	25.47	29.98	23.98	13
			几何平均值	10.55	7.09	1.26	<MDL	0.16	6.47	25.57	29.53	24.65	—
H35	32.00	122.53	表层	7.69	5.86	0.28	<MDL	0.29	4.87	19.04	31.15	25.24	3
			底层	5.72	4.20	0.45	<MDL	0.15	2.64	13.21	31.50	23.20	25
			几何平均值	6.71	5.03	0.37	<MDL	0.22	3.76	16.13	31.33	24.22	—
H38	32.00	124.00	表层	10.15	5.59	0.72	<MDL	0.22	4.00	20.73	29.25	27.17	3
			底层	6.95	2.61	0.30	<MDL	0.12	1.90	11.93	32.08	23.19	38
			几何平均值	8.55	4.10	0.51	<MDL	0.17	2.95	16.33	30.67	25.18	—

注：MDL 表示方法检出限

　　本研究在 OPEs 化合物组成上与德国湾（Bollmann et al.，2012）、黄渤海 40
条入海河流（Wang et al.，2015）、德国城镇湖泊（Regnery and Puttmann，2010）
及英国艾尔河（Cristale et al.，2013b）中的研究结果相似，即氯代 OPEs（主要为
TCPP 及 TCEP）为自然水体的主要 OPEs 污染物。这一现象可能是由 OPEs 化合
物的理化性质所决定，即 TCEP 和 TCPP 的正辛醇-水分配系数及饱和蒸汽压均较
低（表 4.1），这使得这些化合物更易溶于水且更难从水中挥发，从而导致其大量
滞留于水相中。

4.2.3　OPEs 的水平分布及其影响因素

　　1）渤海 OPEs 浓度总体高于黄海

　　如图 4.4 及表 4.4 所示，渤海总 OPEs（ΣOPEs）的浓度几何平均值（33.42ng/L）
显著高于黄海 ΣOPEs 的浓度几何平均值（20.95ng/L）（$P<0.01$）。渤海 TCEP 的浓
度几何平均值（9.65ng/L）约为黄海 TCEP 浓度几何平均值（5.65ng/L）的 2 倍
（$P<0.01$）。同样，渤海 TPPO 的浓度几何平均值（8.38ng/L）也显著高于黄海该物
质的浓度几何平均值（4.69ng/L）（$P<0.01$）。导致这一现象的原因可能是渤海海域
具有较多的污染源及较弱的水体交换能力（Zhang et al.，2012）。但是，渤海及黄
海 TCPP 及 TDCPP 的浓度却没有显著差异（$P>0.05$），这表明黄海海域可能存在
额外的 TCPP 及 TDCPP 源。事实上，南黄海西岸江苏省境内坐落着中国最大的
OPEs 阻燃剂生产厂家之一，其年产量达 20 000t，且 TCPP 及 TDCPP 为其主要
产品。

　　2）OPEs 浓度从近岸至远海递减

　　总体而言，近岸站位 OPEs 浓度较高（图 4.3），这可能是由河流输入及近岸
排污口的污水排放所致（Zeng et al.，2015）。例如，在站位 B71 检出了最高 ΣOPEs
浓度，平均值达 97.05ng/L。该站位高浓度的 OPEs 可能是由临近界河（年 OPEs
输入量为 514.44kg）的输入所致（Wang et al.，2015）。站位 B65 及 B45 的 ΣOPEs
平均浓度达 48.75ng/L，明显高于其临近站位（B43、B47 及 B49 等）。这两个站
位高浓度的 OPEs 可能是由临近东营市海洋垃圾倾倒区的污染所致（SOA，2011）。
莱州湾口（Laizhou Bay Mouth，LZM）（B71 及 B69）、渤海湾口（Bohai Bay Mouth，
BHM）（B45、B47 及 B49）及辽东湾口（Liaodong Bay Mouth，LDM）（B50、B56
及 B58）均有较高浓度的 OPEs 检出。这是由于莱州湾、渤海湾及辽东湾位于环
渤海经济区，其受到工业及生活废水的严重污染（Hu et al.，2011a；Zhang et al.，
2012；Zou et al.，2011）。上述 3 个湾口及渤海中部区域（central Bohai Sea，CBS）
的 ΣOPEs 浓度平均值大小顺序为 LZM（70.64ng/L）>BHM（40.11ng/L）>LDM
（34.74ng/L）>CBS（27.46ng/L），而 LZM、BHM、LDM 及 CBS 离岸距离则呈相
反趋势。此外，黄海海域的某些站位，如 H01 向东至 H09 及自 H18 向东至 H11，

其 OPEs 浓度也随离岸距离的增加而降低（图 4.4）。OPEs 的这一分布模式可能是远海更少的污染源、离岸海水的稀释、悬浮颗粒物的吸附及传输过程中的降解（如光解、水解及生物降解等）等因素共同作用的结果（Wei et al.，2015；Zhang et al.，2013；Reemtsma et al.，2008）。

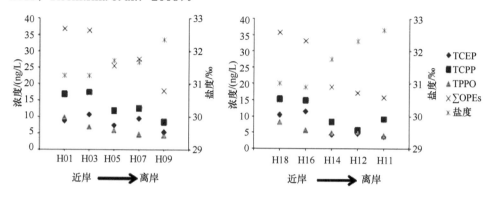

图 4.4　断面 H01 至断面 H09 及断面 H18 至断面 H11 OPEs 浓度与海水盐度及站位离岸距离的关系

3）苏北沿岸流及台湾暖流的影响

站位 H19 及 H21 位于黄海苏北沿岸流（Subei Coastal Water，SCW）区域，其 ΣOPEs 平均浓度达 33.25ng/L，站位 H21 的 ΣOPEs 浓度为黄海海域最高，达38.13ng/L（表 4.5）。众所周知，SCW 夏季存在东向分支（Wei et al.，2016），因此站位 H19 及 H21 附近的 OPEs 至少部分来自于以冶金、电子、化学及机械为主要产业的江苏省北部地区。同时，站位 H35 的 ΣOPEs 浓度较黄海其他近岸站位（H01、H18、H19 及 H33）低，这可能是受由南向北流动的台湾暖流（Taiwan Warm Current，TaWC）影响。因 TaWC 起源于黑潮分支（Wei et al.，2016），其对 OPEs 的稀释作用可能导致了站位 H35 附近较低的 OPEs 浓度。

4.2.4　OPEs 的垂直分布及其影响因素

1）表层海水具有较高的 OPEs 浓度

总体而言，表层海水（3m）ΣOPEs 的浓度（26.08ng/L）高于底层海水（13～77m）（22.47ng/L）（$P<0.01$）（表 4.5，表 4.6）。除 TPhP 外，其他检测到的单一OPEs 化合物表现出与 ΣOPEs 一致的垂直分布模式（$P<0.05$）（表 4.5，表 4.6 和图 4.5）。这一分布模式可能是夏季雨水丰沛，大量陆源 OPEs 随河流等淡水径流入海，因淡水密度小于海水，大量 OPEs 随淡水驻留于表层海水，导致表层海水 OPEs 浓度较高。此外，大气沉降也可能是表层海水 OPEs 浓度较高的原因之一。

表 4.6　不同水层中单一及总 OPEs（ΣOPEs）浓度　　　（单位：ng/L）

OPEs	水层	所有站位（$n=50$）	渤海（$n=14$）	黄海（$n=36$）
TCPP	表层	10.17	11.51	9.69
	底层	8.99	10.11	8.59
TCEP	表层	7.23	10.02	6.37
	底层	6.21	9.29	5.31
TDCPP	表层	0.96	1.10	0.90
	底层	0.75	0.89	0.70
TiBP	表层	0.09	0.46	<MDL
	底层	0.09	0.45	<MDL
TPhP	表层	0.18	0.11	0.22
	底层	0.12	0.08	0.14
TPPO	表层	6.21	8.81	5.42
	底层	5.15	7.97	4.34
ΣOPEs	表层	26.08	35.11	23.23
	底层	22.47	31.82	19.62

注：表中的浓度均为几何平均值

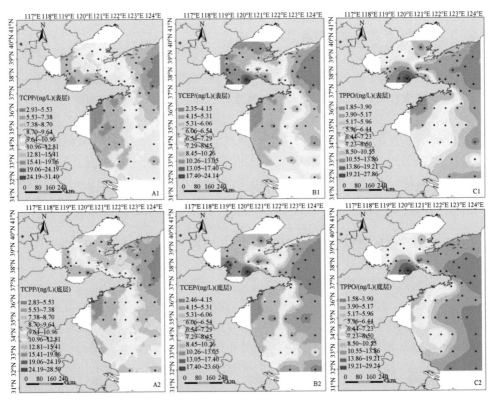

图 4.5　TCPP（A1、A2）、TCEP（B1、B2）及 TPPO（C1、C2）在黄渤海水体中的垂直分布

　　2）黄海冷水团对 OPEs 垂直分布的影响

　　黄海冷水团（Yellow Sea Cold Water Mass，YSCWM）可能是影响 OPEs 垂直分布的重要因素。其夏季主要出现于黄海中部底层水体，这一水团的主要特征为高盐（31.6‰~33.0‰）、低温（6~12℃）（Wei et al.，2016）。在研究的所有站位中，有 17 个站位位于 YSCWM 区域内。为了研究 YSCWM 是否对 OPEs 的垂直分布存在影响，我们将黄海所有站位分为两组，即 YSCWM 区域内站位（组 1：BS1、B01、B07、B09、B13、B23、B30、H05、H07、H09、H11、H12、H14、H16、H23、H26 及 H28）及 YSCWM 区域外站位（组 2）。首先对组 1 及组 2 站位表层和底层水体 ΣOPEs 浓度分别进行配对样本 t 检验，发现组 1 及组 2 站位表层水体 ΣOPEs 浓度均高于底层（$P<0.01$）。这表明无论站位是否位于 YSCWM 区域内，其 ΣOPEs 的分布均表现为表层海水浓度较高的趋势。随后，分别计算组 1 及组 2 所有站位表层 ΣOPEs 与底层 ΣOPEs 浓度差，将其定义为 ΔC。然后，对组 1 及组 2 的 ΔC 进行方差分析（analysis of variauce，ANOVA）。结果显示，虽然组 1 中 ΔC 的平均值（4.05ng/L）高于组 2（3.72ng/L），但组 1 及 2 的 ΔC 在统计学上没有显著差异。

　　为了进一步研究 YSCWM 对 OPEs 垂直分布的影响，我们在 YSCWM 区域内站位 H07、H09、H11、H26 及 B09 采集了更多层的海水并对其 ΣOPEs 浓度、盐度及水温进行了分析。如图 4.6 所示（此处仅展示站位 H09 及 H26 的情况），虽然存在例外，但随着深度的变化，温盐跃层两侧的 ΣOPEs 及几种主要单一 OPEs（TCPP、TCEP 及 TPPO）的浓度存在差异。这表明夏季 YSCWM 的出现所导致的海水层化作用阻碍了表层及底层海水的物质交换（包括 OPEs）。因此综合以上研究结果，YSCWM 至少在一定程度上影响了 OPEs 的垂直分布。

　　3）大型河流输入对 OPEs 垂直分布的影响

　　除了 YSCWM，黄海水域内的长江冲淡水（Changjiang Diluted Water，CDW）也可能影响 OPEs 的分布。CDW 仅在夏季出现，其在黄海表层水体中呈舌型向东

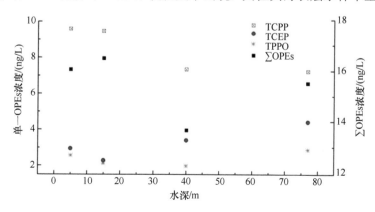

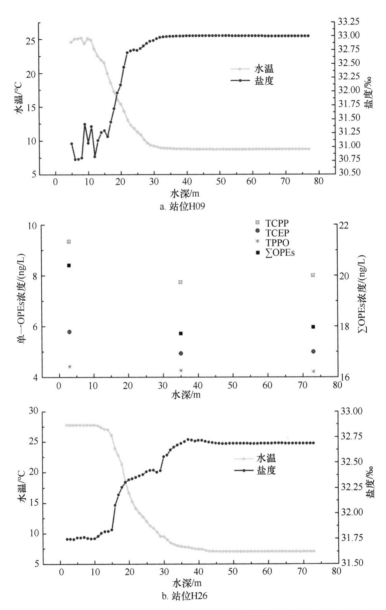

图 4.6　单一 OPEs 及总 OPEs（ΣOPEs）在黄渤海水体中的垂直分布

北延伸（Wei et al.，2016）。而站位 H28 不仅位于 YSCWM 区域，其还位于 CDW 影响范围内。由于站位 H28 如此特殊的水文特点，其表层（41.32ng/L）及底层海水（25.87ng/L）ΣOPEs 浓度呈现出巨大差异。其表层海水较高的 ΣOPEs 浓度可能为 CDW 输入所致，这表明大型河流输入可以在很大程度上影响远海区域 OPEs 的分布。

　　4）OPEs 的垂直分布与盐度的关系

　　众所周知，远海海水一般具有较高的盐度及较低的污染物浓度，近岸海水及淡水则具有较低的盐度及较高的污染物浓度（Zhang et al.，2013）。本研究中渤海及黄海 OPEs 分布也呈现出类似模式。如前所述，渤海 ΣOPEs 浓度高于黄海，而渤海及黄海盐度（渤海，30.79‰；黄海，31.39‰）的关系则相反。事实上，Spearman 分析表明，黄海（r_{rho}=0.676，n=36，P<0.01）及整个黄渤海（r_{rho}=0.648，n=50，P<0.01）水域中，ΣOPEs 浓度与海水盐度均呈显著负相关关系。同时，站位 H01 向东至 H09 及 H18 向东至 H11 ΣOPEs 浓度也随海水盐度的升高而下降（图 4.5）。同样，垂直面上 ΣOPEs 浓度也与海水盐度分布（表层，30.90‰；底层，31.55‰）呈负相关关系（P<0.01）。这可能是由于含有较高 OPEs 浓度的河水入海后因密度较小而滞留于表层海水，从而导致盐度较低的表层海水 OPEs 浓度较高。除河流输入及洁净海水的稀释作用外，有机污染物的盐析作用可能也是导致 OPEs 与海水盐度呈负相关关系的原因之一。据 Xie 等（1997）的报道，有机污染物在海水中的溶解度会随海水盐度的增加而降低，这表明高盐海水中会有更多的 OPEs 从水相中析出，进而进入悬浮颗粒物、沉积物及大气等其他环境介质中。

4.2.5　OPEs 可能的源

　　如图 4.3 及图 4.4 所示，从近岸至远海单一 OPEs 及 ΣOPEs 均表现出浓度逐渐降低的趋势。这表明大多数 OPEs 的源来自于大陆。大型河流输入被公认为是海水 OPEs 主要的源之一（Wang et al.，2015；Wei et al.，2015；Bollmann et al.，2012）。本研究于站位 B71 检出高浓度的 ΣOPEs，该站位紧邻界河入海口，其高浓度的 ΣOPEs 可能就是由界河输入所致。此外，站位 H28 处表、底层海水中 ΣOPEs 巨大的浓度差也佐证了大型河流输入对海洋 OPEs 浓度的影响。同时，Bollmann 等（2012）对德国易北河（Elbe River）入海口 OPEs 分布的研究也强调了大型河流输入的重要性。

　　滨海区域的垃圾处理厂及排污口可能也是海水中 OPEs 的主要源。例如，Kawagoshi 等（2002）在日本海基固体垃圾填埋场检测到了高浓度的 OPEs。在中国漫长的海岸线上，存在成百上千个排污口（SOA，2016），污水中所携带的 OPEs 化合物可能自此排放进入海洋。本研究中，站位 B45 及站位 B65 处（垃圾倾倒区附近）有高浓度 OPEs 检出，也佐证了这一观点。

　　除河流、垃圾处理厂及排污口的输入之外，大气沉降对海洋 OPEs 的输入同样不可忽视。据 Bacaloni 等（2008）及 Wei 等（2015）的报道，OPEs 可以通过大气沉降作用进入水循环系统，且这是 OPEs 进入偏远湖泊及海洋的重要途径。最近，据估算南海 OPEs 大气沉降通量为 4890kg/a，这一数字与某些河流 OPEs

的输入量相近（Lai et al., 2015；Wang et al., 2015）。本研究中，大气 OPEs 的直接沉降可能也一定程度上导致表层海水 OPEs 浓度较高。这些发现均强调了大气沉降对海洋 OPEs 分布的重要影响。因此，若想全面分析黄渤海 OPEs 的源，对该海域大气中 OPEs 的监测和分析就显得尤为重要。

4.2.6　小结

本小节主要探究了 OPEs 在黄渤海的浓度和分布特征（即近岸及表层海水 OPEs 浓度较高）及其影响因素。结果表明，OPEs 是一种典型的陆源有机污染物，且洋流（如 TaWC、SCW 及 CDW）及水团（如 YSCWM）等可能是影响 OPEs 环境分布的重要因素。氯代 OPEs（主要是 TCPP 及 TCEP）及 TPPO 是该海域主要的 OPEs 污染物，这表明这些化合物在中国具有较高的产量和使用量，且其在环境中可以长期存在。综上，黄渤海 OPEs 的分布及迁移是一个受多因素影响的过程。由于黄渤海水体中有较高浓度的 OPEs 检出，因此对该海域大气、沉积物和生物相中 OPEs 浓度及分布的研究就显得十分重要。这些研究对阐明 OPEs 在该海域的环境行为及最终归宿具有重要意义。

4.3　OPEs 在黄渤海表层沉积物中的浓度、分布及影响因素

4.3.1　样品采集与分析

4.3.1.1　实验溶剂及标准品

本研究中所有有机溶剂（丙酮、正己烷及二氯甲烷等）均为分析纯，购自德国 LGC Standards 公司，经玻璃重蒸系统净化后使用。非氯代 OPEs 标准品［TCEP、TCPP、TDCPP、TiBP、TnBP、TPhP、磷酸三戊基酯（tripentyl phosphate，TPeP）及 TEHP］及氯代 OPEs 内标（TnBP-d$_{27}$、TCEP-d$_{12}$ 及 TPhP-d$_{15}$）均购自 Sigma-Aldrich 公司。

中性硅胶（粒径为 0.1～0.2mm，购自德国 Macherey-Nagel 公司）及无水硫酸钠（纯度为 99%，购自德国 Merck 公司）均使用二氯甲烷索氏抽提 24h，并于 450℃ 烘烤 12h 以排除环境污染。实验所用的所有玻璃器皿洗净后于 450℃ 烘烤 12h 以去除杂质干扰。

4.3.1.2　航次信息及样品采集

黄渤海表层 2cm 沉积物样品于 2010 年 9 月一公共科考航次采集。样品采集

器为不锈钢箱式抓斗。采集完成后将样品迅速保存于–20℃，待冷冻抽干后使用。采样海域的水文信息及沉积区分布见图 4.7，采样站位和单一及总 OPEs 的浓度与分布见图 4.8。

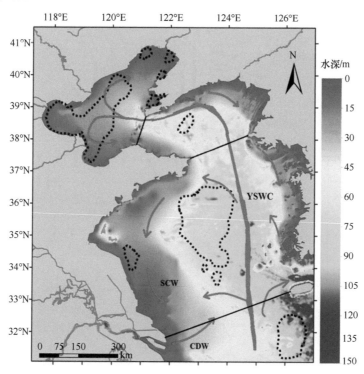

图 4.7　采样海域的水文信息及沉积区分布

黑色虚线围起的区域为黄渤海沉积区（泥质区）；彩色柱状图标明了渤海及黄海的水深；灰色曲线标明了渤海及黄海海域的主要洋流。SCW，苏北沿岸水；CDW，长江冲淡水；YSWC，黄海暖流

4.3.1.3　样品前处理

将采集的沉积物样品冷冻抽干，取 10g 于抽提套筒中，并用 3 种氘代 OPEs 内标（TnBP-d$_{27}$、TCEP-d$_{12}$ 及 TPhP-d$_{15}$）各 10ng 标记样品。将标记好的沉积物样品与套筒一起置于索氏抽提器中，于二氯甲烷中抽提 18h，控制流速为 5mL/min。抽提完成后，收集抽提液并将溶液置换为正己烷。将正己烷旋蒸至 1～2mL，并上样至硅胶柱（该柱由 2.5g 硅胶及覆盖在其上的 3g 无水硫酸钠构成）净化。随后，用 20mL 正己烷淋洗小柱，所得淋洗液为 Fraction 1；再用 20mL 丙酮：二氯甲烷=1：1 的混合溶剂淋洗小柱，所得淋洗液为 Fraction 2。收集 Fraction 2 于洁净贮液瓶中，置换溶剂为正己烷，氮吹至 150μL 并加入 50pg ^{13}C$_6$-PCB-208 作为进样内标。

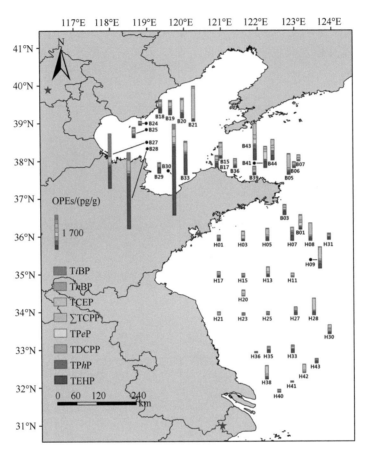

图 4.8　采样站位、单一及总有机磷酸酯（OPEs）的浓度与分布

4.3.1.4　仪器分析

　　沉积物中 OPEs 的分析方法主要参照 Ma 等（2017）所提出的方法，并在其基础上进行了改进。本研究的具体分析方法如下：使用 7890A 气相色谱（GC，Agilent）串联 7010 双质谱（MS，Agilent）对样品中各目标 OPEs 进行仪器分析。质谱传输线及高敏感度电子轰击离子源的温度分别设为 280℃ 及 230℃。将双质谱设置为多反应检测（multiple reaction mode，MRM）模式。气相色谱配备 HP-5MS 色谱柱（30m×0.25mm×0.25μm），进样量为 1μL，进样模式为脉冲不分流。色谱柱升温程序为 $50℃（2min） \xrightarrow{20℃/min} 80℃（0min）$ $\xrightarrow{5℃/min} 250℃（0min） \xrightarrow{15℃/min} 300℃（10min）$。各 OPEs 化合物的定量及定性离子列于表 4.7，选取 Mass Hunter 定量分析软件（版本 B05.00，Agilent）进行后续数据处理。

表 4.7　有机磷酸酯（OPEs）的名称、缩写、方法空白、标准差、方法检出限、保留时间及定量（Q1）和定性（Q2）离子

名称	缩写	方法空白/（pg/g）	标准差/（pg/g）	方法检出限/（pg/g）	保留时间/min	Q1	Q2
磷酸三异丁酯	TiBP	8	2	13	16.79	99	81
磷酸三正丁酯	TnBP	0.4	0.2	1	19.76	99	81
磷酸三（2-氯乙基）酯	TCEP	23	6	42	22.21	249	99
磷酸三（氯丙基）酯	TCPP	34	6	52	23.48	157	117
磷酸三戊基酯	TPeP	0	0	1	25.52	99	81
磷酸三（1,3-二氯-2-丙基）酯	TDCPP	8	5	24	32.66	381	159
磷酸三苯酯	TPhP	18	3	26	33.68	326	215
磷酸三（2-乙基己基）酯	TEHP	4	3	12	34.96	99	81

选用内标法定量，各 OPEs 定量的标准曲线由该物质 10 个浓度梯度的标样构建得到。标准曲线中各浓度梯度 OPEs 化合物的响应因子定义为非氘代 OPEs 标样浓度与各氘代 OPEs 内标的比值，其为 0～5。

4.3.1.5　方法质控

方法回收率由标记实验获得，即用 50ng 非氘代 OPEs 标样标记 5 份不含 OPEs 的沉积物样品（每份样品为 10g），其他操作均与样品前处理中的描述一致。实验测得前处理方法回收率达（63±12）%～（117±16）%。方法空白实验与方法回收率实验同时进行，但 5 份不含 OPEs 的沉积物样品（每份样品为 10g）不用任何非氘代 OPEs 标样标记，其他操作均与样品前处理中的描述一致。实验测得方法空白达（0.4±0.2）pg/g（TnBP）至（34±6）pg/g（TCPP）。方法检出限定义为方法空白的平均值加 3 倍的方法空白标准差，其达 1pg/g（TPeP）～52pg/g（TCPP）。本研究所有列出的 OPEs 数据均进行了回收率及空白校正。

4.3.1.6　黄渤海表层沉积物中 OPEs 的储量估算

将采集的表层沉积物样品视为均一同质。因此，每一站位沉积物样品中 OPEs 的储量 Amt.可表示为

$$Amt.=A \times D \times \rho \times C \times (1-\varphi) \tag{4.1}$$

式中，A 表示采样器的采样面积（50cm×50cm）；D 表示采样器的采样深度（2cm）；ρ 表示干燥沉积物颗粒的平均密度（一般选取 2.5g/cm^3）；C 表示测得的该沉积物样品中 OPEs 的浓度；φ 表示沉积物的平均孔径度 [此处选取 0.75（Jonsson et al.，2003）]。

根据推算的各站位采集到的沉积物中 OPEs 的储量，即可推算出黄渤海（面积约为 4.57×10^{5}km^2）OPEs 的储量。

4.3.1.7　黄渤海海水中 OPEs 的储量估算

黄渤海海水中 OPEs 的储量估算方法主要参考 Cao 等（2017）的研究。渤海及黄海的平均水深分别约为 18m 及 44m，其面积分别约为 $7.70×10^4km^2$ 及 $3.80×10^5km^2$。据此可估算出渤海及黄海的水量分别约为 $1.386×10^{12}m^3$ 及 $1.672×10^{13}m^3$。据 Zhong 等（2017）的报道，渤海及黄海海水中 ΣOPEs（7 种）几何平均浓度分别为 33.42ng/g 及 20.95ng/g。因此，渤海及黄海的水量与其 ΣOPEs 几何平均浓度的乘积即为渤海及黄海海水中 ΣOPEs 的储量。

4.3.2　OPEs 的浓度及组成

如表 4.8 所示，黄渤海各采样站位表层沉积物中 ΣOPEs 浓度为 83～4552pg/g，其浓度的几何平均值（GM）达 516pg/g。总体而言，黄渤海海域 TCEP、TCPP 及 TEHP 为表层沉积物中主要的 OPEs 化合物，且氯代 OPEs 化合物浓度高于非氯代 OPEs 化合物（$P<0.01$）。对于氯代 OPEs，TCEP 是黄渤海表层沉积物中总体浓度最高的化合物，其对 ΣOPEs 的贡献率达（21±14）%，仅 TCEP 一种 OPEs 的浓度就达 7～671pg/g，其 GM 达 127pg/g；TCPP 浓度仅次于 TCEP，达 29～1521pg/g，其 GM 达 83pg/g。而对于非氯代 OPEs，TEHP 为最主要的化合物，其浓度达 8～3445pg/g，其 GM 达 113pg/g。TEHP 对 ΣOPEs 的贡献率达（27±16）%；TP*h*P 为浓度仅次于 TEHP 的非氯代 OPEs，其浓度达 7～209pg/g，其 GM 达 40pg/g。除 TP*e*P（检出率为 69%）之外，其他各 OPEs 化合物的检出率均为 100%。

表 4.8　渤海及黄海表层沉积物中 OPEs 的浓度统计（$n=49$）（单位：pg/g）

海域	值	氯代 OPEs			非氯代 OPEs					ΣOPEs
		TCPP	TCEP	TDCPP	T*i*BP	T*n*BP	TP*e*P	TEHP	TP*h*P	
黄渤海	最大值	1521	671	54	1109	54	387	3445	209	4552
	最小值	29	7	2	8	4	—	8	7	83
	几何平均值	83	127	12	23	12	2	113	40	516
渤海	最大值	1521	537	34	1109	54	55	3445	128	4552
	最小值	39	52	4	28	9	—	51	22	205
	几何平均值	113	202	18	85	24	2	375	53	1137
黄海	最大值	414	671	54	34	21	387	583	209	1864
	最小值	29	7	2	8	4	—	8	7	83
	几何平均值	76	111	11	16	10	2	80	36	411

注：—表示数值低于方法检出限

如图 4.9 所示，某些站位 OPEs 的组成呈现独有的特征。例如，对位于 LZM 的站位 B29、B30、B33 及位于 BHM 东南部的站位 B28，其最主要的 OPEs 化合物为 TEHP。在这些站位，TEHP 对 ΣOPEs 的贡献率都大于 50%。同时，在 LDM 西部的几个站位（B18、B19 及 B20），TCEP、TCPP 及 TiBP 的贡献率明显升高，TCEP 贡献率与 TEHP 贡献率相当或比其更高，这表明莱州湾（LZB）、渤海湾（BHB）及辽东湾（LDB）中的 OPEs 可能具有不同的源。根据 Wang 等（2015）的报道，LZB、BHB 及 LDB 中 OPEs 主要来自于这些湾的入海河流。因此，LZM、BHM 及 LDM 区域 OPEs 组成的不同至少可以部分反映该区域河流 OPEs 输入的不同。

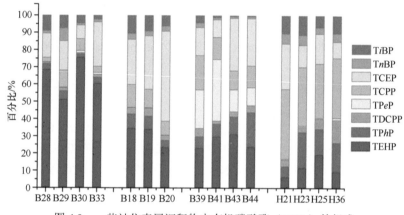

图 4.9　一些站位表层沉积物中有机磷酸酯（OPEs）的组成

在北黄海（NYS），尤其是站位 B39、B41、B43 及 B44 处，OPEs 组成的显著特征是 TPeP 的贡献率大幅升高。站位 B41 处，TPeP 对 ΣOPEs 的贡献率甚至超过了 TCEP 及 TEHP。因该区域 TPeP 在 ΣOPEs 组成中比重升高，故附近极有可能存在 TPeP 特异的 OPEs 污染源。据 Yang 和 Liu（2007）的报道，北黄海上述站位所在海域的沉积物主要来自黄河，其通过渤海海峡传输至此。但是，由于渤海 TPeP 浓度很低，因此北黄海该海域中 TPeP 的来源不太可能来自黄河及渤海。鉴于 OPEs 是一种典型的陆源污染物，该区域 TPeP 极有可能来自临近的山东半岛及辽东半岛。而在南黄海（SYS），站位 H21、H23、H25 及 H36 处 OPEs 的组成十分类似。在这些站位，TCPP 是最主要的 OPEs 化合物，TnBP 对 ΣOPEs 的贡献率也有所增加。

据 Zhong 等（2017）的报道，江苏省北部地区坐落着中国最大的 OPEs 阻燃剂生产厂家之一，其年产量达 20 000t，且 TCPP 是其主要产品之一。因此，上述站位 TCPP 占 ΣOPEs 比重的升高可能与该生产厂家对 SYS 的 TCPP 输入有关。

Ma 等（2017）报道了北太平洋及北冰洋表层沉积物中 7 种 OPEs 的浓度

（TCEP、TCPP、TDCPP、TiBP、TnBP、TPeP 及 TPhP）。其 ΣOPEs 的浓度达 159～4658pg/g，ΣOPEs 浓度的平均值达 872pg/g。与本研究结果相近，Ma 等（2017）的研究也发现氯代 OPEs 较非氯代 OPEs 具有更高的浓度，且 TCEP 是最主要的氯代 OPEs 化合物，其最高浓度达 3909pg/g，对 ΣOPEs 的贡献率达（54±18）%。但 Ma 等（2017）的研究指出，TiBP 是最主要的非氯代 OPEs 化合物，这与本研究中的结果不尽相同。事实上，Ma 等（2017）所得到的上述结果可能是因其没有分析疏水性更强的 TEHP（logK_{ow}=9.49）。例如，Schwechat 河水中并无 TEHP 检出，而其河流沉积物中则有高浓度的 TEHP（140 000pg/g）检出（Martinez-Carballo et al.，2007）。同样，Zhong 等（2017）在黄渤海海水中未检出 TEHP（未发表数据），而在本研究中却在该海域表层沉积物中检测出高浓度的 TEHP。这是由于 TEHP 具有极高的疏水性，海洋中的 TEHP 极易吸附于悬浮颗粒物表面并最终随其沉降进入沉积物中（Bruchajzer et al.，2015；Reemtsma et al.，2008）。

4.3.3 OPEs 的分布及其影响因素

图 4.8 展示了 OPEs 在黄渤海表层沉积物中的整体分布情况。总体而言，渤海沉积物中 ΣOPEs 的浓度高于黄海沉积物中 ΣOPEs 的浓度（P<0.01）。如图 4.8 及表 4.8 所示，渤海沉积物中 ΣOPEs 浓度达 205～4552pg/g，其 GM 达 1137pg/g。除 TPeP 外，所有单一 OPEs 均与 ΣOPEs 保持相似的分布模式，即渤海沉积物中 OPEs 浓度高于黄海沉积物中 OPEs 浓度（P<0.05）。但黄海沉积物中 TPeP 浓度（<MDL～387pg/g）却高于渤海中 TPeP 浓度（<MDL～55pg/g）（P<0.01），这表明黄海沉积物中有额外的 TPeP 输入，其污染源可能来自山东半岛及辽东半岛（见4.3.2.1 小节）。渤海较高的单一及总 OPEs 浓度可能是由该海域较多的污染源和较弱的水体交换能力所致（Zhang et al.，2013）。同样，本章第 2 节中也指出了黄渤海海水中 OPEs 同样具有相似的分布模式，这表明黄渤海海水及表层沉积物中 OPEs 的分布可能存在一定的联系。表 4.9 列出了有关黄渤海表层沉积物中 OPEs 浓度的详细数据。

对于单一采样站位，LZM 的站位 B30 具有最高的 ΣOPEs 浓度，达 4552pg/g；BHM 站位 B27 及 B28 也有较高浓度 ΣOPEs 检出，但其临近站位 B24 及 B25（位于 BHM 北部）的 ΣOPEs 浓度却相对较低（表 4.9）；而在 LDM，站位 B18、B19、B20 及 B21 由西向东 ΣOPEs 浓度逐渐升高。事实上渤海海域几乎所有 OPEs 浓度较高的站位均位于泥质区（沉积区）（图 4.7，图 4.8）。LZM、BHM 及 LDM 海域具有较高的 OPEs 浓度，表明上述湾口海域 OPEs 的污染较为严重。

表 4.9　黄渤海表层沉积物中的浓度及总有机碳（TOC）的含量

站位	T*i*BP/ （pg/g）	T*n*BP/ （pg/g）	TCEP/ （pg/g）	TCPP/ （pg/g）	TP*e*P/ （pg/g）	TDCPP/ （pg/g）	TP*h*P/ （pg/g）	TEHP/ （pg/g）	TOC/%
B01	20	16	237	117	181	37	54	86	1.20
B03	22	14	114	117	1	20	43	193	0.47
B05	25	21	671	82	46	21	57	142	0.59
B06	19	11	109	49	14	6	45	58	0.33
B07	16	9	126	100	0	13	34	30	0.23
B15	34	14	195	414	1	8	31	126	0.33
B17	31	16	180	74	25	17	51	202	0.56
B18	71	22	178	88	1	25	55	234	0.73
B19	67	20	228	78	1	34	55	250	0.93
B20	62	30	526	81	1	29	42	237	0.71
B21	36	10	66	1521	1	9	25	101	0.25
B24	28	9	52	39	0	4	22	51	0.17
B25	42	19	123	134	0	9	87	104	—
B27	1109	36	324	84	1	22	89	1081	1.20
B28	347	54	537	99	1	34	128	2631	1.10
B29	41	40	92	54	1	10	26	277	0.15
B30	214	44	363	313	55	28	90	3445	0.63
B33	41	24	436	61	18	30	58	1027	0.56
B36	18	10	94	123	55	23	29	111	0.25
B39	19	11	71	88	98	21	29	102	0.30
B41	15	12	111	137	387	18	78	325	0.65
B43	14	16	566	205	238	54	188	583	1.30
B44	8	10	286	132	110	41	209	251	1.10
H01	19	10	63	57	20	8	33	93	0.42
H03	17	8	197	164	0	17	15	73	0.27
H05	19	9	305	76	0	28	43	145	1.10
H07	10	8	148	64	1	23	142	282	1.20
H08	15	11	598	62	1	16	52	145	1.20
H09	11	12	595	74	2	37	101	250	1.10
H11	12	9	108	45	0	3	13	32	0.87
H13	15	10	239	88	1	11	34	114	0.81
H15	14	9	56	51	1	6	29	41	0.20
H17	14	8	90	54	1	7	36	94	0.36
H20	24	11	170	80	1	2	24	9	0.28
H21	19	11	48	74	0	7	11	12	—
H23	15	8	17	46	0	4	28	16	0.29

续表

站位	TiBP/ (pg/g)	TnBP/ (pg/g)	TCEP/ (pg/g)	TCPP/ (pg/g)	TPeP/ (pg/g)	TDCPP/ (pg/g)	TPhP/ (pg/g)	TEHP/ (pg/g)	TOC/%
H25	12	6	30	55	0	10	26	34	0.29
H27	16	10	90	74	1	6	59	151	0.76
H28	12	8	583	46	1	9	39	147	0.79
H30	11	8	79	59	1	11	32	90	0.60
H31	20	15	52	76	0	6	39	116	0.59
H33	19	13	53	96	0	5	37	170	0.53
H35	16	11	55	71	0	9	30	143	—
H36	9	4	8	29	0	11	14	8	0.06
H38	19	11	409	95	0	19	48	91	0.35
H40	13	8	35	52	0	7	11	37	0.21
H41	12	6	7	32	0	9	7	11	0.09
H42	12	11	288	74	1	2	27	28	0.16
H43	10	7	37	43	1	15	35	109	—

注：—表示未取得相应的 TOC 数据

  同渤海 OPEs 分布模式类似，NYS 及 SYS OPEs 浓度较高的站位也均位于泥质区或其相邻区域（图 4.7，图 4.8）。例如，B43 为 NYS 海域 ΣOPEs 浓度最高的站位，同时其位置紧邻 NYS 中央沉积区（未有采样站位位于 NYS 中央沉积区）。同样，在 SYS 的一些站位（如站位 H01、H03、H05、H07、H08、H21、H23、H25、H27 及 H28），位于泥质区中站位的 OPEs 浓度较周边站位的高（例如，H05、H07、H08 高于 H01 及 H03；H21、H27、H28 高于 H23 及 H25）。据 Hu 等（2011b）的报道，疏水有机污染物（如滴滴涕和六六六）可以附着于悬浮颗粒物表面随其迁移、移动至泥质区并最终随颗粒物一起沉降至黄渤海几个主要泥质区。本研究中 OPEs 的这一分布模式也极有可能是泥质区的沉积作用所致。本研究中 8 种 OPEs 的 lgKow 值范围为 1.49～9.49，其 lgKow 值与滴滴涕（lgKow=6.90）及六六六（lgKow 范围为 3.72～4.14）的 lgKow 值相近甚至更高（Rani et al.，2017；Wang et al.，2015），这表明某些 OPEs 可能比滴滴涕及六六六具有更高的疏水性，因而更易吸附于悬浮颗粒物表面，也更易在泥质区中沉降并最终进入沉积物。

  有趣的是，站位 H38 位于非泥质区（图 4.7，图 4.8），但其 OPEs 浓度较临近站位（H35、H36、H40 及 H41）高，这可能是受 CDW 的影响所致。如前所述（见4.2.2.3 小节），CDW 在夏季出现并向东北方向延伸（Wei et al.，2016），站位 H38 恰好位于这一水团范围之下。据 Hu 等（2011a）的报道，CDW 会携带大量长江中的颗粒物及污染物入海，并在传输过程中逐步沉降进入海洋沉积物。因此，站位 H38 处较高的 OPEs 浓度，可能是长江冲淡水的物质输入所致。

此外，我们还构建了总有机碳（total organic carbon，TOC）均一化后 OPEs 的分布模式（图 4.10）。这一分布模式突出了河流（主要是长江）输入及近岸排放的重要性。

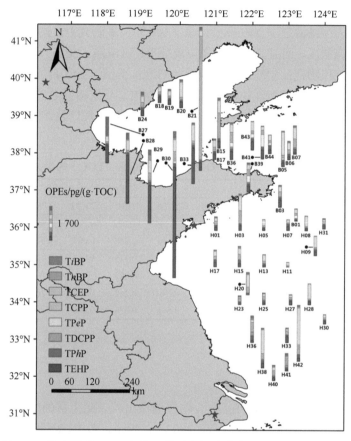

图 4.10　总有机碳（TOC）均一化后有机磷酸酯（OPEs）的分布模式

4.3.4　OPEs 与 TOC 的关系

据 Hu 等（2008）的报道，TOC 是评估河口及海洋水生态系统的重要参数。本研究分析了 45 个采样站位 TOC 的情况（表 4.9）（站位 B25、H21、H35 及 H43 未取得相应的 TOC 数据），发现黄渤海海域表层沉积物中 OPEs 浓度与 TOC 含量呈正相关关系（$n=45$，$P<0.01$）。这表明 TOC 对探究有机污染物（如 OPEs）的浓度及分布情况具有参考价值（Li et al.，2016）。但仅就渤海而言，其表层沉积物中 OPEs 浓度与 TOC 含量的相关性却不复存在（表 4.10）。导致这一现象的原因可能是渤海近岸站位存在特异的 OPEs 污染源，这些源干扰了 OPEs 浓度与 TOC 含量

之间的分布关系。例如，渤海入海河流（界河）可能就是上述 OPEs 源之一。虽然未有文献报道界河沉积物中 OPEs 的浓度，但据 Wang 等（2015）的报道，界河河水中 ΣOPEs 浓度达 808 080pg/L。因此，临近界河入海口站位（B33）沉积物中较高 OPEs 浓度很有可能是由界河的输入所致。此外，近海垃圾处理厂及排污口也可能是上述污染源之一（Zhong et al.，2017）。本研究中，站位 B27 及 B28 不但位于渤海泥质区，而且其邻近海洋垃圾处理厂（SOA，2016），在采集于上述两站位的表层沉积物样品中检出了高浓度的 OPEs。因此，除了前文所述的泥质区的沉积作用，点源污染（海洋垃圾处理厂）可能也是导致站位 B27 及 B28 OPEs 高浓度检出的原因（站位 B28 较 B27 更加靠近海洋垃圾处理厂且该站位 OPEs 浓度也高于 B27，这是典型的点源附近污染物分布模式）。

表 4.10　有机磷酸酯（OPEs）与总有机碳（TOC）的相关性

OPEs 与 TOC 的相关参数		OPEs								
		TiBP	TnBP	TCEP	TCPP	TPeP	TDCPP	TPhP	TEHP	ΣOPEs
渤海（n=10）	r	0.072	0.491	0.657	−0.334	−0.032	0.777	0.807	0.401	0.476
	p	0.33	0.15	0.039	0.330	0.929	0.008	0.005	0.251	0.164
黄海（n=35）	r	−0.148	0.318	0.571	0.086	0.325	0.654	0.687	0.670	0.685
	p	0.397	0.063	0	0.623	0.057	0	0	0	0
黄渤海（n=45）	r	0.311	0.284	0.592	−0.101	0.267	0.675	0.706	0.292	0.431
	p	0.038	0.059	0	0.511	0.076	0.000	0.000	0.052	0.003

注：r 为相关系数；p 为显著性水平

4.3.5　OPEs 储量估算

黄渤海表层沉积物中 OPEs 化合物普遍检出，以此为基础估算该区域 OPEs 沉积物输入通量颇具意义。据 Li 等（2002）的报道，黄渤海沉积物的平均沉积速度约为 0.31cm/a，因此本研究所采集的表层 2cm 沉积物大致反映了 2004～2010 年黄渤海沉积物中 OPEs 的输入情况。而这恰好是亚洲 BFRs 用量下降且逐渐被 OPEs 阻燃剂取代的时段（Ou，2011）。沉积物中 OPEs 的储量估算方法主要参照 Jonsson 等（2003）的研究，具体估算方法见 4.3.1.6 小节。如表 4.11 所示，黄渤海表层沉积物中 ΣOPEs 的储量达 474～26 000kg，其储量的几何平均值达 2499kg。对于氯代 OPEs 而言，TCEP 的储量估测为 38～3833kg，其储量的几何平均值达 727kg；而对于非氯代 OPEs 而言，TEHP 的储量估测为 46～19 680kg，其储量的几何平均值达 648kg。与 OPEs 在中国的使用量相比（Ou，2011），黄渤海表层沉积物中 OPEs 储量只占一小部分。同时，我们还估算了黄渤海海水中 ΣOPEs（7 种）的储量（估算方法见 4.3.1.7 小节），其储量达 396 604kg，远高于该区域沉积物中 OPEs 的估算储量。据 Ma 等（2017）的报道，北冰洋中部海盆（面积为 $4.489 \times 10^6 km^2$）沉积物中

ΣOPEs（7 种）的储量达 17 000～292 000kg，其储量的几何平均值达 78 000kg（表 4.11）。该海域沉积物中 OPEs 的储量也仅占美国及欧洲 OPEs 生产及使用量的一小部分。综上，黄渤海及北冰洋中部海盆的沉积物可能不是这些区域 OPEs 主要的汇。

表 4.11 黄渤海及其他海域表层沉积物中 OPEs 的储量估算 （单位：kg）

区域	估算值	氯代 OPEs			非氯代 OPEs					ΣOPEs
		TCPP	TCEP	TDCPP	TiBP	TnBP	TPeP	TEHP	TPhP	
黄渤海 [a]	最大值	8 689	3 833	3 089	6 335	3 099	2 211	19 680	1 194	26 000
	最小值	166	38	11	45	23	3	46	40	474
	几何平均值	476	727	93	130	70	13	648	226	2 499
北冰洋中部海盆 [b]	最大值	26 000	219 000	9 200	16 000	12 000	4 600	—	5 900	292 000
	最小值	570	12 000	0	3 600	1 100	0	—	0	17 000
	几何平均值	7 300	5 400	1 700	7 800	4 000	930	—	1 600	78 000
美国大湖 [c]	几何平均值	3 040	906	1 237	7 357	5 446	—	1 087	3 424	22 497

注：a 表示本研究中的数据；b 表示 Ma 等（2017）研究中的数据；c 表示 Cao 等（2017）研究中的数据；— 表示相关研究中未做分析

但是北美三大湖（Superior 湖、Michigan 湖及 Ontario 湖，总面积为 $1.58×10^5km^2$）沉积物中 ΣOPEs（7 种）的平均储量达 22 497kg（Cao et al.，2017）。Michigan 湖沉积物中 ΣOPEs 的储量达 17t，约为该湖湖水中 ΣOPEs 浓度（63t）的 27%（Cao et al.，2017）。这表明海洋（咸水）及湖泊（淡水）中 OPEs 在水相及沉积相中的分布模式不同。

4.3.6 小结

本小节主要探究了黄渤海表层沉积物中 OPEs 的浓度、组成、分布及其影响因素。在该海域沉积物中检出了高浓度 OPEs，且 TCEP 及 TEHP 分别是氯代及非氯代 OPEs 中最主要的化合物。河流输入及泥质区的沉积作用可能是影响黄渤海表层沉积物中 OPEs 分布的主要因素。TOC 与黄渤海 OPEs 浓度存在正相关关系，这表明 TOC 可以为探究如 OPEs 等有机环境污染物的浓度及分布提供参考。黄渤海表层沉积物中 OPEs 估算储量远低于中国 OPEs 化合物的使用量及海水中 OPEs 估算储量，这表明海洋沉积物可能不是海洋 OPEs 主要的汇。

4.4 环渤海 40 条入海河流水相中 OPEs 的分布特征

本节研究了环渤海地区主要河流水体中 OPEs 的污染水平及其在河流水相中的分布特征。河水样品共分析了 16 种 OPEs。其中，TMP、TEP 挥发性强（TMP 蒸汽压 113Pa，TEP 蒸汽压 52.4Pa），在浓缩过程中损失严重，目前的研究一般只对 TMP、TEP 作定性分析（Quintana et al.，2008）。磷酸三异丙基酯（triisopropyl phosphate，TiPrP）和 TPrP 的平均浓度为 0.70ng/L 和 0.63ng/L，中值浓度为 0.09ng/L 和 0.20ng/L，即浓度较低。因此这里仅讨论其余 12 种 OPEs。河流水样经过滤后分别测定了悬浮颗粒相和水相中的 OPEs 浓度，结果发现悬浮颗粒相中 OPEs 浓度均在检测限以下，故下文只讨论水相中 OPEs 的分布特征。河流水相中 OPEs 浓度范围变化较大，12 种 OPEs 总浓度（$\sum_{12}$OPEs）为 9.6～1549ng/L，平均浓度为 300ng/L。下面将分类讨论 12 种 OPEs 的分布特征：3 种氯代 OPEs——TCPP、TCEP、TDCPP；8 种非氯代 OPEs——TiBP、TnBP、TPeP、THP、TBEP、TEHP、TCP、TPP；1 种有机磷阻燃剂和合成中间体三苯基氧膦——TPPO。最后，结合 12 种有机磷酸酯讨论其在河流水相中的组成特征及相关性研究，估算入海通量，将本节研究的结果与其他地区研究的结果进行了比较。

4.4.1　OPEs 的分布特征

3 种卤代烷烃磷酸酯（TCPP、TCEP 和 TDCPP）在环渤海 40 条入海河流水相中检出率都为 100%，浓度逐渐降低（TCPP>TCEP>TDCPP）。TCPP 浓度为 4.6～921ng/L，平均浓度为 186ng/L；TCEP 浓度为 1.3～268ng/L，平均浓度为 80.2ng/L；TDCPP 浓度为 0.2～44.5ng/L，平均浓度为 4.3ng/L。图 4.11 给出了 TCPP、TCEP 和 TDCPP 浓度分布特征。

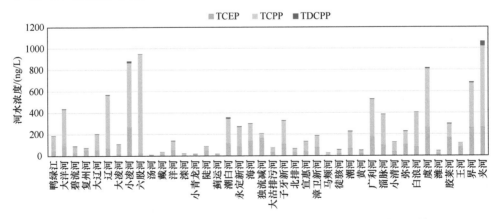

图 4.11　环渤海地区主要河流水相中 TCPP、TCEP 和 TDCPP 浓度分布特征

TCPP、TCEP 和 TDCPP 浓度之和占 $\sum_{12}$OPEs 的 69%～99%，平均值达到 91%。由于有机磷酸酯是工业制品，没有初级自然排放源，因此自然环境中检测到的有机磷酸酯均来自人类活动。TCPP、TCEP 和 TDCPP 的高比例与它们是有机磷阻燃剂产品中应用最广泛的 3 种化合物吻合，体现了环境中污染物的浓度水平对污

染源的反映。但是 TDCPP 的浓度范围比 TCPP 和 TCEP 低一个数量级。比较这 3 种化合物的正辛醇-水分配系数（$\log K_{ow}$）发现，TCEP 为 1.44，TCPP 为 2.59，TDCPP 为 3.65，TCEP 和 TCPP 的极性更大，与极性的水分子更容易结合，故在水相中检测到的浓度相对较高。根据相似相容性原理，TCEP 的极性更强，如果人类活动向自然环境排放的 TCEP 和 TCPP 量相同，样品中的 TCEP 浓度应比 TCPP 浓度高，但事实恰恰相反，故本研究区域内人类活动排放的 TCPP 比 TCEP 量大。

4.4.2　非卤代 OPEs 的分布特征

图 4.12 为环渤海地区主要河流水相中 8 种非卤代 OPEs 的浓度箱式图。T*i*BP、T*n*BP、TBEP 和 THP 浓度在相同水平。T*i*BP 和 T*n*BP 在样品中的检出率为 100%。T*i*BP 浓度为 0.2～217ng/L，平均值为 13.4ng/L；T*n*BP 浓度为 0.1～80.9ng/L，平均值为 6.3ng/L。TBEP 和 THP 在样品中的检出率分别为 70%和 18%。TBEP 浓度为<MDL～47.2ng/L，平均值为 4.2ng/L；THP 浓度为<MDL～105ng/L，平均值为 3.5ng/L。TP*e*P、TEHP、TPP 和 TCP 浓度在相同水平。TP*e*P 和 TEHP 在样品中的检出率分别为 45%和 78%。TP*e*P 浓度为<MDL～3.1ng/L，平均值为 0.2ng/L；TEHP 浓度为<MDL～3.3ng/L，平均值为 0.4ng/L。TPP 和 TCP 在样品中的检出率分别为 95%和 5%。TPP 浓度为<MDL～15.7ng/L，平均值为 1.0ng/L；TCP 浓度为<MDL～15.0ng/L，平均值为 0.4ng/L。

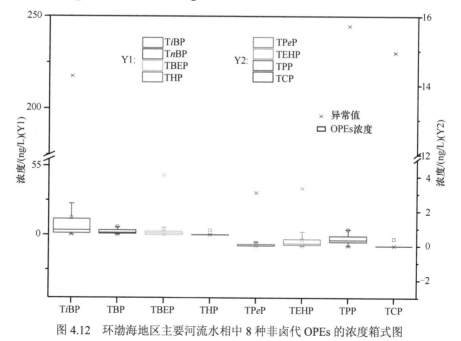

图 4.12　环渤海地区主要河流水相中 8 种非卤代 OPEs 的浓度箱式图

4.4.3 三苯基氧磷（TPPO）的分布特征

特别注意的是，合成中间体 TPPO 检出率为 100%，浓度为 0.7～5852ng/L，平均浓度为 224ng/L。远高于德国 Elbe 河（10～40ng/L）、Rhine 河（44～183ng/L）和意大利 3 个火山湖（2ng/L±1ng/L）水相中 TPPO 的浓度（Bacaloni et al.，2008；Bollmann et al.，2012）。关于河水中 TPPO 分布特征的文献非常有限，目前只有这两个研究有报道。Wang 等（2014）在对珠江八大入海口 OPEs 的研究中也分析了 TPPO，但并未报道详细数据。本研究中环渤海地区主要河流水相中 TPPO 的浓度分布特征见图 4.13。

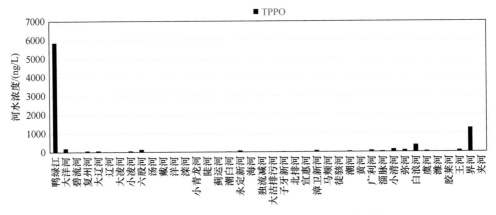

图 4.13　环渤海地区主要河流水相中 TPPO 浓度分布特征

尽管 Elbe 河和 Rhine 河中 TPPO 的浓度比本研究中的浓度低很多，但是 TPPO 被认为是主要污染物。除此之外，TPPO 被广泛应用于有机合成中间体、药品中间体及许多过渡金属的配体中（Hu et al.，2009）。本研究区域是中国最重要的重工业区之一，包括石化、制药、钢铁、机械生产等（Men et al.，2014），TPPO 可能来源于这些生产污染。除此之外，TPPO 在 R50/53 名单上，也就是说，TPPO 对水生生物有害，可能对水生环境产生长期危害。总之，环渤海地区河流尤其是鸭绿江（5852ng/L）和界河（1283ng/L）的 TPPO 污染值得我们注意。

4.4.4 OPEs 的组成特征及相关性

图 4.14 给出了环渤海河流水相中 12 种有机磷阻燃剂浓度百分比组成。TCPP、TCEP 和 TPPO 是占比最大的有机磷阻燃剂，它们的浓度百分比之和（[TCPP]+[TCEP]+[TPPO]）达到了 66.2%～99.7%，平均值为 91.1%。只考虑 OPEs 时（不考虑 TPPO），TCPP 和 TCEP 占比最大，他们的浓度百分比之和（[TCPP]+[TCEP]）

达到了 65.8%～99.2%，平均值为 89.3%。这与珠江的研究结果一致（Wang et al.，2014）。可能是由于 TCPP 和 TCEP 是市场上应用最广泛的卤代磷酸酯，而且是水中最难降解的（Reemtsma et al.，2008）。中间浓度水平的 TDCPP、T*i*BP、TBP、TBEP、和 THP 反映了河流中各种 OPEs 化合物的广泛分布，与其他区域报道一致（Wang et al.，2011，2014；Bollmann et al.，2012）。而 TP*e*P、TEHP、TPP 和 TCP 在大多数河流中检测到的浓度都很低。这些 OPEs 不同的分布模式可能是因为它们的物理化学性质不同和由此产生的积累特征与降解性能不同，以及它们生产和应用的差异。

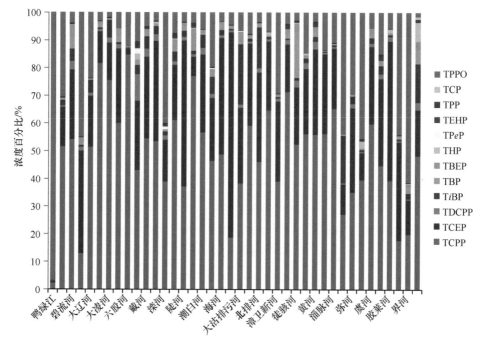

图 4.14　环渤海河流水相中 12 种有机磷阻燃剂浓度百分比组成

研究的 40 条河流中有 37 条河流最终汇入渤海的三个湾，即辽东湾、渤海湾和莱州湾。汇入莱州湾河流水相中的 OPEs 的平均浓度（415ng/L）与汇入辽东湾河流水相中的 OPEs 的平均浓度（395ng/L）处于同一个水平，但是比汇入渤海湾河流水相中的 OPEs 的平均浓度（148ng/L）高。莱州湾分布着许多阻燃剂生产工厂，可能是河流流经有机磷酸酯生产区导致水相中的 OPEs 浓度较高（Panayiotou et al.，2011）。

对河流水相中 12 种有机磷阻燃剂进行了相关性分析。采用 Shapiro-Wilk 检验法对 TCEP、TCPP、TDCPP、T*i*BP、TBP、TP*e*P、THP、TBEP、TEHP、TCP、TPP、TPPO 及 $\sum_{11}$OPEs（11 种 OPEs 浓度之和）进行了正态分布检验，发现其数

据均不服从正态分布（$p<0.05$），因此对其进行了 Kendall 相关分析，相关系数见表 4.12。化合物极性由大到小为 TCEP>TCPP>TPPO>TiBP>TDCPP>TBEP>TPP>TCP>TBP>TPeP>THP>TEHP。结果表明，化合物极性越强，化合物间相关性越强；化合物极性越弱，化合物间相关性也越弱。这说明，化合物极性越强，水相对其分配作用越强，化合物极性越弱，水相对其分配作用越弱。这证明水相是有机磷阻燃剂重要的输入途径，它们之间较高的相关系数是有机磷阻燃剂在水相中分配的结果。

表 4.12　水相中 12 种有机磷阻燃剂的相关性分析

	TCEP	TCPP	TPPO	TiBP	TDCPP	TBEP	TPP	TCP	TBP	TPeP	THP	TEHP	$\sum_{11}$OPEs
TCEP	1.000	0.618**	0.444**	0.379**	0.635**	0.346**	0.262*	0.282*	0.482**	0.156	0.089	0.211	0.703**
TCPP	0.618**	1.000	0.492**	0.485**	0.620**	0.308**	0.313**	0.265*	0.541**	0.161	0.092	0.227*	0.910**
TPPO	0.444**	0.492**	1.000	0.392**	0.325**	0.088	0.212	0.094	0.372**	0.113	−0.044	0.174	0.526**
TiBP	0.379**	0.485**	0.392**	1.000	0.471**	0.247*	0.155	0.143	0.467**	0.201	−0.080	−0.053	0.462**
TDCPP	0.635**	0.620**	0.325**	0.471**	1.000	0.412**	0.310**	0.241	0.540**	0.194	0.042	0.112	0.614**
TBEP	0.346**	0.308**	0.088	0.247*	0.412**	1.000	0.395**	0.051	0.402**	0.258*	0.082	0.084	0.322**
TPP	0.262*	0.313**	0.212	0.155	0.310**	0.395**	1.000	0.284*	0.311**	0.205	−0.018	0.247*	0.306**
TCP	0.282*	0.265*	0.094	0.143	0.241	0.051	0.284*	1.000	0.143	0.223	0.101	0.273*	0.273*
TBP	0.482**	0.541**	0.372**	0.467**	0.540**	0.402**	0.311**	0.143	1.000	0.161	0.044	0.122	0.544**
TPeP	0.156	0.161	0.113	0.201	0.194	0.258*	0.205	0.223	0.161	1.000	−0.039	−0.057	0.133
THP	0.089	0.092	−0.044	−0.080	0.042	0.082	−0.018	0.101	0.044	−0.039	1.000	0.153	0.116
TEHP	0.211	0.227*	0.174	−0.053	0.112	0.084	0.247*	0.273*	0.122	−0.057	0.153	1.000	0.235*
$\sum_{11}$OPEs	0.703**	0.910**	0.526**	0.462**	0.614**	0.322**	0.306**	0.273*	0.544**	0.133	0.116	0.235*	1.000

*在置信度（双侧）为 0.95 时，相关性是显著的
**在置信度（双侧）为 0.99 时，相关性是显著的

为研究各河流水相中有机磷阻燃剂的分布模式和来源特征，对各河流水相中的有机磷阻燃剂进行了相关性分析（表 4.13）。用 Shapiro-Wilk 检验法对各河流数据进行了正态分布检验，发现 40 条河流的样品均不服从正态分布（$p<0.05$）。因此对各河流样品进行了 Kendall 相关分析。从表 4.13 可以看出，各河流间有机磷阻燃剂普遍具有显著的相关性，表明各河流有机磷阻燃剂分布模式相似，各河流污染源具有相同的有机磷阻燃剂组成结构，这证明环渤海地区有机磷阻燃剂的源具有相似性。

表 4.13　40 条河流间水相中有机磷酸酯阻燃剂相关性分析

	鸭绿江	大洋河	碧流河	复州河	大辽河	辽河	大清河	小清河	六股河	滦河	戴河	沙河	蓟运河	小青龙河	陡河	洋河	潮白新河	永定新河	独流减河	大沽排污河	子牙新河	北排河	宣惠河	漳卫新河	马颊河	徒骇河	湖河	黄河	广利河	淄河	小清河	弥河	白浪河	潍河	潍河	胶莱河	王河	界河	夹河
鸭绿江	1.000	0.859**	0.734**	0.746**	0.707**	0.719**	0.651**	0.778**	0.730**	0.677**	0.750**	0.635*	0.683**	0.729**	0.873**	0.614*	0.698**	0.698**	0.714**	0.625*	0.688**	0.810**	0.508*	0.797**	0.719**	0.698**	0.748**	0.714**	0.625*	0.766**	0.808**	0.774**	0.469*	0.791**	0.716**	0.609**	0.625*	0.853**	0.574*
大洋河	0.859**	1.000	0.754**	0.754**	0.829**	0.738**	0.801**	0.797**	0.844**	0.729**	0.831**	0.750**	0.703**	0.748**	0.859**	0.636*	0.748**	0.687**	0.800**	0.769**	0.625*	0.859**	0.625*	0.877**	0.800**	0.687**	0.829**	0.797**	0.769**	0.829**	0.829**	0.862**	0.523*	0.809**	0.865**	0.585*	0.708**	0.779**	0.473*
碧流河	0.734**	0.754**	1.000	0.754**	0.703**	0.738**	0.801**	0.797**	0.594*	0.831**	0.769**	0.563*	0.703**	0.809**	0.734**	0.760**	0.626*	0.809**	0.738**	0.585*	0.625*	0.734**	0.438	0.692**	0.738**	0.809**	0.626*	0.797**	0.585*	0.723**	0.564*	0.663*	0.338	0.870**	0.673*	0.523*	0.462*	0.657*	0.595*
复州河	0.746**	0.754**	0.754**	1.000	0.703**	0.597*	0.586*	0.797**	0.597*	0.551*	0.769**	0.556*	0.587*	0.791**	0.703**	0.766**	0.667*	0.809**	0.738**	0.766**	0.734**	0.619*	0.438	0.734**	0.738**	0.809**	0.667*	0.841**	0.625*	0.734**	0.673*	0.640*	0.453*	0.760**	0.586*	0.625*	0.625*	0.760**	0.357
大辽河	0.707**	0.829**	0.703**	0.703**	1.000	0.640**	0.797**	0.841**	0.587*	0.640*	0.766**	0.387	0.587*	0.791**	0.707**	0.760**	0.729**	0.809**	0.766**	0.625*	0.734**	0.741**	0.429	0.828**	0.766**	0.729**	0.757**	0.741**	0.829**	0.829**	0.821**	0.857**	0.554*	0.724**	0.897**	0.590*	0.796**	0.691**	0.428
辽河	0.719**	0.738**	0.738**	0.597*	0.640**	1.000	0.696**	0.673**	0.828**	0.797**	0.736**	0.842**	0.691**	0.691**	0.707**	0.585*	0.667*	0.559*	0.663*	0.829**	0.825**	0.619*	0.774**	0.796**	0.663*	0.559*	0.757*	0.741**	0.829**	0.646*	0.597*	0.696**	0.554*	0.724**	0.769**	0.590*	0.796**	0.779**	0.504*
大清河	0.651**	0.801**	0.801**	0.673**	0.828**	0.696**	1.000	0.641**	0.828**	0.672**	0.785**	0.641**	0.846**	0.809**	0.719**	0.713**	0.748**	0.870**	0.892**	0.646**	0.769*	0.656**	0.578*	0.800**	0.892**	0.748**	0.748**	0.828**	0.646*	0.831**	0.597*	0.696**	0.54	0.869**	0.867**	0.585*	0.646*	0.604*	0.504*
小清河	0.778**	0.797**	0.594*	0.597*	0.587*	0.828**	0.641**	1.000	0.683**	0.813**	0.801**	0.846**	0.683**	0.699**	0.716**	0.597*	0.731**	0.870**	0.673**	0.865**	0.833**	0.716**	0.716**	0.737**	0.673**	0.748**	0.731**	0.748**	0.719**	0.769**	0.597*	0.897**	0.512*	0.667*	0.769**	0.560*	0.673*	0.791**	0.512*
六股河	0.730**	0.844**	0.594*	0.597*	0.640*	0.828**	0.828**	0.683**	1.000	0.683**	0.813**	0.563*	0.683**	0.822**	0.778**	0.597*	0.760**	0.572*	0.892**	0.719**	0.828**	0.846**	0.524*	0.859**	0.922**	0.884**	0.790**	0.873**	0.781**	0.828**	0.640**	0.897**	0.512*	0.833**	0.748**	0.594*	0.797**	0.760**	0.543*
滦河	0.677**	0.729**	0.831**	0.551*	0.640**	0.797**	0.672**	0.813**	0.683**	1.000	0.683**	0.556*	0.790**	0.667*	0.730**	0.724**	0.760**	0.884**	0.667*	0.719**	0.750**	0.603*	0.524*	0.719*	0.667*	0.760**	0.791**	0.683**	0.781**	0.688**	0.842**	0.875**	0.641*	0.667*	0.878**	0.625*	0.797**	0.585*	0.462*
戴河	0.750**	0.831**	0.769**	0.769**	0.766**	0.736**	0.785**	0.801**	0.813**	0.683**	1.000	0.819**	0.697**	0.615*	0.778**	0.746**	0.636*	0.667*	0.667*	0.853**	0.760**	0.500*	0.778**	0.729*	0.800**	0.615*	0.800**	0.709**	0.853**	0.760**	0.785**	0.885**	0.542*	0.615*	0.791**	0.698**	0.651**	0.748**	0.534*
沙河	0.635*	0.750**	0.563*	0.556*	0.387	0.842**	0.641**	0.846**	0.563*	0.556*	0.819**	1.000	0.698**	0.901**	0.813**	0.806**	0.813**	0.718**	0.800**	0.738**	0.813**	0.672**	0.873**	0.831**	0.800**	0.840**	0.800**	0.922**	0.738**	0.862**	0.762**	0.862**	0.569*	0.840**	0.791**	0.738**	0.615*	0.585*	0.534*
蓟运河	0.683**	0.703**	0.703**	0.587*	0.587*	0.691**	0.846**	0.683**	0.683**	0.790**	0.697**	0.698**	1.000	0.698**	0.730**	0.598*	0.605*	0.636*	0.656*	0.738**	0.635*	0.698**	0.572*	0.688**	0.656*	0.884**	0.760**	0.714**	0.813**	0.719**	0.808**	0.909**	0.672*	0.636*	0.801**	0.698**	0.615*	0.748**	0.574*
小青龙河	0.729**	0.748**	0.809**	0.791**	0.791**	0.691**	0.809**	0.699**	0.822**	0.667*	0.615*	0.901**	0.698**	1.000	0.801**	0.594*	0.615*	0.450*	0.563*	0.813**	0.672**	0.587*	0.587*	0.703**	0.563*	0.605*	0.605*	0.619*	0.766**	0.734**	0.808**	0.741**	0.488	0.574*	0.791**	0.698**	0.766**	0.729**	0.264
陡河	0.873**	0.859**	0.734**	0.703**	0.707**	0.707**	0.719**	0.716**	0.778**	0.730**	0.778**	0.813**	0.730**	0.801**	1.000	0.614*	0.698**	0.758**	0.800**	0.905**	0.923**	0.873**	0.574*	0.748**	0.800**	0.698**	0.791**	0.884**	0.625*	0.779**	0.774**	0.757**	0.534*	0.879**	0.791**	0.657*	0.534*	0.748**	0.485*
洋河	0.614*	0.636*	0.760**	0.766**	0.760**	0.585*	0.713**	0.597*	0.597*	0.724**	0.746**	0.806**	0.598*	0.594*	0.614*	1.000	0.730**	0.698**	0.656*	0.709**	0.614*	0.905**	0.472*	0.636*	0.698**	0.760**	0.646*	0.714**	0.688**	0.828**	0.651*	0.842**	0.436	0.791**	0.597*	0.734**	0.419	0.615*	0.462*
潮白新河	0.698**	0.748**	0.626*	0.667*	0.729**	0.667*	0.748**	0.731**	0.760**	0.760**	0.636*	0.813**	0.605*	0.615*	0.698**	0.730**	1.000	0.905**	0.750**	0.719**	0.729**	0.614*	0.571*	0.636*	0.750**	0.791**	0.646*	0.787**	0.719**	0.859**	0.774**	0.875**	0.496*	0.769**	0.748**	0.766**	0.531*	0.698**	0.543*
永定新河	0.635*	0.687**	0.809**	0.809**	0.809**	0.559*	0.870**	0.748**	0.572*	0.884**	0.667*	0.718**	0.636*	0.450*	0.758**	0.698**	0.905**	1.000	0.698**	0.708**	0.667*	0.905**	0.571*	0.698**	0.698**	0.698**	0.760**	0.873**	0.688**	0.828**	0.741**	0.842**	0.406	0.791**	0.781**	0.672*	0.563*	0.729**	0.574*
独流减河	0.683**	0.800**	0.738**	0.738**	0.766**	0.663*	0.892**	0.870**	0.892**	0.667*	0.667*	0.800**	0.656*	0.563*	0.800**	0.656*	0.750**	0.698**	1.000	0.750**	0.800**	0.698**	0.714**	0.800**	0.781**	0.760**	0.646*	0.714**	0.800**	0.781**	0.550*	0.741**	0.484	0.760**	0.781**	0.656*	0.719**	0.853**	0.473*
大沽排污河	0.729**	0.769**	0.585*	0.766**	0.625*	0.829**	0.646*	0.865**	0.719**	0.719**	0.853**	0.738**	0.738**	0.813**	0.905**	0.709**	0.719**	0.708**	0.750**	1.000	0.922**	0.905**	0.603*	0.828**	0.750**	0.646*	0.791**	0.922**	0.719**	0.859**	0.774**	0.629*	0.496*	0.769**	0.597*	0.734**	0.419	0.615*	0.462*
子牙新河	0.810**	0.734**	0.723**	0.619*	0.741**	0.741**	0.673**	0.801**	0.716**	0.713**	0.716**	0.813**	0.672**	0.716**	0.923**	0.677**	0.677**	0.810**	0.873**	0.905**	0.891**	0.873**	0.547*	0.734**	0.800**	0.698**	0.698**	0.891**	0.625*	0.766**	0.673*	0.774**	0.446	0.791**	0.651*	0.672*	0.438	0.667*	0.574*
夹河	0.828**	0.750**	0.734**	0.703**	0.829**	0.769**	0.769**	0.828**	0.833**	0.750**	0.750**	0.891**	0.831**	0.828**	0.748**	0.729**	0.891**	0.891**	0.828**	0.891**	0.831**	0.891**	0.656*	0.908**	0.831**	0.840**	0.840**	0.891**	0.800**	0.938**	0.756**	0.895**	0.452*	0.840**	0.833**	0.677**	0.615*	0.748**	0.504*

续表

	鸭绿江	大洋河	碧流河	大辽河	辽河	小凌河	六股河	滦河	蓟运河	潮白新河	永定新河	独流减河	子牙新河	北排河	宣惠河	漳卫新河	马颊河	徒骇河	黄河	广利河	淄脉河	小清河	弥河	白浪河	潍河	胶河	胶莱河	王河	界河	夹河
北排河	0.810**	0.859**	0.619*	0.741**	0.656*	0.714*	0.730*	0.762*	0.813**	0.803**	0.800**	0.729*	0.683*	0.875**	0.614*	0.905**	0.873**	0.698*	0.688*	0.873**	0.891**	1.000	0.635*	0.797**	0.719*	0.636*	0.760**	0.778**	0.750*	0.829**
宣惠河	0.508*	0.625*	0.429	0.774*	0.578*	0.716*	0.778**	0.672*	0.873**	0.724*	0.729*	0.574	0.387	0.571	0.472	0.603	0.714*	0.547	0.508*	0.656*	0.656*	0.635*	1.000	0.563*	0.703*	0.719*	0.646*	0.615*	0.534*	0.605*
漳卫新河	0.797**	0.877**	0.828**	0.796**	0.800**	0.737*	0.719*	0.831**	0.688*	0.729*	0.703*	0.636*	0.873**	0.797**	0.636*	0.828**	0.750*	0.750*	0.734*	0.703*	0.908**	0.797**	0.563*	1.000	0.781**	0.737*	0.646*	0.646*	0.779**	0.412
马颊河	0.719*	0.800**	0.692**	0.663*	0.892**	0.673*	0.688*	0.800**	0.656*	0.667*	0.631*	0.800**	0.656*	0.809**	0.698*	0.750*	0.781**	0.781**	0.656*	0.809**	0.831**	0.797**	0.615*	0.369	0.809**	0.737*	0.615*	0.615*	0.748*	0.443*
徒骇河	0.698*	0.687*	0.729*	0.559*	0.870**	0.572	0.667*	0.615*	0.636*	0.615*	0.605*	0.779**	0.636*	0.738**	0.698*	0.667*	0.760**	0.760**	0.636*	0.758*	0.718*	0.658*	0.534*	0.351	0.738**	0.636*	0.595*	0.534*	0.788**	0.606**
潮河	0.698*	0.626*	0.667*	0.757**	0.748*	0.731*	0.791*	0.800**	0.884**	0.800**	0.605*	0.646*	0.698*	0.779**	0.605*	0.791**	0.698*	0.822**	0.760**	0.738**	0.840**	0.822**	0.657*	0.595**	0.697*	0.731*	0.840**	0.657*	0.788**	0.606**
黄河	0.714*	0.797**	0.841**	0.741**	0.828**	0.748*	0.683*	0.709*	0.714*	0.853**	0.619*	0.791**	0.840**	0.922**	0.619*	0.873**	0.884**	0.714*	0.822**	0.840**	0.891**	0.808**	0.531*	0.484	0.853**	0.748*	0.719*	0.531*	0.667*	0.450*
广利河	0.625*	0.769*	0.625*	0.829**	0.646*	0.865**	0.781**	0.813**	0.738**	0.853**	0.766*	0.709*	0.778**	0.877**	0.766*	0.787*	0.714*	0.594*	0.781**	0.891**	0.891**	0.895**	0.677*	0.462*	0.865**	0.748*	0.554*	0.534*	0.534*	0.382
淄脉河	0.766**	0.846**	0.734*	0.829**	0.831**	0.869**	0.688*	0.862**	0.762*	0.719*	0.734*	0.760**	0.813**	0.625*	0.734*	0.543*	0.594*	0.781**	0.828**	0.800**	0.800**	0.462*	0.615*	0.431	0.626*	0.840**	0.677*	0.646*	0.687*	0.443*
小清河	0.808**	0.829**	0.564	0.821**	0.597**	0.794**	0.640**	0.785**	0.862**	0.808**	0.828**	0.785**	0.862**	0.766*	0.828**	0.667*	0.781**	0.640**	0.891**	0.938**	0.800**	0.729*	0.597*	0.597*	0.840**	0.794**	0.597*	0.729*	0.724*	0.461*
弥河	0.774**	0.862**	0.673*	0.794**	0.696**	0.897**	0.741**	0.875**	0.999**	0.885**	0.808**	0.762*	0.862**	0.630*	0.774*	0.551*	0.842**	0.741*	0.707*	0.796**	0.895**	1.000	0.564	0.893**	0.625*	0.724*	0.691*	0.559*	0.595*
白浪河	0.469*	0.523*	0.338	0.857**	0.354	0.512*	0.359	0.641*	0.512*	0.512*	0.512*	0.512*	0.569*	0.406	0.438	0.651*	0.406	0.484	0.484	0.492*	0.462	0.564	1.000	0.412	0.512*	0.595*	0.615*	0.554	0.565*	0.412
潍河	0.791**	0.809**	0.870**	0.696**	0.870**	0.667*	0.853**	0.667*	0.840**	0.791*	0.574	0.791**	0.840**	0.760*	0.574*	0.769*	0.791*	0.760**	0.833**	0.840**	0.625*	0.724*	0.724*	0.412	1.000	0.795**	0.560*	0.595*	0.727*	0.485*
胶河	0.716**	0.865**	0.386	0.897**	0.769*	0.867**	0.748*	0.878**	0.801**	0.791*	0.748*	0.698*	0.801**	0.719*	0.748*	0.597*	0.781**	0.781**	0.748*	0.833**	0.865**	0.794*	0.795**	0.512*	0.795**	1.000	0.560*	0.801**	0.667*	0.477*
胶莱河	0.609*	0.585*	0.525*	0.390	0.585*	0.560*	0.594*	0.625*	0.738**	0.698*	0.500*	0.657*	0.738**	0.656*	0.500*	0.543*	0.656*	0.656*	0.719*	0.677*	0.554*	0.597*	0.595*	0.615*	0.595*	0.560*	1.000	0.554	0.626*	0.595**
王河	0.625*	0.708**	0.625*	0.796**	0.646*	0.673*	0.797**	0.797**	0.651*	0.766*	0.703*	0.766*	0.615*	0.534*	0.703*	0.419	0.563*	0.719*	0.531*	0.615*	0.646*	0.729*	0.554*	0.554	0.595*	0.801**	0.554	1.000	0.748*	0.382
界河	0.833**	0.779**	0.760**	0.691*	0.779**	0.604*	0.760**	0.760**	0.748*	0.729*	0.543*	0.585*	0.748*	0.788**	0.543*	0.698*	0.729*	0.853**	0.667*	0.748*	0.534*	0.687*	0.727*	0.565*	0.727*	0.667*	0.626*	0.748*	1.000	0.576*
夹河	0.574*	0.473*	0.595*	0.428	0.504*	0.540*	0.512*	0.543*	0.534*	0.574*	0.264	0.462*	0.574*	0.606**	0.574*	0.462*	0.574*	0.574*	0.450*	0.504*	0.382	0.461*	0.595*	0.412	0.485*	0.477*	0.595**	0.382	0.576*	1.000

*在置信度（双侧）为 0.95 时，相关性是显著的

**在置信度（双侧）为 0.99 时，相关性是最显著的

采样于 2013 年 8 月完成，正值环渤海地区雨季。而研究的 40 条河流中大都是季节性河流，径流主要源自降雨，而该区 50%～80%降雨都集中在 6～9 月。Regnery 和 Puttmann（2009）对德国几个城市雨水中 OPEs 的研究发现，雨水中 TCPP（30～743ng/L）、TCEP（11～196ng/L）、TDCPP（2～24ng/L）、T*i*BP（42～244ng/L）、TBP（37～203ng/L）和 TBEP（5～39ng/L）的浓度水平较高，TCPP 和 TCEP 的浓度水平与本研究中河流的相当，由此推断降水的冲刷作用可能对河流中 OPEs 污染有重要影响。

从河流角度出发，夹河受 OPEs 污染最严重 40 条河流中夹河受 TDCPP、T*i*BP、TBP、TBEP、THP、TP*e*P、TPP 和 TCP 污染最严重，$\sum_{12}$OPEs 达到了 1549ng/L。

4.4.5　OPEs 组成与分布的比较分析

环境中 OPEs 的研究还处于起步阶段，河流水相中 OPEs 的相关报道非常有限。表 4.14 总结了世界其他地区研究中河流水相及其他各种水相中 OPEs 的相关研究。

表 4.14　世界其他地区研究中河流水相及其他各种水相中 OPEs 的浓度（单位：ng/L）

水样来源	位置	采样时间	TCPP	TCEP	TDCPP	T*i*BP	TBP	TBEP	TEHP	参考文献
环渤海40条入海河流河口	环渤海	2013 年 8 月	5～921（186）	1～268（80）	0.2～45（4）	0.2～217（13）	0.1～81（6）	<MDL～47（4）	<MDL～3（0.4）	本文
珠江8个入海口	中国南部	2011～2012 年	150～1150（544）	220～1160（463）	—	—	—	—	—	Wang et al.，2014
松花江	中国东北	2011 年	5～190（65）	38～3700（471）	2～46（16）	—	87～960（384）	5～310（36）	8～29（16）	Wang et al.，2011
海岸带地区	青岛	约 2014 年	16～22（19）	32～68（50）	24～45（34）					（Hu et al.，2014）
海岸带地区	连云港	约 2014 年	138～170（151）	35～618（228）	83～377（189）					（Hu et al.，2014）
海岸带地区	厦门	约 2014 年	22～84（42）	21～105（56）	27～109（58）					（Hu et al.，2014）
自来水	中国	2012 年	14～83（33）	（13）	<1		7	24～151（70）	<1	（Li et al.，2014）
瓶装水	中国	2012 年	1～16	n.d.～49	n.d.		n.d.～2	20～82	n.d.	（Li et al.，2014）
8条河流	美国	2004 年	—	48～700（195）	100～400（200）		31～560（100）	n.d.		（Haggard et al.，2006）
Aire 河	英国	2011 年春	113～26050（6040）	119～316	62～149					（Cristale et al.，2013b）
Elbe 河口	德国	2010 年 8 月	40～250	5～20	—	10～50	2～8	<MDL～80		（Bollmann et al.，2012）
Rhine 河	德国	2010 年 8 月	75～160	12～25	—	17～84	6～28	28～54		（Bollmann et al.，2012）

续表

水样来源	位置	采样时间	TCPP	TCEP	TDCPP	T*i*BP	TBP	TBEP	TEHP	参考文献
4条淡水河	德国	2003~2005年	<MDL~2914(502)	<MDL~557(118)	<MDL~1284(117)	n.a.	<MDL~3889(276)	<MDL~1773(183)	—	(Quednow and Püttmann, 2008)
Ruhr河	德国	2002年9月	20~200	13~130	~50	<MDL~150	—	10~200	—	(Andresen et al., 2004)
3条河	西班牙	2012年春	<MDL~1800	<MDL~330	<MDL~200	<MDL~1200	<MDL~370	<MDL~4600	<MDL~4	(Cristale et al., 2013a)
3条河	奥地利	2005年夏	33~170(89)	13~130(51)	<MDL~19(10)	—	20~110(72)	24~500(179)	n.d.	(Martinez–Carballo et al., 2007)
WWTPs[a]	奥地利	2005年夏	350~1000(560)	43~1600(391)	23~260(85)	—	<MDL~310(146)	180~2700(916)	n.d.	(Martinez–Carballo et al., 2007)
WWTPs[b]	奥地利	2005年夏	310~960(730)	80~150(110)	27~160(81)	—	<MDL~810(292)	13~5400(967)	n.d.	(Martinez–Carballo et al., 2007)
WWTPs[c]	奥地利	2005年夏	270~1400(733)	<MDL~140(67)	19~1400(387)	—	<MDL~420(160)	17~2900(794)	n.d.	(Martinez–Carballo et al., 2007)
汉江、洛东江、灵山河	韩国	2004~2005年	—	14~81(42)						(Kim et al., 2007)
WWTPs	韩国	2004~2005年		92~2620(537)						(Kim et al., 2007)
WWTPs	德国	2002年9月	50~400	5~130	20~120	~2000	—	~500	—	(Andresen et al., 2004)
湖泊(城市)	德国	2007~2009年	7~18	<MDL	n.a.	<MDL	<MDL	<MDL		(Regnery and Puttmann, 2010)
湖泊(农村)	德国	2007~2009年	85~126	23~61	n.a.	8~10	17~32	<MDL~53		(Regnery and Puttmann, 2010)
雨水[d]	德国	2007~2008年	30~743	11~196	2~24	42~244	37~203	5~39		(Regnery and Puttmann, 2009)
雪水[d]	德国	2007~2008年	20~83	19~60	5~40	39~196	15~192	4~21		(Regnery and Puttmann, 2009)

注：WWTPs 表示污水处理厂出水；a 表示负载人口<10 000；b 表示 10 000<负载人口<100 000；c 表示负载人口>100 000；d 表示雨水和雪水的 OPEs 各浓度指不同采样点中值浓度的范围；—表示没有数据；n.d.表示未检测出；<MDL 表示小于检测限；n.a.表示数据无法获取

中国普遍存在 OPEs 污染，河水（Wang et al.，2011）、海岸带地区海水（Hu et al.，2014）、自来水和瓶装水（Li et al.，2014）都有 OPEs 检出。总体来讲，河流污染状况最严重，但连云港海岸带地区拥有中国最大的海港之一，受船舶及化工业影响，其污染水平与河流污染水平相当。中国不同地区 OPEs 分布模式有差异性也有共性，环渤海 40 条入海河流的 OPEs 分布模式与珠江口的相似，与松花江的差异较大。Wang 等（2014）研究了珠江八大入海口 9 种 OPEs [T*i*PrP、TBP、TCEP、

TCPP、TDCPP、TPhP、磷酸-2-乙基己酯二苯酯（2-ethylhexyl diphenyl phosphate，EHDPP）、TEHP 和 TPPO] 的污染水平，除 TEHP 外，其他 8 种 OPEs 检出率均为 100%，TCPP（150～1150ng/L）和 TCEP（220～1160ng/L）占比较大，在干季和雨季分别占 $\sum_9$OPEs 浓度的 43% 和 45%。而松花江 OPEs 分布模式与环渤海 40 条河流和珠江有较大不同。松花江是中国东北部最重要的河流之一，Wang 等（2011）对松花江水体中 12 种 OPEs（TMP、TEP、TCEP、TPP、TCPP、TDCPP、TPhP、TBP、TBEP、TCP、EHDPP 和 TEHP）开展了研究，发现 TCEP 和 TBP 是主要污染物，其他大部分在 100ng/L 以下。但研究发现松花江下游流经大中城市时 TCEP、TCPP 和 TBEP 有增高的趋势，与本研究同样证明了城市等人类活动会对河流造成 OPEs 污染。对中国 8 个城市自来水中 OPEs 的研究发现，贵阳等欠发达地区与北京等发达地区相比，自来水中 OPEs 污染水平明显偏高（Li et al.，2014），说明我国贵阳等欠发达地区水处理工艺有待提高。饮用水的 OPEs 污染水平较低，但说明了饮用水存在 OPEs 暴露风险。

与德国河流易北河（Elbe River）（Bollmann et al.，2012）、莱茵河（Rhine River）（Bollmann et al.，2012）、鲁尔河（Ruhr River）（Andresen et al.，2004），德国湖泊（Regnery and Puttmann，2010），西班牙河流（Cristale et al.，2013a），奥地利河流（Martinez- Carballo et al.，2007），韩国汉江、洛东江和灵山河（Kim et al.，2007）等相比，环渤海河流 OPEs 污染水平较高，尤其是 TCEP 污染水平较高，这一区别可能是由于20世纪90年代欧洲工业生产中用 TCPP 代替了 TCEP（Quednow and Püttmann，2008）。与英国典型排污河艾尔河（Aire River）（Cristale et al.，2013b）相比，环渤海河流 OPEs 污染水平较低，其 TCPP 浓度达到了 113～26 050ng/L，TCEP 浓度达到了 119～316ng/L，TDCPP 浓度达到了 62～149ng/L，TPP 浓度达到了 6.3～22ng/L，远高于环渤海河流中 OPEs 的污染水平，而且 TCEP、TDCPP 和 TPP 浓度沿河流变化不大。与之前的研究比对发现（Cristale and Lacorte，2013），Aire 河水中 OPEs 污染水平比较稳定，可见生活污水和工业废水是河流 OPEs 污染的重要来源。德国法兰克福市南部的 4 条淡水河是其重要的饮用水水源地，但是河水中 TCPP（502ng/L）、TBP（276ng/L）、TBEP（183ng/L）、TCEP（118ng/L）和 TDCPP（117ng/L）等污染严重（Quednow and Püttmann，2008），本研究中黄河等饮用水水源地 OPEs 的污染及中国自来水和瓶装水（Li et al.，2014）OPEs 的污染也证明了中国地表饮用水水源地 OPEs 污染现状不容忽视。

4.4.6　OPEs 的入海通量

河流在将人为污染物从陆地向海洋输送过程中扮演着重要的角色（Regnery and Puttmann，2010）。根据样品有机磷酸酯浓度和河流径流量，估算出 40 条河流

输送 OPEs 的通量为（16±3.2）t/a，输送 TPPO 的通量为（113±22.6）t/a。输送到
辽东湾 [（7.0±1.4）t/a] 的有机磷阻燃剂总量比输送到渤海湾 [（3.4±0.7）t/a] 和
莱州湾 [（1.5±0.3）t/a] 的高。具体通量信息见表 4.15。

$$W_a = \sum_{k=1}^{m} Q_a C_a$$

式中，W_a 为年通量；m 为 OPEs 化合物个数；C_a 为相应 OPEs 污染物浓度；Q_a 为
相应河流径流量。

表 4.15 环渤海 40 条河流水体中 Σ_{11}OPEs 和 TPPO 的浓度及入海通量

河流	入海口	年径流量/（亿 m³）[a]	Σ_{11}OPEs 浓度/（ng/L）	Σ_{11}OPEs 入海通量/（kg/a）	TPPO 浓度/（ng/L）	TPPO 入海通量/（kg/a）
鸭绿江	北黄海	190.59	206.61	3 937.82	5852.42	111 541.36
大洋河	北黄海	9.80	457.28	448.14	201.34	197.32
碧流河	北黄海	9.00	106.97	96.27	4.26	3.84
复州河	辽东湾	2.37	81.12	19.23	66.24	15.70
大辽河	辽东湾	46.6	219.80	1 024.29	67.94	316.58
辽河	辽东湾	70.97	588.03	4 173.23	17.80	126.31
大凌河	辽东湾	19.63	118.74	233.08	2.09	4.10
小凌河	辽东湾	4.03	937.64	377.87	56.76	22.88
六股河	辽东湾	6.02	953.35	573.91	133.46	80.34
汤河	辽东湾	0.34	9.55	0.32	1.11	0.04
戴河	渤海湾	0.51	39.21	2.00	2.07	0.11
洋河	渤海湾	0.28	148.04	4.11	4.59	0.13
滦河	渤海湾	29.04	23.63	68.63	15.81	45.91
小青龙河	渤海湾	0.07	18.36	0.13	1.47	0.01
陡河	渤海湾	13.10	95.07	124.55	3.36	4.40
蓟运河	渤海湾	15.85	18.05	28.62	0.70	1.11
潮白河	渤海湾	15.00	382.90	574.36	24.61	36.91
永定新河	渤海湾	0.711 9	310.41	22.10	76.35	5.44
海河	渤海湾	2.85	315.90	90.09	10.40	2.97
独流减河	渤海湾	9.77	211.50	206.64	9.61	9.39
大沽排污河	渤海湾	4.76	107.36	51.10	7.23	3.44
子牙新河	渤海湾	3.09	337.01	104.13	28.04	8.66
北排河	渤海湾	10.03	83.28	83.53	2.95	2.96
宣惠河	渤海湾	0.44	138.00	6.07	9.95	0.44
漳卫新河	渤海湾	7.55	193.60	146.17	79.06	59.69

续表

河流	入海口	年径流量/（亿 m³）[a]	Σ₁₁OPEs 浓度/（ng/L）	Σ₁₁OPEs 入海通量/（kg/a）	TPPO 浓度/（ng/L）	TPPO 入海通量/（kg/a）
马颊河	渤海湾	2.93	28.47	8.34	1.20	0.35
徒骇河	渤海湾	8.97	74.06	66.43	2.00	1.80
潮河	渤海湾	0.89	238.48	21.28	40.42	3.61
黄河	渤海湾	282.50	55.58	1 570.02	1.84	52.05
广利河	莱州湾	2.30	533.42	122.69	81.67	18.78
淄脉河	莱州湾	2.58	390.22	100.68	47.17	12.17
小清河	莱州湾	8.78	183.18	160.84	142.94	125.50
弥河	莱州湾	4.23	239.54	101.32	99.80	42.21
白浪河	莱州湾	1.22	441.48	53.86	369.75	45.11
虞河	莱州湾	0.05	870.31	4.35	48.57	0.24
潍河	莱州湾	14.46	50.46	72.96	8.95	12.93
胶莱河	莱州湾	2.33	307.07	71.55	18.70	4.36
王河	莱州湾	0.98	121.63	11.92	96.34	9.44
界河	莱州湾	2.46	808.08	198.79	1 283.12	315.65
夹河	北黄海	6.15	1 548.64	952.41	20.88	12.84
合计				15 913.83		113 147.08

a 引自崔正国（2008）

4.4.7　小结

本小节讨论了环渤海地区主要河流水相中有机磷酸酯污染水平及有机磷酸酯分布特征。

（1）环渤海 40 条入海河流水相中 OPEs 均有检出，各种有机磷酸酯化合物广泛分布且浓度范围变化较大，12 种 OPE 总浓度（Σ₁₂OPEs）为 9.6～1549ng/L，平均浓度为 300ng/L。与其他地区研究中河流水相及其他水相相比，环渤海河流水相中 OPEs 污染程度处于中等水平。

（2）TCPP、TCEP、TDCPP、TiBP、TBP 和 TPPO 检出率为 100%。TCPP、TCEP 和 TPPO 是主要污染物，平均浓度分别为 186ng/L、80.2ng/L 和 224ng/L，浓度百分比之和（[TCPP]+[TCEP]+[TPPO]）达到了 66.2%～99.7%，平均值为 91.1%。TPPO 的污染，尤其是鸭绿江（5852ng/L）和界河（1283ng/L），值得引起我们注意。TDCPP、TiBP、TBP、TBEP 和 THP 浓度在几到几十纳克每升水平，平均浓度分别为 4.3ng/L、13.4ng/L、6.3ng/L、4.2ng/L 和 3.5ng/L。TPeP、TEHP、TPP 和 TCP 浓度较低，平均浓度分别为 0.2ng/L、0.4ng/L、1.0ng/L 和 0.4ng/L。

（3）估算 40 条河流输送 OPEs 的通量为（16±3.2）t/a，输送 TPPO 的通量为
（113±22.6）t/a，输送到辽东湾（7.0±1.4）t/a 的有机磷阻燃剂总量比输送到渤海湾
（3.4±0.7）t/a 和莱州湾（1.5±0.3）t/a 的高。

（4）环渤海地区有机磷阻燃剂的源具有相似性，各河流有机磷阻燃剂分布模
式相似。污水处理厂和降雨是河流有机磷阻燃剂污染的重要来源，需要进一步论证。

（5）水相是有机磷阻燃剂重要的输入途径，有机磷阻燃剂之间较高的相关性
是其在水相中分配的结果。

（6）地表水污染已成为影响我国水安全最突出的因素，在传统污染化学需氧
量、氨氮和富营养化等还未改善的同时有机污染（如有机磷阻燃剂）也必须引起
重视，我国地表饮用水源地及饮用水已存在有机磷阻燃剂暴露风险。

<h2 style="text-align:center">参 考 文 献</h2>

崔正国. 2008. 环渤海 13 城市主要化学污染物排海总量控制方案研究. 中国海洋大学博士学位
　　论文.

Altenburger R. 2011. Understanding combined effects for metal co-exposure in ecotoxicology. Metal
　　Ions in Life Sciences, 8: 1-26.

Anantharaman S, Craft J A. 2012. Annual variation in the levels of transcripts of sex-specific genes in
　　the mantle of the common mussel, *Mytilus edulis*. Plos One, 7: 1-10.

Andresen J A, Grundmann A, Bester K. 2004. Organophosphorus flame retardants and plasticisers in
　　surface waters. Science of the Total Environment, 332(1-3): 155-166.

Arukwe A, Knudsen F R, Goksoyr A. 1997. Fish zona radiata (eggshell) protein: a sensitive
　　biomarker for environmental estrogens. Environmental Health Perspectives, 105: 418-422.

Aston L S, Noda J, Seiber J N, et al. 1996. Organophosphate flame retardants in needles of *Pinus
　　ponderosa* in the Sierra Nevada Foothills. Bulletin of Environmental Contamination and
　　Toxicology, 57: 859-866.

Bacaloni A, Cucci F, Guarino C, et al. 2008. Occurrence of organophosphorus flame retardant and
　　plasticizers in three volcanic lakes of central Italy. Environmental Science & Technology, 42:
　　1898-1903.

Barcelo D, Porte C, Cid J, et al. 1990. Determination of organophosphorus compounds in
　　Mediterranean coastal waters and biota samples using gas-chromatography with nitrogen-
　　phosphorus and chemical ionization mass-spectrometric detection. International Journal of
　　Environmental Analytical Chemistry, 38: 199-209.

Bester K. 2005. Comparison of TCPP concentrations in sludge and wastewater in a typical German
　　sewage treatment plant-comparison of sewage sludge from 20 plants. Journal of Environmental

Monitoring, 7: 509-513.

Bi X H, Simoneit B R T, Wang Z Z, et al. 2010. The major components of particles emitted during recycling of waste printed circuit boards in a typical e-waste workshop of South China. Atmospheric Environment, 44: 4440-4445.

Blow J J. 1993. Preventing re-replication of DNA in a single-cell cycle-evidence for a replication licensing factor. Journal of Cell Biology, 122: 993-1002.

Bollmann U E, Moller A, Xie Z, et al. 2012. Occurrence and fate of organophosphorus flame retardants and plasticizers in coastal and marine surface waters. Water Research, 46: 531-538.

Bruchajzer E, Frydrych B, Szymaniska J A, et al. 2015. Organophosphorus flame retardants-toxicity and influence on human health. Medycyna Pracy, 66: 235-264.

Camarata T, Krcmery J, Snyder D, et al. 2010. Pdlim7 (LMP4) regulation of Tbx5 specifies zebrafish heart atrio-ventricular boundary and valve formation. Developmental Biology, 337: 233-245.

Cao D D, Guo J H, Wang Y W, et al. 2017. Organophosphate esters in sediment of the Great Lakes. Environmental Science & Technology, 51: 1441-1449.

Cao S X, Zeng X Y, Song H, et al. 2012. Levels and distributions of organophosphate flame retardants and plasticizers in sediment from Taihu Lake, China. Environmental Toxicology and Chemistry, 31: 1478-1484.

Castro-Jimenez J, Berrojalbiz N, Pizarro M, et al. 2014. Organophosphate ester (OPE) flame retardants and plasticizers in the open Mediterranean and Black Seas atmosphere. Environmental Science & Technology, 48: 3203-3209.

Chatel A, Hamer B, Jaksic Z, et al. 2011. Induction of apoptosis in mussel *Mytilus galloprovincialis* gills by model cytotoxic agents. Ecotoxicology, 20: 2030-2041.

Chen D, Letcher R J, Chu S G, et al. 2012. Determination of non-halogenated, chlorinated and brominated organophosphate flame retardants in herring gull eggs based on liquid chromatography-tandem quadrupole mass spectrometry. Journal of Chromatography A, 1220: 169-174.

Ciocan C M, Cubero-Leon E, Minier C, et al. 2011. Identification of reproduction-specific genes associated with maturation and estrogen exposure in a marine bivalve *Mytilus edulis*. Plos One, 6: e22326.

Ciocan C M, Cubero-Leon E, Minier C, et al. 2015. Correction: identification of reproduction-specific genes associated with maturation and estrogen exposure in a marine bivalve *Mytilus edulis*. Plos One, 10: e0132080.

Cristale J, García Vázquez A, Barata C, et al. 2013a. Priority and emerging flame retardants in rivers: occurrence in water and sediment, *Daphnia magna* toxicity and risk assessment. Environment International, 59: 232-243.

Cristale J, Katsoyiannis A, Sweetman A J, et al. 2013b. Occurrence and risk assessment of organophosphorus and brominated flame retardants in the River Aire (UK). Environmental Pollution, 179: 194-200.

Cristale J, Lacorte S. 2013. Development and validation of a multiresidue method for the analysis of polybrominated diphenyl ethers, new brominated and organophosphorus flame retardants in sediment, sludge and dust. Journal of Chromatography A, 1305: 267-275.

Crump D, Chiu S, Kennedy S W. 2012. Effects of tris (1,3-dichloro-2-propyl) phosphate and tris (1-chloropropyl) phosphate on cytotoxicity and mRNA expression in primary cultures of avian hepatocytes and neuronal cells. Toxicological Sciences, 126: 140-148.

David M D, Seiber J N. 1999. Analysis of organophosphate hydraulic fluids in US Air Force base soils. Archives of Environmental Contamination and Toxicology, 36: 235-241.

Dishaw L V, Hunter D L, Padnos B, et al. 2014. Developmental exposure to organophosphate flame retardants elicits overt toxicity and alters behavior in early life stage zebrafish (*Danio rerio*). Toxicological Sciences, 142: 445-454.

Dzeja P, Terzic A. 2009. Adenylate kinase and AMP signaling networks: metabolic monitoring, signal communication and body energy sensing. International Journal of Molecular Sciences, 10: 1729-1772.

Estevez-Calvar N, Romero A, Figueras A, et al. 2011. Involvement of pore-forming molecules in immune defense and development of the Mediterranean mussel (*Mytilus galloprovincialis*). Developmental and Comparative Immunology, 35: 1015-1029.

Etter M C, Baures P W. 1987. Triphenylphosphine oxide as a crystallization aid. Journal of Analytical Chemistry, 110: 639-640.

Fang Q, Zhang C S, Wang X L. 2010. Spatial distribution and influential factors for COD in the high frequency red tide area of the East China Sea. Journal of Ocean University of China, 40: 167-172.

Fang Y L, Song S R, Zhang A, et al. 2007. Effects of NaCl stress on activity of SOD, POD and CAT in the leaves of wine grapevines. Proceedings of the Fifth International Symposium on Viticulture and Enology, 6: 41-45.

Ferrari A, Venturino A, Angelo A M P. 2007. Effects of carbaryl and azinphos methyl on juvenile rainbow trout (*Oncorhynchus mykiss*) detoxifying enzymes. Pesticide Biochemistry and Physiology, 88(2): 134-142.

Fiermonte G, Dolce V, Palmieri F. 1998. Expression in *Escherichia coli*, functional characterization, and tissue distribution of isoforms A and B of the phosphate carrier from bovine mitochondria. Journal of Biological Chemistry, 273: 22782-22787.

Fliegauf M, Benzing T, Omran H. 2007. When cilia go bad: cilia defects and ciliopathies. Nature

Reviews Molecular Cell Biology, 8: 880-893.

Fuheng H, Wang L, Shuang F C. 2009. Solubilities of triphenylphosphine oxide in selected solvents. Journal of Chemical & Engineering Data, 54: 1382-1394.

Funabara D, Nakaya M, Watabe S. 2001. Isolation and characterization of a novel 45 kDa calponin-like protein from anterior byssus retractor muscle of the mussel *Mytilus galloprovincialis*. Fisheries Science, 67: 511-517.

Funabara D, Watabe S, Mooers S U, et al. 2003. Twitchin from molluscan catch muscle-primary structure and relationship between site-specific phosphorylation and mechanical function. Journal of Biological Chemistry, 278: 29308-29316.

Galindo B E, Moy G W, Swanson W J, et al. 2002. Full-length sequence of VERL, the egg vitelline envelope receptor for abalone sperm lysin. Gene, 288: 111-117.

Gao P, Liao Z, Wang X X, et al. 2015. Layer-by-layer proteomic analysis of *Mytilus galloprovincialis* shell. Plos One, 10: e0133913.

Gerdol M, De Moro G, Manfrin C, et al. 2012. Big defensins and mytimacins, new AMP families of the Mediterranean mussel *Mytilus galloprovincialis*. Developmental and Comparative Immunology, 36: 390-399.

Gestal C, Pallavicini A, Venier P, et al. 2010. MgC1q, a novel C1q-domain-containing protein involved in the immune response of *Mytilus galloprovincialis*. Developmental and Comparative Immunology, 34: 926-934.

Green N, Schlabach M, Bakke T, et al. 2008. Screening of selected metals and new organic contaminants 2007. Norwegian Pollution Control Agency.

Guo B, Wang W J, Zhao Z H, et al. 2017. Rab14 Act as oncogene and induce proliferation of gastric cancer cells via AKT signaling pathway. Plos One, 12(1): e0170620.

Guo Z G, Lin T, Zhang G, et al. 2006. High-resolution depositional records of polycyclic aromatic hydrocarbons in the central continental shelf mud of the East China Sea. Environmental Science & Technology, 40: 5304-5311.

Haggard B E, Galloway J M, Green W R, et al. 2006. Pharmaceuticals and other organic chemicals in selected north-central and northwestern Arkansas streams. Journal of Environmental Quality, 35(4): 1078-1087.

Halliwell B, Gutteridge J M C. 1986. Oxygen free-radicals and iron in relation to biology and medicine: some problems and concepts. Archives of Biochemistry and Biophysics, 246: 501-514.

Han Y B, Haines C J, Feng H L. 2007. Role(s) of the serine/threonine protein phosphatase 1 on mammalian sperm motility. Archives of Andrology, 53: 169-177.

Hu F H, Wang L S, Cai S F. 2009. Solubilities of triphenylphosphine oxide in selected solvents.

Journal of Chemical and Engineering Data, 54: 1382-1384.

Hu J, Liu W X, Chen J L, et al. 2008. Distribution and property of polycyclic aromatic hydrocarbons in littoral surface sediments from the Yellow Sea, China. Journal of Environmental Science and Health Part A, 43: 382-389.

Hu L M, Lin T, Shi X F, et al. 2011a. The role of shelf mud depositional process and large river inputs on the fate of organochlorine pesticides in sediments of the Yellow and East China seas. Geophysical Research Letters, 38(3): 246-258.

Hu M Y, Li J, Zhang B B, et al. 2014. Regional distribution of halogenated organophosphate flame retardants in seawater samples from three coastal cities in China. Marine Pollution Bulletin, 86: 569-574.

Hu N J, Shi X F, Huang P, et al. 2011b. Polycyclic aromatic hydrocarbons (PAHs) in surface sediments of Liaodong Bay, Bohai Sea, China. Environmental Science and Pollution Research, 18: 163-172.

Ishikawa T. 2017. Axoneme structure from motile cilia. Cold Spring Harbor Perspectives in Biology, 9(1): a028076.

Ji C L, Li F, Wang Q, et al. 2016. An integrated proteomic and metabolomic study on the gender-specific responses of mussels Mytilus galloprovincialis to tetrabromobisphenol A (TBBPA). Chemosphere, 144: 527-539.

Ji C L, Wu H F, Wei L, et al. 2013. Proteomic and metabolomic analysis reveal gender-specific responses of mussel Mytilus galloprovincialis to 2,2′,4,4′-tetrabromodiphenyl ether (BDE 47). Aquatic Toxicology, 140: 449-457.

Jiao J, Zhang L. 2009. Progress of study on cilia. Journal of Capital Medical University, 30: 70-75.

Jonsson A, Gustafsson O, Axelman J, et al. 2003. Global accounting of PCBs in the continental shelf sediments. Environmental Science & Technology, 37: 245-255.

Jorgensen C B, Kiorboe T, Mohlenberg F, et al. 1984. Ciliary and mucus-net filter feeding, with special reference to fluid mechanical characteristics. Marine Ecology Progress Series, 15: 283-292.

Kawagoshi Y, Fukunaga I, Itoh H. 1999. Distribution of organophosphoric acid triesters between water and sediment at a sea-based solid waste disposal site. Journal of Material Cycles and Waste Management, 1: 53-61.

Kawagoshi Y, Nakamura S, Fukunaga I. 2002. Degradation of organophosphoric esters in leachate from a sea-based solid waste disposal site. Chemosphere, 48: 219-225.

Kim S D, Cho J, Kim I S, et al. 2007. Occurrence and removal of pharmaceuticals and endocrine disruptors in South Korean surface, drinking, and waste waters. Water Research, 41(5): 1013-1021.

Kishore U, Reid K B M. 2000. C1q: structure, function, and receptors. Immunopharmacology, 49: 159-170.

Koutsogiannaki S, Kaloyianni M. 2010. Pollutants effects on ROS production and DNA damage of *Mytilus galloprovincialis* hemocytes: role of NHE, PKC and cAMP. Comparative Biochemistry and Physiology, 157: S38.

Krcmery J, Camarata T, Kulisz A, et al. 2010. Nucleocytoplasmic functions of the PDZ-LIM protein family: new insights into organ development. Bioessays, 32: 100-108.

Lai S C, Xie Z Y, Song T L, et al. 2015. Occurrence and dry deposition of organophosphate esters in atmospheric particles over the northern South China Sea. Chemosphere, 127: 195-200.

Lepinoux-Chambaud C, Eyer J. 2013. Review on intermediate filaments of the nervous system and their pathological alterations. Histochemistry and Cell Biology, 140: 13-22.

Letcher R J, Chen D, Chu S G, et al. 2011. Organophosphate triester flame retardant and phosphoric acid diester metabolite analysis and spatial and temporal trends in herring gulls from the North American Great Lakes. Organohalogen Compd, 73: 1257-1260.

Lewis J, Ausio J. 2002. Protamine-like proteins: evidence for a novel chromatin structure. Biochemistry and Cell Biology-Biochimie et Biologie Cellulaire, 80: 353-361.

Li D L, Liu X B, Liu Z G, et al. 2016. Variations in total organic carbon and acid-volatile sulfide distribution in surface sediments from Luan River Estuary, China. Environmental Earth Sciences, 75: 1073.

Li F Y, Gao S, Jia J J, et al. 2002. Contemporary deposition rates of fine-grained sediment in the Bohai and Yellow Seas. Oceanologia et Limnologia Sinicia, 33: 364-369.

Li F, Cao L L, Li X H, et al. 2015. Affinities of organophosphate flame retardants to tumor suppressor gene *p53*: an integrated in vitro and in silico study. Toxicology Letters, 232: 533-541.

Li J, Yu N, Zhang B, et al. 2014. Occurrence of organophosphate flame retardants in drinking water from China. Water Research, 54: 53-61.

Liagkouridis L, Cousins A P, Cousins I T. 2015. Physical-chemical properties and evaluative fate modelling of emerging and novel brominated and organophosphorus flame retardants in the indoor and outdoor environment. Science of the Total Environment, 524: 416-426.

Liao Z, Bao L F, Fan M H, et al. 2015. In-depth proteomic analysis of nacre, prism, and myostracum of *Mytilus* shell. Journal of Proteomics, 122: 26-40.

Lin Z, Che B G, Wang X D, et al. 2012. Progess in the in the researching method of ecotoxicology for environmental pollutants. Journal of Wenzhou Medical college, 42(2): 192-196.

Liu X, Ji K, Choi K. 2012. Endocrine disruption potentials of organophosphate flame retardants and related mechanisms in H295R and MVLN cell lines and in zebrafish. Aquatic Toxicology, 114: 173-181.

Lu L Y, Dong S G, Tang Z H, et al. 2013. Distributions and pollution assessments of heavy metals in surface sediments in offshore area of South Yellow Sea. Transactions of Oceanology and Limnology, 4: 101-110.

Ma Y Q, Cui K Y, Zeng F, et al. 2013. Microwave-assisted extraction combined with gel permeation chromatography and silica gel cleanup followed by gas chromatography-mass spectrometry for the determination of organophosphorus flame retardants and plasticizers in biological samples. Analytica Chimica Acta, 786: 47-53.

Ma Y X, Xie Z Y, Lohmann R, et al. 2017. Organophosphate ester flame retardants and plasticizers in ocean sediments from the North Pacific to the Arctic Ocean. Environmental Science & Technology, 51: 3809-3815.

Madureira T V, Rocha M J, Cruzeiro C, et al. 2012. The toxicity potential of pharmaceuticals found in the Douro River estuary (Portugal): evaluation of impacts on fish liver, by histopathology, stereology, vitellogenin and CYP1A immunohistochemistry, after sub-acute exposures of the zebrafish model. Environmental Toxicology and Pharmacology, 34(1): 34-45.

Mao Y Z, Zhou C Y, Zhu L, et al. 2013. Identification and expression analysis on bactericidal permeability-increasing protein (BPI)/lipopolysaccharide-binding protein (LBP) of ark shell, *Scapharca broughtonii*. Fish & Shellfish Immunology, 35: 642-652.

Marklund A, Andersson B, Haglund P. 2003. Screening of organophosphorus compounds and their distribution in various indoor environments. Chemosphere, 53: 1137-1146.

Marklund A, Andersson B, Haglund P. 2005. Organophosphorus flame retardants and plasticizers in Swedish sewage treatment plants. Environmental Science & Technology, 39: 7423-7429.

Martinez-Carballo E, Gonzalez-Barreiro C, Sitka A, et al. 2007. Determination of selected organophosphate esters in the aquatic environment of Austria. Science of the Total Environment, 388: 290-299.

Martins E, Figueras A, Novoa B, et al. 2014. Comparative study of immune responses in the deep-sea hydrothermal vent mussel *Bathymodiolus azoricus* and the shallow-water mussel *Mytilus galloprovincialis* challenged with *Vibrio* bacteria. Fish & Shellfish Immunology, 40: 485-499.

Mates J M. 2000. Effects of antioxidant enzymes in the molecular control of reactive oxygen species toxicology. Biogenic Amines, 16: 53-62.

Men B, He M, Tan L, et al. 2014. Distributions of polychlorinated biphenyls in the Daliao River estuary of Liaodong Bay, Bohai Sea (China). Marine Pollution Bulletin, 78(1-2): 77-84.

Michelot A, Drubin D G. 2011. Building distinct actin filament networks review in a common cytoplasm. Current Biology, 21: R560-R569.

Micic M, Bihari N, Jaksic Z, et al. 2002. DNA damage and apoptosis in the mussel *Mytilus galloprovincialis*. Marine Environmental Research, 53: 243-262.

Mihajlovic I, Miloradov M V, Fries E. 2011. Application of twisselmann extraction, SPME, and GC-MS to assess input sources for organophosphate esters into soil. Environmental Science & Technology, 45: 2264-2269.

Moller A, Sturm R, Xie Z Y, et al. 2012. Organophosphorus flame retardants and plasticizers in airborne particles over the Northern Pacific and Indian Ocean toward the polar regions: evidence for global occurrence. Environmental Science & Technology, 46: 3127-3134.

Ohashi E, Ogi T, Kusumoto R, et al. 2000. Error-prone bypass of certain DNA lesions by the human DNA polymerase kappa. Genes & Development, 14: 1589-1594.

Ou Y X. 2011. Developments of organic phosphorus flame retardant industry in China. Chemical Industrial Engneering Progess, 30: 210-215.

Palmieri F. 2004. The mitochondrial transporter family (SLC25): physiological and pathological implications. Pflugers Archiv-European Journal of Physiology, 447: 689-709.

Panayiotou C, Solaroli N, Xu Y J, et al. 2011. The characterization of human adenylate kinases 7 and 8 demonstrates differences in kinetic parameters and structural organization among the family of adenylate kinase isoenzymes. Biochemical Journal, 433: 527-534.

Petrovic M, Gonzalez S, Barcelo D. 2003. Analysis and removal of emerging contaminants in wastewater and drinking water. Trac-Trends in Analytical Chemistry, 22(10): 685-696.

Pillai S, Behra R, Nestler H, et al. 2014. Linking toxicity and adaptive responses across the transcriptome, proteome, and phenotype of Chlamydomonas reinhardtii exposed to silver. Proceedings of the National Academy of Sciences of the United States of America, 111(9): 3490-3495.

Quednow K, Püttmann W. 2008. Organophosphates and synthetic musk fragrances in freshwater streams in Hessen/Germany. Clean-Soil, Air, Water, 36(1): 70-77.

Quintana J B, Rodil R, Reemtsma T, et al. 2008. Organophosphorus flame retardants and plasticizers in water and air II. Analytical methodology. Trends in Analytical Chemistry, 27(10): 904-915.

Rani M, Shanker U, Jassal V. 2017. Recent strategies for removal and degradation of persistent & toxic organochlorine pesticides using nanoparticles: a review. Journal of Environmental Management, 190: 208-222.

Reemtsma T, Quintana J B, Rodil R, et al. 2008. Organophosphorus flame retardants and plasticizers in water and air I. Occurrence and fate. Trends in Analytical Chemistry, 27: 727-737.

Regnery J, Puttmann W. 2009. Organophosphorus flame retardants and plasticizers in rain and snow from middle Germany. Clean-Soil Air Water, 37(4-5): 334-342.

Regnery J, Puttmann W. 2010. Occurrence and fate of organophosphorus flame retardants and plasticizers in urban and remote surface waters in Germany. Water Research, 44: 4097-4104.

Riedl S J, Shi Y G. 2004. Molecular mechanisms of caspase regulation during apoptosis. Nature

Reviews Molecular Cell Biology, 5: 897-907.

Rikans L E, Hornbrook K R. 1997. Lipid peroxidation, antioxidant protection and aging. Biochimica et Biophysica Acta-Molecular Basis of Disease, 1362: 116-127.

Rodriguez I, Calvo F, Quintana J B, et al. 2006. Suitability of solid-phase microextraction for the determination of organophosphate flame retardants and plasticizers in water samples. Journal of Chromatography A, 1108: 158-165.

Roux P P, Shahbazian D, Vu H, et al. 2007. RAS/ERK signaling promotes site-specific ribosomal protein S6 phosphorylation via RSK and stimulates cap-dependent translation. Journal of Biological Chemistry, 282: 14056-14064.

Salamova A, Ma Y, Venier M, et al. 2014. High levels of organophosphate flame retardants in the Great Lakes atmosphere. Environmental Science & Technology Letters, 1: 8-14.

Shemetov A A, Seit-Nebi A S, Gusev N B. 2008. Structure, properties, and functions of the human small heat-shock protein HSP22 (HspB8, H11, E2IG1): a critical review. Journal of Neuroscience Research, 86: 264-269.

SOA. 2011. China Marine Environmental Quality Bulletin of 2010, Section 4 (Total 6). State Oceanic Administration, People's Republic of China.

SOA. 2016. China Marine Environmental Quality Bulletin of 2015, Section 3 (Total 6). State Oceanic Administration, People's Republic of China.

Su G Y, Crump D, Letcher R J, et al. 2014. Rapid in vitro metabolism of the flame retardant triphenyl phosphate and effects on cytotoxicity and mRNA expression in chicken embryonic hepatocytes. Environmental Science & Technology, 48: 13511-13519.

Sundkvist A M, Olofsson U, Haglund P. 2010. Organophosphorus flame retardants and plasticizers in marine and fresh water biota and in human milk. Journal of Environmental Monitoring, 12: 943-951.

Takagi T, Nakamura A, Deguchi R, et al. 1994. Isolation, characterization, and primary structure of three major proteins obtained from *Mytilus edulis* sperm1. The Journal of Biochemistry, 116: 598-605.

Tanaka H, Iguchi N, Toyama Y, et al. 2004. Mice deficient in the axonemal protein Tektin-t exhibit male infertility and immotile-cilium syndrome due to impaired inner arm dynein function. Molecular and Cellular Biology, 24: 7958-7964.

Terahara K, Takahashi K G. 2008. Mechanisms and immunological roles of apoptosis in molluscs. Current Pharmaceutical Design, 14: 131-137.

van der Veen I, de Boer J. 2012. Phosphorus flame retardants: properties, production, environmental occurrence, toxicity and analysis. Chemosphere, 88: 1119-1153.

Wang J Y, Lan P, Gao H M, et al. 2013a. Expression changes of ribosomal proteins in phosphate-and iron-deficient *Arabidopsis* roots predict stress-specific alterations in ribosome composition. BMC Genomics, 14(1): 783.

Wang Q, Wang C Y, Mu C K, et al. 2013b. A novel C-type lysozyme from *Mytilus galloprovincialis*: insight into innate immunity and molecular evolution of invertebrate C-type lysozymes. Plos One, 8(6): e67469.

Wang Q, Zhang L B, Zhao J M, et al. 2012. Two goose-type lysozymes in *Mytilus galloprovincialis*: possible function diversification and adaptive evolution. Plos One, 7(9): e45148.

Wang R M, Tang J H, Xie Z Y, et al. 2015. Occurrence and spatial distribution of organophosphate ester flame retardants and plasticizers in 40 rivers draining into the Bohai Sea, north China. Environmental Pollution, 198: 172-178.

Wang X W, He Y Q, Lin L, et al. 2014. Application of fully automatic hollow fiber liquid phase microextraction to assess the distribution of organophosphate esters in the Pearl River Estuaries. Science of the Total Environment, 470: 263-269.

Wang X W, Liu J F, Yin Y G. 2011. Development of an ultra-high-performance liquid chromato-graphy-tandem mass spectrometry method for high throughput determination of organo-phosphorus flame retardants in environmental water. Journal of Chromatography A, 1218(38): 6705-6711.

Wei G L, Li D Q, Zhuo M N, et al. 2015. Organophosphorus flame retardants and plasticizers: sources, occurrence, toxicity and human exposure. Environmental Pollution, 196: 29-46.

Wei Q S, Yu Z G, Wang B D, et al. 2016. Coupling of the spatial-temporal distributions of nutrients and physical conditions in the southern Yellow Sea. Journal of Marine Systems, 156: 30-45.

Werner E. 2007. An introduction to systems biology: design principles of biological circuits. Nature, 446(7135): 493-494.

WHO. 1998. Environmental Health Criteria 209, Flame Retardants: tris (chloropropyl) phosphate and tris (2-chloroethyl) phosphate. Geneva, Switzerland.

WHO. 2000. Environmental Health Criteria 209, Flame Retardants: tris-(2-butoxyethyl) phosphate, tris-(2-ethylhexyl) phosphate and tetrakis (hydroxymethyl) phosphonium salts. Geneva, Switzerland.

Wickstead B, Gull K. 2011. The evolution of the cytoskeleton. Journal of Cell Biology, 194: 513-525.

Wu S G, Chen L P, Wu C X, et al. 2011. Acute toxicity and safety of four insecticides to aquatic organisms. Acta Agriculturae Zhejiangensis, 23(1): 101-106.

Xia W J, Lei J Z. 2018. Formulation of the protein synthesis rate with sequence information. Mathematical Biosciences and Engineering, 15: 507-522.

Xie W H, Shiu W Y, Mackay D. 1997. A review of the effect of salts on the solubility of organic compounds in seawater. Marine Environmental Research, 44: 429-444.

Xu C S, Li H H, Zhang L, et al. 2016. MicroRNA-1915-3p prevents the apoptosis of lung cancer cells by downregulating DRG2 and PBX2. Molecular Medicine Reports, 13: 505-512.

Yamada A, Yoshio M, Oiwa K, et al. 2000. Catchin, a novel protein in molluscan catch muscles, is produced by alternative splicing from the myosin heavy chain gene. Journal of Molecular Biology, 295: 169-178.

Yan X, He H, Peng Y, et al. 2012. Determination of organophosphorus flame retardants in surface water by solid phase extraction coupled with gas chromatography-mass spectrometry. Chinese Journal of Analytical Chemistry, 40: 1693-1697.

Yan'kova V I, Gvozdenko T A. 2005. Age-related differences in the degree of lipid peroxidation and state of antioxidant protection under the influence of alloxan. Bulletin of Experimental Biology and Medicine, 139: 305-308.

Yang Z S, Liu J P. 2007. A unique Yellow River-derived distal subaqueous delta in the Yellow Sea. Marine Geology, 240: 169-176.

Ying Z, Tian H, Li Y, et al. 2017. CCT6A suppresses SMAD2 and promotes prometastatic TGF-beta signaling. Journal of Clinical Investigation, 127: 1725-1740.

Zange J, Portner H O, Grieshaber M K. 1989. The anaerobic energy-metabolism in the anterior byssus retractor muscle of Mytilus edulis during contraction and catch. Journal of Comparative Physiology B-Biochemical Systemic and Environmental Physiology, 159: 349-358.

Zeng X Y, Liu Z Y, He L X, et al. 2015. The occurrence and removal of organophosphate ester flame retardants/plasticizers in a municipal wastewater treatment plant in the Pearl River Delta, China. Journal of Environmental Science and Health Part A–Toxic/Hazardous Substances & Environmental Engineering, 50(12): 1291-1297.

Zhang R J, Tang J H, Li J, et al. 2013. Antibiotics in the offshore waters of the Bohai Sea and the Yellow Sea in China: occurrence, distribution and ecological risks. Environmental Pollution, 174: 71-77.

Zhang R J, Zhang G, Zheng Q, et al. 2012. Occurrence and risks of antibiotics in the Laizhou Bay, China: impacts of river discharge. Ecotoxicology and Environmental Safety, 80: 208-215.

Zhang X, Sühring R, Serodio D, et al. 2016. Novel flame retardants: estimating the physical-chemical properties and environmental fate of 94 halogenated and organophosphate PBDE replacements. Chemosphere, 144: 2401-2407.

Zhang Y E, Wang J N, Tang J M, et al. 2009. In vivo protein transduction: delivery of PEP-1-SOD1 fusion protein into myocardium efficiently protects against ischemic insult. Molecules and Cells, 27: 159-166.

Zhang Y. 2014. Global market analysis of flame retardant. Fine and Specialty Chemicals, 22: 20-24.

Zhong M Y, Tang J H, Mi L, et al. 2017. Occurrence and spatial distribution of organophosphorus flame retardants and plasticizers in the Bohai and Yellow Seas, China. Marine Pollution Bulletin, 121: 331-338.

Zhu B J, Wu X Z. 2012. Identification and function of LPS induced tumor necrosis factor-alpha (LITAF) gene from *Crassostrea ariakensis* stimulated by Rickettsia-like organism. African Journal of Microbiology Research, 6: 4169-4174.

Zou S C, Xu W H, Zhang R J, et al. 2011. Occurrence and distribution of antibiotics in coastal water of the Bohai Bay, China: impacts of river discharge and aquaculture activities. Environmental Pollution, 159: 2913-2920.

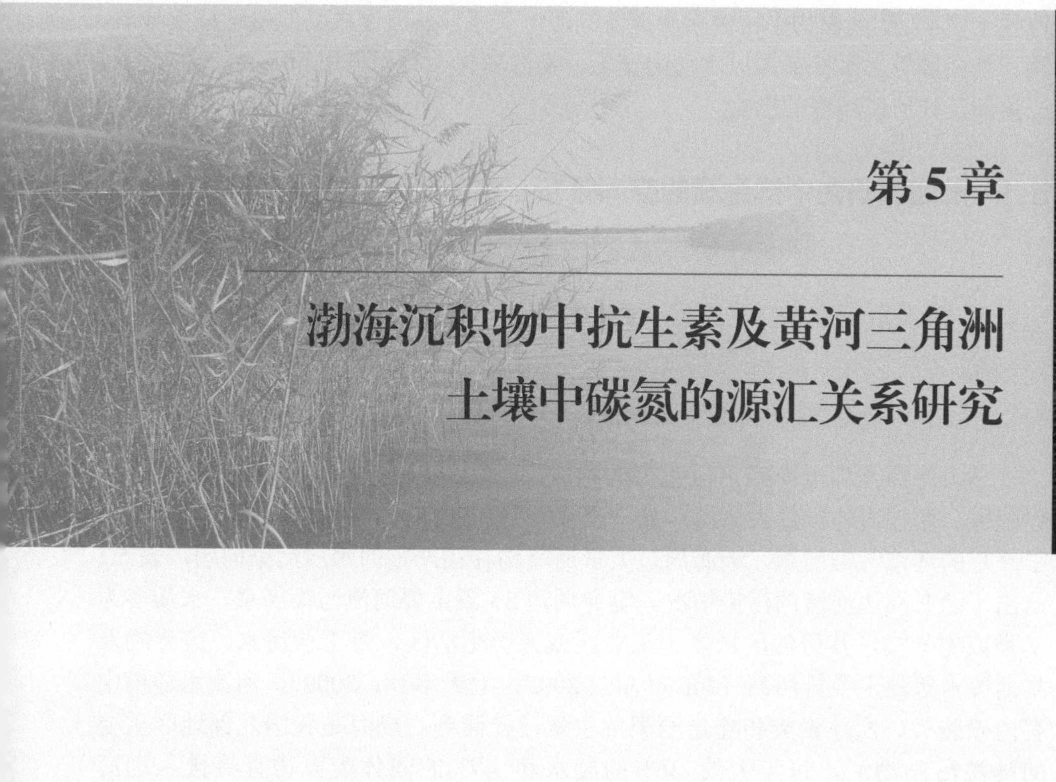

第 5 章

渤海沉积物中抗生素及黄河三角洲
土壤中碳氮的源汇关系研究

　　海洋是陆地污染物重要的汇，渤海每年接收陆源排放的废水和固体废弃物比例分别达 36% 和 47%（Chang and Lin，2007），大量抗生素等污染物和碳氮等营养物质通过废水排泄或农业径流等进入河流和地下水，最终埋藏于海岸带土壤和沉积物中。除陆源输入影响外，近海水产养殖业的迅猛发展带来的抗生素污染和水体富营养化问题也不容忽视。黄河三角洲作为我国典型的冲积泥沙填海造陆形成的近代沉积区，正经历着快速城镇化和经济发展，大量农业、工业和生活废物通过黄河及沿岸其他河流排入近海区域，最终影响渤海沉积物中污染物和有机质的迁移及归趋。本章通过分析渤海及其周边河口沉积物中抗生素的分布和来源特征与黄河三角洲及其周边海湾土壤和沉积物中碳氮归趋，探讨渤海和黄河三角洲地区土壤-河流-沉积物中抗生素和碳氮的源汇关系，并通过样品的磁学特征与碳、氮、重金属等元素特征探讨水动力变化、物源变化、海相作用和人类活动对黄河三角洲及其河口环境的影响。

5.1　渤海沉积物中抗生素的空间分布、生态风险及来源解析

5.1.1　渤海沉积物中抗生素的空间分布

5.1.1.1　渤海沉积物中抗生素的含量水平

　　三大海湾是环渤海经济区重要的组成部分，同时也是我国北部重要的水产养殖区，为国内外提供大量海产品（李宝玉等，2014）。高速发展的背后也带来了严重的环境污染问题，渤海周边大量河流均存在严重的水质污染问题。表 5.1 给出了渤海周边河流的污染情况。渤海周边 35 条主要河流污染严重，水质多为 V 类或劣 V 类，其所经区域多为工业区或人类生活区，是工业污水、废弃物及生活废水等的主要排污河（Jun et al.，2007；毛天宇等，2009），河流水环境中有内磺胺类、四环素类和喹诺酮类抗生素被检测到。渤海是我国北部地区重要的陆源污染物汇，每年大约 36% 的废水和 47% 的固体废弃物直接排入渤海（Chang and Lin，2007），河流输入成为河口甚至海洋污染的重要来源（Zhang et al.，2012）。渤海、黄海海水表层水体（Zhang et al.，2011，2013）中已有多种抗生素污染出现，甚至部分河口沉积物中也有抗生素污染（Zhou et al.，2011），这些污染可能会成为海洋沉积物中抗生素污染的来源（Zou et al.，2011），同时，有研究显示水产养殖中抗生素的滥用是沉积物中抗生素污染的另一重要来源（Gothwal and Shashidhar，2015）。

表 5.1　渤海周边河流的污染情况统计表

河流	水质类别	流域特点及污染情况	抗生素污染种类	参考文献
海河	III	灌溉、养殖、旅游	SAs，TCs，FQs	齐维晓等，2010
大辽河	V	工业集中区，工业废水排放量大，人口密度大，地表水资源不足	SAs，TCs，FQs	夏斌，2007
辽河	V	工业集中区，工业废水排放量大，人口密度大，地表水资源不足	SAs，TCs，FQs	夏斌，2007
小凌河	劣V	工业污水和生活废水	SAs，FQs	王焕松等，2010
陡河	na	生活废水排放	SAs，TCs，FQs	杨淑宽等，1983
滦河	劣V	人口密度大，废、污水排放量大	na	夏斌，2007
蓟运河	劣V	全段处于农业区，下游有农药化工厂	SAs，TCs，FQs	杨淑宽等，1983
大沽排污河	劣V	天津重要的排污河	SAs，TCs，FQs	齐维晓等，2010
北排河	劣V	排污河	na	王流泉和牛俊，1982；刘成等，2007
马颊河	na	跨越豫、冀、鲁，上游工业区、生活废水排入	SAs，FQs	齐维晓等，2010
黄河	V	石油污染严重	na	夏斌，2007
子牙新河	na	生活废水排放	SAs，FQs	王流泉和牛俊，1982；刘成等，2007
小清河	劣V	济南、淄博大量污水污染严重	SAs，TCs，FQs	夏斌，2007
弥河	na	蔬菜生产基地	SAs，TCs，FQs	袁顺全等，2008
白浪河	劣V	工业污水和生活废水排放，污染严重	na	曲平波，2009
虞河	na	潍坊污水排放干道，污染严重	na	隋艺等，2014
王河	na	污染严重	SAs，TCs，FQs	郝竹青等，2005
独流减河	劣V	经招远，生活废水排放	SAs，TCs，FQs	刘成等，2007
大洋河	III	平原广阔，土地肥沃	na	车延路，2014
碧流河	IV	兼有防洪、发电、养殖、灌溉、旅游等作用	na	张双翼和孙娟，2012
复州河	IV	入海口水质较好	na	梁立章等，2011
大凌河	V	工业污水和生活废水	SAs，FQs	王焕松等，2010
汤河	na	生活污水，主要污染物为溶解无机氮（DIN）和化学需氧量（COD）	na	李志伟和崔力拓，2012
小青龙河	IV	na	na	na
潮白河	劣V	na	na	na
永定新河	劣V	天津重要的排污河	na	刘成等，2007；齐维晓等，2010
海河	劣V	河北第一大河，排污河	na	齐维晓等，2010
宣惠河	劣V	生活废水、工业污水	na	齐维晓等，2010
漳卫新河	劣V	人工泄洪河道	na	齐维晓等，2010
潮河	劣V	na	na	齐维晓等，2010
广利河	na	季节性防洪河道	na	王海瑞，2014

续表

河流	水质类别	流域特点及污染情况	抗生素污染种类	参考文献
淄脉河	na	小清河支流,具有防洪、排涝、改盐碱和油田防护等功能	na	陈晓敏,1997
潍河	na	na	na	冷维亮等,2013
界河	劣V	生活废水、工业污水	na	郝竹青等,2005
夹河	劣V	生活废水、工业污水	na	郝竹青等,2005

注：SAs 表示磺胺类污染；TCs 表示四环素类污染；FQs 表示喹诺酮类污染；na 表示未获得

对渤海及其周边 35 条主要河流河口沉积物中抗生素的调查结果如表 5.2 所示。被检测的 17 种抗生素中有 9 种抗生素存在明显的污染现象,主要为喹诺酮类、四环素类和大环内酯类抗生素,而磺胺类抗生素污染并未在沉积物中检测到,可能是由于磺胺类抗生素水溶性较大,更易以溶解态存在而较少富集于沉积物中。总体来看,河口沉积物中抗生素的检出率均高于渤海沉积物,表明河口沉积物中抗生素污染状况明显比渤海严重。喹诺酮类抗生素在河口和渤海沉积物中的污染现象较四环素类和大环内酯类抗生素更普遍,诺氟沙星、氧氟沙星、恩诺沙星和环丙沙星 4 种常见的抗生素均被检测到,而且在渤海和河口沉积物中的检出率均相对较高,其中,氧氟沙星的检出率最高,分别为 22.3%和 71.4%,诺氟沙星和环丙沙星的检出率相对较低。四环素、多西环素和罗红霉素在渤海沉积物中并未检测到,其在河口沉积物的检出率低于 12%。土霉素和金霉素在河口沉积物中的检出率明显高于渤海沉积物,其中,土霉素在河口沉积物中的检出率较高,超过50%。

表 5.2 渤海及其周边河口表层沉积物中抗生素污染浓度和检出率统计表

抗生素	渤海沉积物（n=104）				河口沉积物（n=35）			
	平均值/(μg/kg)	最小值/(μg/kg)	最大值/(μg/kg)	检出率/%	平均值/(μg/kg)	最小值/(μg/kg)	最大值/(μg/kg)	检出率/%
诺氟沙星	2.5	1.2	6.4	14.5	15.1	1.8	66.6	45.7
氧氟沙星	1.5	0.2	6.0	22.3	7.6	0.6	42.1	71.4
环丙沙星	4.4	2.4	9.8	6.8	12.9	2.7	47.9	28.6
恩诺沙星	2.0	0.9	5.7	14.5	19.9	0.9	252.4	51.4
四环素	—	—	—	0	25.3	1.9	126.1	11.4
土霉素	9.4	1.6	48.4	9.7	268.8	2.2	4695	54.2
金霉素	9.1	9.1	9.1	1.0	11.2	11.2	11.2	2.9
多西环素	—	—	—	0	110.8	106.4	115.2	5.7
罗红霉素	—	—	—	0	2.5	1.9	3.5	8.5

注：n 代表样本个数。喹诺酮类包括诺氟沙星、氧氟沙星、环丙沙星、恩诺沙星；四环素类包括四环素、土霉素、金霉素、多西环素；大环内酯类包括罗红霉素

渤海和河口沉积物中各种抗生素污染程度差异较大，检测浓度最小值分别为 0.2μg/kg 和 0.6μg/kg，检测浓度最大值分别为 48.4μg/kg 和 4695μg/kg。从平均值来看，抗生素污染现象也表现为河口沉积物较渤海沉积物明显，而且土霉素的污染程度最为严重，子牙新河河口沉积物及渤海湾沉积物中土霉素的污染浓度均最高。这主要是由于土霉素价格低廉、使用广泛，低浓度的土霉素可以促进动物生长，而高浓度的土霉素则可以治疗疾病，土霉素在水产养殖业中的使用也较为普遍（吕爱军等，2006）。

与国外近海沉积物中抗生素污染程度相比，渤海沉积物中抗生素污染浓度普遍较低，如表 5.3 所示。Lalumera 等（2004）调查的意大利某近海养殖池底泥中土霉素最大浓度为 246.3μg/kg，而 Le 和 Munekage（2004）调查的新西兰某养虾池底泥中恩诺沙星的浓度为 2615.96μg/kg。我国渤海沉积物中土霉素的最大浓度为 48.4μg/kg。珠江三角洲地区海水养殖区沉积物中喹诺酮类和四环素类抗生素平均浓度分别为 1.79μg/kg 和 85.25μg/kg（Liang et al.，2013a），而在王河、海河、南明河和九龙江流域的养鱼场底泥中平均浓度分别达到 4.0μg/kg 和 156μg/kg（Yang et al.，2010）。但是，我国河口沉积物中抗生素污染现象较为严重，子牙新河河口沉积物中土霉素的最高浓度高达 4695μg/kg。本研究中黄河和辽河等河口沉积物中抗生素污染程度明显较前人的研究更为严重（表 5.3）。2006 年美国科罗拉多河沉积物中四环素的中值浓度为 8.55μg/kg，截至 2007 年平均污染浓度增长到 17.9μg/kg。这表明随着工农业的发展，生活废水、工业污水、养殖废水排放的增多，会加重近海沉积物中抗生素污染程度（Boxall et al.，2004）。

5.1.1.2 渤海沉积物中抗生素的空间分布特征

渤海及其周边河口沉积物中抗生素的空间分布如图 5.1 所示。总体来看，抗生素污染的空间分布呈现出明显的空间异质性，喹诺酮类抗生素在渤海湾和莱州湾海洋沉积物中具有较高的检出率与检测浓度，在其所对应的河口沉积物中也有较高的检出率与检测浓度；但是抗生素在辽东湾河口沉积物中的污染水平相对较高，而在其海洋沉积物中几乎检测不到。恩诺沙星和环丙沙星在莱州湾海洋沉积物中检测浓度较高，在王河和黄河口沉积物中检测浓度也较高；渤海湾海洋沉积物中环丙沙星和恩诺沙星在唐山工业区附近污染严重，同时在潮河沉积物中检测浓度较高。Jiang 等（2014）的研究显示，渤海湾地区抗生素主要来源于生活废水和农业污水排放，抗生素污染的分布情况与表 5.1 中统计分析的河流污染情况具有较高的一致性，这表明河流陆源输入是海洋沉积物中抗生素污染的来源之一。渤海湾河口沉积物中北部地区土霉素污染水平高于南部地区，这与渤海表层海水中抗生素污染空间分布具有一致性（Zhang et al.，2013），主要是由于渤海湾北岸地区存在密集的水产养殖活动，养殖废水和养殖底泥中残留大量的抗生素（章强

（单位：μg/kg）

表 5.3 不同研究区域河口沉积物中抗生素污染情况对比表

研究区域	土霉素	四环素	诺氟沙星	氧氟沙星	环丙沙星	恩诺沙星	罗红霉素	参考文献
渤海周边河口 [b]	268.8（4 695）	25.3（126.1）	15.1（66.6）	7.6（42.1）	12.9（47.9）	19.9（252）	2.5（3.5）	本文
黄河 [b]	na（184）	na（18）	8.34（141）	3.07（123）	na（32.8）	na	na（6.8）	Zhou et al., 2011
海河 [a]	2.52（422）	2.0（135）	32.0（5 770）	10.3（653）	16.0（1 290）	1.6（298）	2.29（11.7）	Zhou et al., 2011
海河 [c]	14.47	17.7	na	na	41.99	na	21.05	徐琳等, 2010
辽河 [a]	2.34（652）	na（4.82）	3.32（176）	3.56（50.5）	na（28.7）	na（5.82）	5.51（29.6）	Zhou et al., 2011
珠江 [a]	7.15（196）	4.0（72.6）	88.0（1 120）	156（1 560）	21.8（197）	na	nd	Yang et al., 2010
珠江 [c]	na	15.52	85.25	1.79	10.05	15.52	na	Liang et al., 2013b
南明河 [c]	335	312	na	na	na	na	na	Liu et al., 2009
九龙江 [b]	na（10 364）	na（7614）	na	na	na	na（5 622）	na	Zhang et al., 2011
王河 [a]	604（162 673）	40（16 799）	29.8（801.3）	23.2（370.6）	13.1（2 118）	6.2（82.1）	na	Jiang et al., 2014
奥廖河（意大利）[b]	56.28（246.3）	na	0.6（1.1）	na	na	na	na	Lalumera et al., 2004
提契诺河（瑞士）[b]	0.69（4.2）	na	30.16（578.8）	na	na	na	37.7（2 581）	Lalumera et al., 2004
拉普拉多河（美国）[b]	56.28（na）	17.9（102）	na	na	na	na	na	Kim and Carlson, 2007
科罗拉多河（美国）[a]	7.6（56.1）	8.55（102）	na	na	na	na	1.9（5.9）	Pei et al., 2006

注：a 表示检测浓度的中值（最大值）；b 表示检测浓度的平均值（最大值）；c 表示检测浓度的平均值；nd 表示未检测到；na 表示无数据

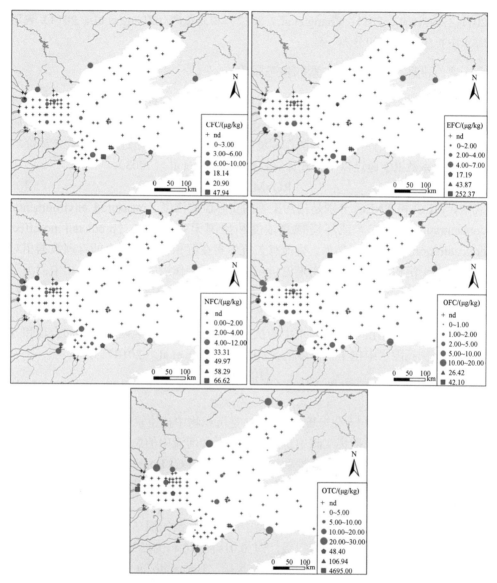

图 5.1　渤海及其周边河口沉积物中抗生素的空间分布特征

CFC–环丙沙星；EFC–恩诺沙星；NFC–诺氟沙星；OFC–氧氟沙星；OTC–土霉素

等，2014）。此外，抗生素空间分布还具有特殊性、地域性。例如，渤海湾重要的养殖区域——曹妃甸附近海洋沉积物中的恩诺沙星污染严重，这主要与养殖过程中将抗生素作为鱼饲料（生长促进剂）与药物频繁使用有关（Zou et al.，2011）。在渤海海峡和北黄海沉积物中抗生素的污染主要分布在近海地区，中央海盆沉积物中抗生素浓度较近海地区低。沉积物中抗生素的空间分布与渤海（Jia et al.，

2011；Zou et al.，2011；Zhang et al.，2012）和北黄海（Zhang et al.，2013）表层海水中抗生素的空间分布一致。

5.1.2　渤海沉积物中抗生素的生态风险

抗生素属于新型污染物，目前没有统一的环境标准规定其环境风险。国内外研究学者通常使用的是风险系数（risk quotient，RQ）法。根据欧盟关于环境风险评价的技术指导文件，药品残留在环境中的生态风险可以通过风险系数来评价。

风险系数 RQ 通过以下公式计算得出（Bodar et al.，2003）：

$$RQ=MEC/PNEC \tag{5.1}$$

式中，MEC 和 PNEC 分别是指污染物的实际监测浓度（measured environmental concentration，MEC）或环境预测浓度和预测无效应浓度（predicted no-effect concentration，PNEC）。然而，目前有关抗生素在沉积物或土壤中的毒理数据相对缺乏，对于沉积物中的微生物来说，与微生物直接作用的是沉积物水相中的污染物，因此，有研究者提出将沉积物中抗生素的浓度转化为孔隙水中抗生素的浓度，再用水环境中的评价方法进行评价，该方法也被证明是合理可靠的（Zhao et al.，2010）。因此，利用沉积物孔隙水中的抗生素污染浓度进行风险评价更加合理和方便，沉积物孔隙水中抗生素浓度的计算公式（Zhao et al.，2010）为

$$孔隙水浓度 = \frac{(1000 \times C_{s,i})}{K_{oc}} \times TOC \tag{5.2}$$

式中，K_{oc} 是有机碳归一化分配系数；$C_{s,i}$ 是沉积物中抗生素的浓度。

本研究中，通过搜集文献中抗生素在海洋和河流中的急性与慢性毒理数据，并筛选出最敏感水生物种的毒性数据计算得到 PNEC（Boxall et al.，2004；Halling-Sørensen，2000；Isidori et al.，2005；Kolar et al.，2014；Park and Choi，2008；Robinson et al.，2005）。

抗生素在渤海及其周边河口沉积物中的风险系数如图 5.2 所示。根据生态风险分级标准将生态风险划分为三级，即 0.01<RQ<0.1 为低等生态风险，0.1≤RQ≤1 为中等生态风险，RQ>1 为高等生态风险（Hernando et al.，2006）。由图 5.2 可以看出，河口沉积物中抗生素对水生生物的潜在生态风险高于渤海沉积物。渤海沉积物中的氧氟沙星、环丙沙星、恩诺沙星对水生生物基本为低等到中等生态风险，诺氟沙星具有中等生态风险，个别点位的土霉素呈高等生态风险。而河口沉积物中的氧氟沙星、OFC 诺氟沙星和土霉素具有高等生态风险，其他种类的抗生素对水生生物基本为中等生态风险。这一结论与莱州湾表层海水、玉河河水（Jiang et al.，2014）及珠江水域（Yang et al.，2010）中抗生素的生态风险等级一致。

渤海沉积物中除诺氟沙星和土霉素外其他种类抗生素的 RQ 中值均小于 0.1，表明渤海沉积物中的抗生素具有较低的生态风险，但是诺氟沙星和土霉素 RQ 中

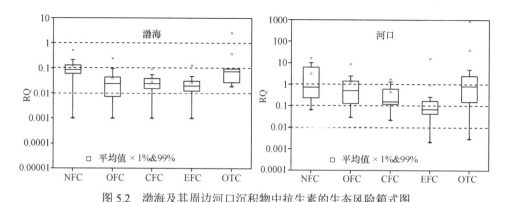

图 5.2　渤海及其周边河口沉积物中抗生素的生态风险箱式图

箱式图中方盒的下、中、上虚线分别代表 25%、50% 和 75% 分位数，方盒中的方框代表算样均值，方盒外部的下、上实线分别代表 5% 和 95% 分位数，虚线外的上下叉号分别代表最小值和最大值

值均大于 0.1，表明有很大一部分采样点的渤海沉积物中这两种抗生素具有相对较高的生态风险，应予以关注。河口沉积物中抗生素的 RQ 明显较高，中值介于 0.01～1，部分采样点的诺氟沙星、土霉素和氧氟沙星对水生生物具有较高的生态风险，土霉素的最高 RQ 达到 863.4，应该引起重视。

5.1.3　渤海沉积物中抗生素的来源解析

通过主成分分析（principal component analysis，PCA）来分析海水的 pH、盐度及沉积物的总有机碳（TOC）、总碳（TC）、黏粒含量和碳氮比（carbon-nitrogen ratio，C/N）等理化性质与沉积物中抗生素浓度的相关性，结果如图 5.3 所示。抗生素在河口沉积物和渤海沉积物聚类分组之间存在不同。在渤海沉积物中，四环素类抗生素和喹诺酮类抗生素被明显地分为两组，四环素与盐分、pH 和总碳为一组，这表明海水和沉积物性质对土霉素的滞留作用比其他喹诺酮类抗生素更强。在河口沉积物中，四环素类抗生素（除了土霉素）和喹诺酮类抗生素也被分为两组，不同的是氧氟沙星与沉积物性质（总有机碳、黏粒含量和碳氮比）为一组。在渤海和河口沉积物中四环素类和喹诺酮类抗生素均被分为两组，表明四环素类抗生素和喹诺酮类抗生素来源可能不同。抗生素在河口沉积物和渤海沉积物中的 PCA 分析结果不同，表明抗生素在沉积物中的分布除受抗生素来源影响外，还受沉积物性质和海水性质的共同影响。河口沉积物中总有机碳含量（平均值为 1.25%）比渤海沉积物中总有机碳含量（平均值为 0.42%）高，从而使其可以滞留较高的氧氟沙星。研究表明，在河水和海水中喹诺酮类抗生素和四环素类抗生素在海水沉积物中的分配比存在很大差异，在河水中通常能达到几百升每千克（Jiang et al.，2014），而在渤海海水中只有十几升每千克（Zhang et al.，2012）。这就解释了在河口沉积物 PCA 分析中氧氟沙星与沉积物中总有机碳含量、黏粒含量分为一组的原因。

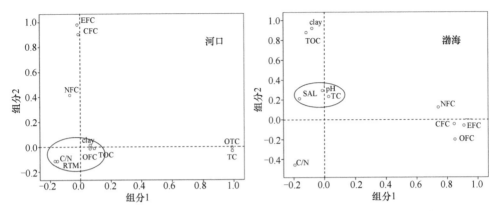

图 5.3　渤海及其周边河口沉积物中抗生素浓度与沉积物理化性质的关系

TOC 为总有机碳含量；TC 为总碳；SAL 为盐度；clay 为黏粒含量；C/N 为碳氮比；RTM 为罗红霉素；
CFC、EFC、NFC、OFC、OTC 的中文名见图 5.1

　　结合抗生素浓度在 13 条河流中由河流下游到前海逐渐降低的趋势，以及养殖区附近浓度普遍偏高的特点，可以得出陆源排放和水产养殖是抗生素的主要来源。同时，渤海湾和莱州湾沉积物中抗生素分布与河口沉积物中抗生素分布具有高度一致性也说明渤海沉积物中抗生素污染一方面受河口输入的影响，另一方面也受区域水产养殖中抗生素使用的影响。由 PCA 分析结果可知，沉积物中抗生素还受环境因子的多重影响，渤海沉积物中抗生素污染来源具有多重性和复杂性，因此，渤海沉积物中抗生素污染应该是陆源污染输入与海洋水产养殖共同作用的结果。

5.2　黄河三角洲土壤-河口-海湾沉积物的碳氮源汇关系

　　河口三角洲是抗生素等污染物、有机质和氮、磷等营养物质重要的汇，同时在人类活动和气候变化干扰下又可能成为重要的源。在这一系统中，污染物、有机质和营养物质相互影响，其中有机质和营养物质不仅是维持生态系统平衡的重要因素，还是吸附和固定污染物的重要介质，因此本节以黄河三角洲为例，通过研究土壤和沉积物中碳氮的源汇关系，进一步分析河口-海湾系统的生物地球化学循环过程。

5.2.1　黄河三角洲土壤碳氮来源

5.2.1.1　土壤碳同位素分布

黄河三角洲不同土地利用方式下土壤碳同位素分布趋势如图 5.4 所示。土壤

δ^{13}C 的变化趋势与土地利用方式有关,其范围为–28.3‰~–24.1‰。在自然环境下,湿地土壤 δ^{13}C 最低,为[(–26.8±1.0)‰]。与湿地相比,农田土壤 δ^{13}C 有升高的趋势,δ^{13}C 由棉田土壤[(–26.0±0.7)‰]向粮田土壤[(–25.6±0.8)‰]向菜田土壤[(–24.7±0.3)‰]逐渐递增。

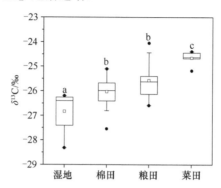

图 5.4　黄河三角洲不同土地利用方式下土壤 δ^{13}C 的分布趋势

字母一致代表差异不显著（$p>0.05$,Duncan 算法）

土壤是有机碳库,而其碳同位素特征主要取决于植被类型。C$_3$ 植物的 δ^{13}C 值明显区别于 C$_4$ 植物。黄河三角洲滨海平原中湿地植物主要为碱蓬、芦苇和柽柳,属于 C$_3$ 植物,三者的 δ^{13}C 均值为–27.1‰（丁喜桂等,2011）。因此,湿地土壤较低的 δ^{13}C 值说明该土地利用方式下土壤有机碳主要来自于植被凋落物的贡献。在粮田和菜田中,种植方式通常为玉米（C$_4$ 植物）-小麦（C$_3$ 植物）轮作和玉米/小麦-蔬菜轮作,其中 C$_4$ 植物（玉米）碳的贡献可通过稳定同位素平衡模型计算（Cook et al.,2013）:

$$\%SOC_4=(\delta_s-\delta_0)/(\delta_c-\delta_0)\times100 \qquad (5.3)$$

式中,%SOC$_4$ 为 C$_4$ 植被贡献的土壤有机碳比例;δ_s 为粮田或菜田土壤样品的 δ^{13}C;δ_0 为作为参比的湿地土壤 δ^{13}C 的平均值（–26.8‰）;δ_c 为玉米凋落物 δ^{13}C 的平均值（–14‰）（Tang et al.,2012）。

根据上式计算可得,粮田和菜田的%SOC$_4$ 分别为 1.64%~21.5%（均值 9.56%）和 12.7%~18.8%（均值 16.7%）,由于 C$_4$ 植被的 δ^{13}C 要远高于 C$_3$ 植被的 δ^{13}C,因此 δ^{13}C 从棉田向菜田递增可归因于 C$_4$ 型土壤有机碳的比例增加。然而值得注意的是,虽然 C$_4$ 型有机碳比例有所提升,但其所占比例低于 22%,也即大部分土壤有机碳仍以 C$_3$ 型有机碳为主;同时土地利用方式由湿地向棉田过渡中没有 C$_3$-C$_4$ 植被的变化,也同样引起了土壤 ^{13}C 富集,这可能是由于土壤在长时间耕作后,有机质矿化和腐殖化程度加深,在这一过程中 ^{13}C 贫化的有机质优先降解、^{13}C 富集的有机质优先累积,导致 δ^{13}C 升高（Rumpel and Kögel-Knabner,2011）。因此,湿地土壤中有机质的降解同样是农田土壤中 ^{13}C 累积的主要原因。

5.2.1.2 土壤氮同位素分布

土壤 δ^{15}N 与营养元素输入、腐殖化及氮素转化有关，而这三者又受土地利用方式和景观植被变化的影响（Awiti et al.，2008）。在棉田土壤中，氮肥的施用量常低于 400 kg/（hm^2·a），而在双谷物轮作（粮田）土壤中氮肥的施用量常高于 500 kg/（hm^2·a），山东省温室大棚菜田氮肥的施用量甚至高于 4000 kg/（hm^2·a）（Guo et al.，2010；Liu et al.，2010）。由于中国氮肥为 ^{15}N 贫化肥料（Cao et al.，1991），因此农田土壤中大量氮肥的施用会致使 δ^{15}N 降低（图 5.5）。另外，在氮饱和系统中，硝酸盐的淋溶及反硝化作用会使土壤中 ^{15}N 贫化的氮素损失，致使残留氮素富集 ^{15}N（Högberg et al.，2011）。湿地受人为干扰较小，氮素的外源补给有限，而农田则处于长期施用氮肥的情况下，因此农田土壤显著高于湿地土壤的 δ^{15}N 也可归因于氮肥的施用。

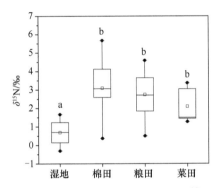

图 5.5 黄河三角洲不同土地利用方式下土壤 δ^{15}N 的分布趋势

字母一致代表差异不显著（$p>0.05$，Duncan 算法）

农田土壤相对富集重的碳氮同位素结果表明，土地利用方式由自然系统向农田系统过渡会加速土壤有机质的转化。这说明湿地经开垦成为农田之后会伴随着土壤有机碳的释放（Bai et al.，2013）。在农田系统中，自然丰度的 ^{13}C 和 ^{15}N 同位素可用于黄河滨海平原作物轮作条件下受土壤有机质降解、C$_3$-C$_4$ 植被转化、施肥、硝化-反硝化等多因素影响下研究土壤碳和氮的循环过程。

5.2.2 黄河口–海湾沉积物碳氮来源

5.2.2.1 沉积物碳氮同位素及 C/N 变化趋势

沉积物样品中总有机碳（total organic carbon，TOC）和总氮（total nitrogen，TN）的含量范围分别为 0.63～6.47g/kg 和 0.11～0.79g/kg，其中渤海湾样品 TOC 和 TN 含量最高（表 5.4）。沉积物样品中 TOC 与中值粒径显著相关（$r=-0.930$，

p<0.01），说明沉积物中有机质含量可能受水动力分选的影响。TN 与 TOC 显著相关（r=0.956，p<0.01），说明沉积物中的氮以有机氮为主。

表 5.4　渤海表层沉积物主要理化性质

样品点位	总氮/（g/kg）	总有机碳/（g/kg）	C/N	黏粒/%	粉砂/%	砂粒/%
渤海湾（n=11）	0.52±0.20a	4.94±1.62a	9.82±1.61a	11.9±3.3a	87.6±4.0a	0.53±1.17a
黄河口（n=7）	0.29±0.21b	2.72±1.56b	9.93±2.66a	8.33±4.58ab	91.7±4.6ab	N/A
莱州湾（n=8）	0.26±0.16b	2.63±1.63b	10.3±4.20a	5.47±3.66b	93.8±4.0b	0.77±1.88a
总计（n=26）	0.4±0.2	3.6±1.9	9.99±2.78	9.24±4.52	90.3±4.78	0.43±1.21

注：数值为均值±标准差；列中字母一致说明差异不显著（p>0.05，Duncan 算法）；N/A 表示未获得；莱州湾沉积物样品在地质分析中缺失两个样点

沉积物的 δ^{13}C 为–27.1‰～–24.2‰，由黄河口向海方向递减（图 5.6a）。渤海湾沉积物 [（–25.0±0.4）‰]、黄河口沉积物 [（–25.5±0.8）‰] 和莱州湾沉积物 [（–25.1±0.7）‰] 之间 δ^{13}C 的差异并不显著（p>0.05）。沉积物的 C/N 为 5.9～19.4，均值为 9.99，其分布趋势与 δ^{13}C 较为相似（图 5.6b）。

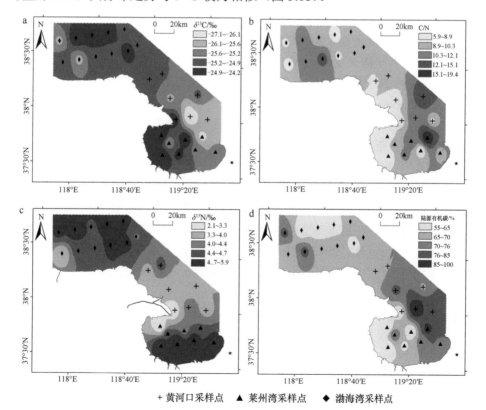

+ 黄河口采样点　▲ 莱州湾采样点　◆ 渤海湾采样点

图 5.6　表层沉积物样品中 δ^{13}C、C/N、δ^{15}N 和陆源有机碳贡献率的分布趋势

沉积物的 $\delta^{15}N$ 为 2.1‰～5.9‰，$\delta^{15}N$ 在黄河口显著降低 [（3.70±0.75）‰，$p<0.05$]，而在渤海湾 [（4.61±0.48）‰] 和莱州湾东南部 [（4.63±1.14）‰] 有升高的趋势（图 5.6c）。沉积物的 $\delta^{15}N$ 还与 TN 和中值粒径显著相关（$r=0.465$，$p<0.05$；$r=-0.420$，$p<0.05$）。

5.2.2.2　沉积物碳氮来源解析

1）沉积物碳的来源

$\delta^{13}C$ 与 C/N 是区分沉积物中陆源和海源有机碳相对比例的有效标志物（Yu et al.，2010；Careddu et al.，2015）。如图 5.7a 所示，研究区沉积物样品的 $\delta^{13}C$ 明显区别于黄河口海洋生物海洋藻类、黄河三角洲 C_4 植物及 C_4 植物的 $\delta^{13}C$，但与研究区土壤、莱州湾和渤海南部河流沉积物、淡水藻类、石油烷烃及 C_3 植物和黄河三角洲 C_3 植物的 $\delta^{13}C$ 有所重叠。这说明由河流输送的 C_3 植物主导的陆源有机碳对沉积物有机碳的贡献率较高。根据国家海洋局公布的数据，渤海海域石油类是一种较为重要的污染物（国家海洋局，2014a），根据 $\delta^{13}C$ 可以判断石油类也是沉积物有机碳的来源之一。沉积物不同点位间 $\delta^{13}C$ 较小的差异性可能是由陆源有机质的混合与均一化效应引起的，这与珠江口沉积物 $\delta^{13}C$ 的分布趋势较为一致（Yu et al.，2010）。与其他受大河主导的区域相比，黄河口及附近海湾沉积物的 $\delta^{13}C$ 稍低于长江口沉积物（–24.5‰～–21.2‰）（Zhang et al.，2007），但与珠江口沉积物（–27.0‰～–20.8‰）（Yu et al.，2010）、英国查韦尔河口沉积物（–27.1‰～–25.0‰）（Schreiner et al.，2013）及亚马孙地区沉积物（–24‰～–27‰）（Ramaswamy et al.，2008）的 $\delta^{13}C$ 较为接近。黄河沉积物主要向东南方向扩散至莱州湾，大部分沉积物沉积在距离河口 35km 范围内（Qiao et al.，2010）。黄河口沉积物中较低的 $\delta^{13}C$ 说明，该区域主要受由黄河输送的陆源有机碳影响。由于莱州湾西部及渤海湾长期受大量的来自海岸地区人类活动输入的营养元素影响，因此该区域常呈现较为严重的富营养化状态[例如，一年中溶解性无机氮均值常高于 28μmol/L（海洋氮污染国标值），在夏季甚至可达到 70μmol/L]，这使得一些海洋生物如藻类大量优先生长（Wu et al.，2013；Liu et al.，2015）。由于海洋藻类具有较高的 $\delta^{13}C$，因此在莱州湾西部及渤海湾较高的 $\delta^{13}C$ 可反映出这两个地区受人为活动的影响较为强烈。

沉积物 C/N 的空间分布与 $\delta^{13}C$ 具有较好的相关性（图 5.6a、b）。海洋藻类的 C/N 通常为 5～8，而陆地维管束植物的 C/N 常高于 15（Meyers，1994）。研究区沉积物 C/N 为 6～15，均值为 9.99±2.78，这说明有机碳具有陆源和海源的混合特征，但陆源特征更为明显。

表层沉积物陆源有机碳比例可基于有机碳稳定同位素由二元端元模型计算（Calder and Parker，1968；Schultz and Calder，1976）：

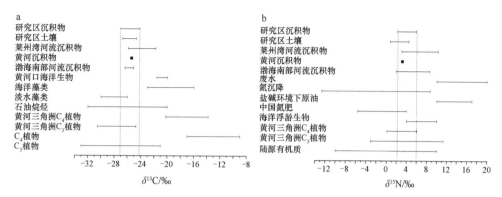

图 5.7　海岸带地区接纳的典型有机物 $\delta^{13}C$ 和 $\delta^{15}N$ 的范围

研究区沉积物/土壤为本研究结果；C_3/C_4 植物、淡水藻类、海洋藻类的数据来自 Lamb 等（2006）；黄河三角洲湿地 C_3/C_4 植物、海洋浮游生物、黄河口海洋生物、中国氮肥、石油烷烃、盐碱环境下原油、氮沉降（NH_4-N 和 NO_3-N）、废水及研究区河流（莱州湾河流、黄河、渤海南部河流）沉积物的数据分别来自丁喜桂等（2011）、Ruiz-Fernández 等（2002）、Cai（1994）、Xiong 和 Geng（2000）、Cao 等（1991）、Chen 等（2005）、Zhang 等（2008）、Bannon 和 Roman（2008）及王润梅等（2015）

陆源有机碳（%）＝（$\delta^{13}C_{海相}$ － $\delta^{13}C_{样品}$）/（$^{13}C_{海相}$ － $\delta^{13}C_{陆相}$）×100%　　（5.4）

式中，$\delta^{13}C_{海相}$ 为 $\delta^{13}C$ 的海相端元值；$\delta^{13}C_{陆相}$ 为 $\delta^{13}C$ 的陆相端元值；$\delta^{13}C_{样品}$ 为研究区沉积物样品的 $\delta^{13}C$。$\delta^{13}C_{陆相}$ 采用的数值为 –27‰，$\delta^{13}C_{海相}$ 采用的数值为 –20.9‰（Cai，1994）。

通过模型计算得到的陆源有机碳比例采用 ArcGIS 软件反距离权重法（inverse distance weighted，IDW）作图可得（图 5.6d），超过 60% 的沉积物有机碳来自于陆源有机碳的贡献。陆源有机碳比例从黄河口北部向渤海湾南部呈递减的空间分布趋势，从黄河口向莱州湾的东西向呈递增的空间分布趋势。陆源有机碳的空间分布与湾内区域较高的海洋初级生产力及河口区域较高的输沙量有关。

2）沉积物氮的来源

沉积物样品的 $\delta^{15}N$ 仅与盐碱环境下原油和废水样品区分度较大，而与研究区土壤、莱州湾河流沉积物、黄河沉积物、渤海南部河流沉积物、氮沉降、中国氮肥、海洋浮游生物及黄河三角洲湿地 C_3/C_4 植物、陆源有机质都有所重叠（图 5.7b）。因此，渤海沉积物氮的来源要比碳的来源更为复杂，与河流输入、农业径流、大气沉降及海相有机物均有关系。然而，原油对沉积物氮的贡献率可能相对较低。

鉴于沉积物氮来源的复杂性，将沉积物 $\delta^{15}N$ 绘制成空间分布图，其较高的空间变异性利于判断沉积物氮的来源（图 5.6c）。沉积物 $\delta^{15}N$ 的空间分布表明，莱州湾内部及渤海湾远岸区沉积物 $\delta^{15}N$ 较高。莱州湾及渤海湾南部河流污染较严重，有半数河流被评为地表水环境质量标准的 V 类甚至劣 V 类（国家海洋局，2014b），即有大量污水排入该区域；与之相对，黄河水体的环境质量优于 IV 类，且达到 III 类（国家海洋局，2014b），即黄河口接纳的污染物要相对较少。由于污

水的 $\delta^{15}N$ 通常较高，甚至可以高于 10‰（Bannon and Roman，2008），因此，人为的污水排放是导致内湾区域沉积物 $\delta^{15}N$ 较高的一个重要原因，该区域可视为人为氮的汇。Liu 等（2015）同样指出，河流输送的氮对莱州湾南部沉积物氮的贡献率较高。

内湾区域人为氮的输入还会导致海洋初级生产力提高（如 $\delta^{13}C$ 分析所示），且海洋浮游生物具有较高的 $\delta^{15}N$（图 5.7b），同样可以使该区域 $\delta^{15}N$ 升高。另外，相对于黄河口，莱州湾和渤海湾水交换能力较弱、富营养化程度较高，在内湾区域更易产生缺氧区，这一现象在夏季更为明显（Wu et al.，2013）。在缺氧区中会发生反硝化过程，这一过程中反硝化细菌会优先消耗 ^{15}N 贫化组分，使得 ^{15}N 富集（Alkhatib et al.，2012）。因此，$\delta^{15}N$ 与 $\delta^{13}C$ 的结果具有相似性，两者的研究结果均表明，陆源沉积物和营养物质的贡献对海相有机质的循环具有重要作用。

5.2.3 黄河三角洲–河口–海湾土壤与近海沉积物碳氮之间的相互关系

将研究区土壤和沉积物碳氮稳定同位素绘入二元图，可得该地区同位素分布特征主要分为 6 组（图 5.8）。湿地土壤样品可分为组 1，该组样品 ^{13}C 和 ^{15}N 具有贫化特征。这一组代表了与湿地自身生物地球化学循环有关的碳氮归趋过程（Kiehn et al.，2013）。菜田土壤样品可分为组 2。由于菜田土壤具有最高的有机质含量及频繁大量的氮肥施用，因此该组土壤同位素分布特征不同于湿地和田地（即棉田和粮田）。发育于冲积物母质的田地土壤可分为组 3。黄河口沉积物可分为组 4。黄河巨大的输水、输沙量对黄河滨海平原及周边海域影响很大（Tao et al.，2015），因此，组 4 还可视为一个中间过渡组，代表了黄河沉积物对滨海地区碳氮

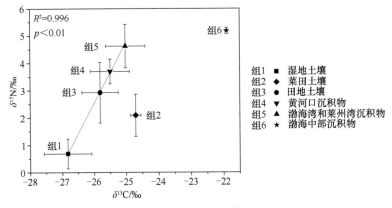

图 5.8 土壤和沉积物中同位素 $\delta^{13}C$ 和 $\delta^{15}N$ 均值及平均偏差二元图

渤海中部沉积物样品数据来自王润梅等（2015），点位位于（38°40′0.1″N，119°32′13.6″E）、（39°5′43.1″N，120°0′3.6″E）和（39°32′19.0″N，120°28′9.84″E）；在组 1（湿地土壤）、组 3（田地土壤）、组 4（黄河口沉积物）和组 5（渤海湾和莱州湾沉积物）之间开展线性拟合

循环的影响。渤海湾和莱州湾沉积物样品可分为组 5，由于该组受人类活动影响，样品 ^{13}C 和 ^{15}N 具有富集特征。渤海中部沉积物样品可分为组 6，该组的同位素分布特征明显区别于上述 5 组，具有显著的 ^{13}C 富集特征。组 6 与其他组之间 $\delta^{13}C$ 较大的差异说明渤海海岸带区域碳氮循环可能主要受陆源物质的影响。

土壤、河口沉积物和海湾沉积物之间不同的同位素分布特征还可以用于分析由陆到海有机质的循环特征（Raymond and Bauer，2001；Arzayus and Canuel，2004；Rumpel and Kögel-Knabner，2011）。如图 5.8 所示，从湿地土壤、田地土壤到黄河口及渤海湾和莱州湾沉积物之间可以进行线性拟合。有机质在每个沉积环境中的输运和储存都会发生转化与降解（Blair and Aller，2012）。除了有机质降解，黄河还会向渤海输送"已老化"的有机质（Tao et al.，2015）；另外，莱州湾和渤海湾大量营养物质的输入还会加速有机质的再矿化过程（Bianchi and Allison，2009）。因此，在研究区由湿地土壤向海洋沉积物过渡中伴随的 ^{13}C 和 ^{15}N 富集特征，可以反映出有机质由源区较活跃有机质库向沉积区较稳定有机质库转移的过程。在滨海地区有机质的这种横向转移过程有利于该地区碳的固定，并可能会影响全球碳循环过程（Bauer et al.，2013；Regnier et al.，2013）。

5.3 黄河三角洲土壤和沉积物碳氮变化的磁学识别

河口三角洲是研究碳氮在河流-近海系统中横向流动的重要区域，同时其在垂向上的变化也记录了人类活动和气候变化信息。环境磁学参数是判断物质流动和变化的重要指标，本节在认识碳氮横向源汇关系的基础上，通过环境磁学参数的变化追溯影响碳氮在垂向上变化的环境信息。

5.3.1 黄河三角洲土壤和沉积物磁学性质

5.3.1.1 环境磁学参数的指示意义

常用的磁学参数包括磁化率（χ_{lf}）、频率磁化率（$\chi_{fd}\%$）、非磁滞剩磁磁化率（χ_{ARM}）、饱和等温剩磁（saturateel isothermal remanent magnetization，SIRM）、"软"剩磁（"soft" isothermal remanent magnetization，SOFT）、"硬"剩磁（"hard" isothermal rcmanent magnetization，HIRM）、S_{-100}、S_{-300}、S_{ratio} 和 I_{ratio} 等。不同磁学参数具有不同磁学矿物含义，其中，χ_{lf} 和 SIRM 近似地指示样品中磁性矿物的含量，尤其是磁铁矿和磁赤铁矿。与 χ_{lf} 不同的是，SIRM 不受顺磁性、反磁性矿物的影响，主要反映磁铁矿的含量。$\chi_{fd}\%$ 和 χ_{ARM} 主要受磁性矿物晶粒大小的影响。$\chi_{fd}\%$ 对超顺磁性（super paramagnetism，SP）（<20～25nm）颗粒有明确的指示作用（Dearing et al.，1996），对于土壤，这种磁性颗粒是风化成土作用的产物，主要受风化成土强度、成土环境等控制；对于湖泊、河口沉积物和大气悬浮物，其 χ_{fd}% 则由物源、沉积动力、沉积环境等因素控制（卢升高，2005；Torrent et al.，2007）。χ_{ARM} 主要受稳定单畴（single domain，SD）（20～40nm）、较粗的假单畴（pseudosingle domain，PSD）（约 100nm）和多畴（multi-domain，MD）（>1000nm）颗粒影响，其中 SD 亚铁磁性矿物颗粒的 χ_{ARM} 要显著高于 PSD 和 MD 颗粒的 χ_{ARM}（Maher，1988）。

"软"剩磁（SOFT）通常被用来估算低矫顽力亚铁磁性矿物（如磁铁矿和磁赤铁矿）的含量。"硬"剩磁（HIRM）则常被用来估算高矫顽力反磁性矿物（如赤铁矿和针铁矿）的含量（Liu et al.，2007a；Evans and Heller，2003）。

S_{-100}、S_{-300} 反映样品中低矫顽力亚铁磁性矿物（如磁铁矿和磁赤铁矿）与高矫顽力反磁性矿物（如赤铁矿和针铁矿）的相对组成，两者数值越高说明低矫顽力亚铁磁性矿物含量越高（Bloemendal and Liu，2005）。

S-ratio 代表低矫顽力亚铁磁性矿物（如磁铁矿和磁赤铁矿）和高矫顽性矿物（如赤铁矿和针铁矿）的比例，S-ratio=1 时代表低矫顽力亚铁磁性矿物（Evans and Heller，2003）。L-ratio 由 Liu 等（2007a）提出，只有当 L-ratio 较为恒定时，HIRM 才可用于估算赤铁矿/针铁矿的含量，而当 L-ratio 变化较大时，则表明赤铁矿/针铁矿的来源发生变化，通常较高的 L-ratio 指示较高的矫顽力。

在环境磁学中，还经常会使用一些磁性比值参数来区分磁性矿物类型和颗粒大小。χ_{ARM}/SIRM 可用于指示亚铁磁性矿物颗粒大小，其峰值位于 SD 颗粒范畴，随颗粒增大数值降低。χ_{ARM}/χ_{lf} 与 χ_{ARM}/SIRM 相似，主要用于指示 SD 颗粒，但 SP 颗粒的存在会使其数值降低（Banerjee et al.，1981；Maher，1988）。SIRM/χ_{lf} 也可用于指示磁性矿物颗粒大小和类型，其低值代表 SP 颗粒含量高（Thompson and Oldfield，1986）。

5.3.1.2 土壤和沉积物磁学性质

黄河三角洲不同层次土壤（红黏层及其上下黄砂层）、黄河沉积物及黄土高原黄土的磁学参数列于表 5.5。黄河三角洲红黏层样品 χ_{lf}、χ_{fd}%、χ_{ARM}、HIRM、SOFT、χ_{ARM}/χ_{lf} 和 χ_{ARM}/SIRM 要高于上部或下部黄砂层，红黏层样品 SIRM/χ_{lf} 显著低于黄砂层，红黏层和黄砂层之间 SIRM、S_{-100}、S_{-300}、L-ratio 和 S-ratio 没有显著性差异。磁学参数代表的磁学矿物含义如上所述，χ_{lf}、SIRM、SOFT 可以近似地指示样品中亚铁磁性矿物（如磁铁矿和磁赤铁矿）的含量，SIRM 主要指示磁铁矿的含量；HIRM 可以指示样品中高矫顽力反磁性矿物（如赤铁矿和针铁矿）的含量；这 4 种参数指示的矿物含量随数值升高而升高。黄河三角洲红黏层样品 χ_{lf}、SOFT 和 HIRM 都要高于黄砂层，但 SIRM 差异不显著，说明红黏层中低矫顽力亚铁磁性矿物和高矫顽力反磁性矿物的含量都相对较高，且红黏层和黄砂层之间磁铁矿的含量相似。这一特征也可以由 S_{-100}、S_{-300}、L-ratio 和 S-ratio 指示，这 4 种参数代表了低矫顽力亚铁磁性矿物和高矫顽力反磁性矿物在样品中的比例，在红黏层和黄砂层之间 4 种参数均没有显著性差异，说明黄河三角洲土壤不同层次间亚铁磁性矿物和反磁性矿物的比例相当。对黄土高原黄土的研究也表明，HIRM 指示的反磁性矿物在不同的粒度组分间差异较小，对成土作用不敏感（Zheng et al.，1991）。但整体上较低的 L-ratio 和较高的 S-ratio 说明黄河三角洲土壤中亚铁磁性矿物含量要高于反磁性矿物。

表 5.5　黄河三角洲土壤红黏层-黄砂层、黄河沉积物及黄土高原黄土的磁学参数

磁学参数	黄河三角洲			黄河沉积物	黄土高原黄土
	上部黄砂层	红黏层	下部黄砂层		
χ_{lf}/（$10^{-8}m^3$/kg）	41.2±12.4a	56.6±17.0b	36.7±10.0a	36.1±11.6	83.5±0.7
SIRM/（$10^{-6}Am^2$/kg）	4778±768a	5386±408a	5272±833a	5352±1090	9290±322
HIRM/（$10^{-6}Am^2$/kg）	323±19a	382±49b	342±53ab	400±90	432±37
SOFT/（$10^{-6}Am^2$/kg）	1548±241a	1979±212b	1776±287ab	N/A	N/A
S_{-100}/%	76.8±1.3a	77.6±1.3a	76.6±0.2a	77.3±3.3	80.1±1.1
S_{-300}/%	93.1±0.9a	92.9±0.8a	93.5±0.2a	92.3±2.1	95.4±0.2
L-ratio	0.30±0.06a	0.32±0.03a	0.28±0.01a	N/A	N/A
S-ratio	0.86±0.02a	0.86±0.02a	0.87±0.005a	N/A	N/A
χ_{fd}%	4.5±2.1a	8.3±1.7b	3.8±1.8a	3.45±2.31	9.55±0.49
χ_{ARM}/（$10^{-8}m^3$/kg）	134±53a	363±90b	113±63a	201±132	684±36
χ_{ARM}/χ_{lf}	3.47±0.81a	6.27±0.98b	2.82±1.15a	5.50±2.39	8.18±0.36
χ_{ARM}/SIRM/（10^{-5}m/A）	24.8±6.1a	67.1±15.1b	21.1±9.9a	37.1±20.3	73.6±1.3
SIRM/χ_{lf}/（10^3A/m）	13.6±0.8a	9.55±1.54b	13.6±0.7a	15.4±2.2	11.1±0.3

注：黄河沉积物和黄土高原黄土数据引自 Li 等（2012）；每一行不同字母代表差异显著（$p<0.05$，Duncan 算法）；N/A 表示未获得

χ_{fd}%、χ_{ARM}、χ_{ARM}/χ_{lf}、χ_{ARM}/SIRM 和 SIRM/χ_{lf} 主要指示磁性矿物类型和颗粒大小，其中，χ_{fd}%主要指示超顺磁性（<20～25nm）颗粒，χ_{ARM}、χ_{ARM}/χ_{lf} 和 χ_{ARM}/SIRM 主要指示稳定单畴（20～40nm）颗粒，SIRM/χ_{lf} 低值指示 SP 颗粒含量高。黄河三角洲红黏层相对黄砂层具有较高的 χ_{fd}%、χ_{ARM}、χ_{ARM}/χ_{lf}、χ_{ARM}/SIRM 和较低的 SIRM/χ_{lf}，说明红黏层中较细的 SP 和 SD 磁性矿物含量较高。

黄河三角洲土壤与黄河沉积物相比，在指示磁性矿物组成的指标上，黄砂层与黄河沉积物之间 χ_{lf} 相当（$p>0.05$），但要低于红黏层 χ_{lf}（$p<0.05$）；SIRM、S_{-100} 和 S_{-300} 在黄河三角洲黄砂层、红黏层及黄河沉积物之间没有显著性差异（$p>0.05$）。这说明整体上黄河三角洲土壤与黄河沉积物之间磁性矿物组成十分接近，具有继

承性。红黏层样品 χ_{lf} 较高与其中细颗粒磁性矿物含量较高有关。在指示磁性矿物颗粒大小的指标上，黄砂层与黄河沉积物之间 $\chi_{fd}\%$、χ_{ARM}、$SIRM/\chi_{lf}$ 和 $\chi_{ARM}/SIRM$ 没有显著性差异（$p>0.05$），但都显著低于或高于红黏层中对应的参数数值（$p<0.05$）；红黏层与黄河沉积物之间 χ_{ARM}/χ_{lf} 相当，高于黄砂层 χ_{ARM}/χ_{lf}。这一方面说明了黄砂层与黄河沉积物之间磁性矿物颗粒大小相当，相对较粗，而红黏层中细颗粒磁性矿物含量较高；另一方面也进一步证实了红黏层是由黄河沉积物经沉积分选而形成的。沉积分选过程是控制红黏层和黄砂层之间磁性矿物颗粒大小的主导因素，但对磁性矿物的组成影响不大。

黄河三角洲土壤与黄土高原黄土相比，在指示磁性矿物组成的指标上，黄河三角洲黄砂层和红黏层样品 χ_{lf}、$SIRM$、$HIRM$、S_{-100} 和 S_{-300} 都要低于黄土高原黄土的相应值（$p<0.05$），说明黄河三角洲土壤磁性及反磁性矿物含量都要低于黄土高原黄土。在指示磁性矿物颗粒大小的指标上，黄河三角洲黄砂层和红黏层样品 χ_{ARM} 和 χ_{ARM}/χ_{lf} 都要低于黄土高原黄土，$\chi_{fd}\%$、$\chi_{ARM}/SIRM$ 和 $SIRM/\chi_{lf}$ 在红黏层和黄土高原黄土之间没有显著性差异（$p>0.05$），但要显著高于或低于黄砂层中的相应值（$p<0.05$），说明红黏层与黄土高原黄土间较细的 SP 和 SD 颗粒磁性矿物组成较为一致。高原黄土黄土中既有较粗的碎屑磁性矿物，又有较细的 SD 和 SP 成土性亚磁性矿物（Zheng et al.，1991），碎屑磁铁矿的磁化率约为 $20\times10^{-8}m^3/kg$，而细颗粒 SD 和 SP 亚铁磁性矿物的磁化率可高达 $300\times10^{-8}m^3/kg$（Bloemendal and Liu，2005），因此细颗粒 SD 和 SP 亚铁磁性矿物含量较高是红黏层及黄土高原黄土磁化率增强的主要原因（Deng et al.，2004）。由于成土时间和气候条件不同，黄土高原同一剖面黄土、古土壤或红黏土之间磁学参数存在变异（Hu et al.，2009），黄土高原不同地区之间黄土磁学参数也有所不同（Liu et al.，2007b），单纯使用某一地区的黄土作为对比存在一定的局限性。但通过对比可以推测，黄河沉积物在搬运过程中由于新鲜碎屑等物质加入可能会稀释磁性矿物，但在磁性矿物组成上黄河三角洲土壤与黄土高原黄土存在继承性。

5.3.2 磁学性质对水动力分选和物源变化的识别

黄河三角洲高分辨剖面的中值粒径（median grain size，Md）和磁学参数分布如图 5.9 所示。根据磁学性质的分布模式可将剖面分为 3 部分。第 1 部分（剖面上部 0~65cm），Md、磁性矿物含量相关的磁学参数（χ_{lf}、SIRM、χ_{ARM}）、磁性矿物颗粒尺寸相关的磁学参数（χ_{ARM}/χ_{lf}、$\chi_{ARM}/SIRM$、$SIRM/\chi_{lf}$）均呈稳态分布，未出现明显变化，说明此段沉积环境较为稳定。其中，在 0~30cm 段 HIRM 较低、S-ratio 较高，说明表层土壤中反磁性矿物（如针铁矿和赤铁矿）含量较低。第 2 部分（剖面中部 65~85cm），Md、χ_{lf}、SIRM 和 HIRM 出现明显峰值，而 S-ratio

则相对稳定；同时，χ_{fd}%、χ_{ARM}/χ_{lf} 和 $\chi_{ARM}/SIRM$ 则呈下降趋势，这指示此段物源高度混合，并且经历了强水动力过程，由粗颗粒搬运的磁性和反磁性矿物同时快速向河口沉积。第 3 部分（剖面下部 85～170cm），红黏层是控制 Md 及磁学参数 χ_{lf}、χ_{fd}%、χ_{ARM}、χ_{ARM}/χ_{lf}、$\chi_{ARM}/SIRM$ 和 $SIRM/\chi_{lf}$ 变化的主要因素，指示多相沉积过程。

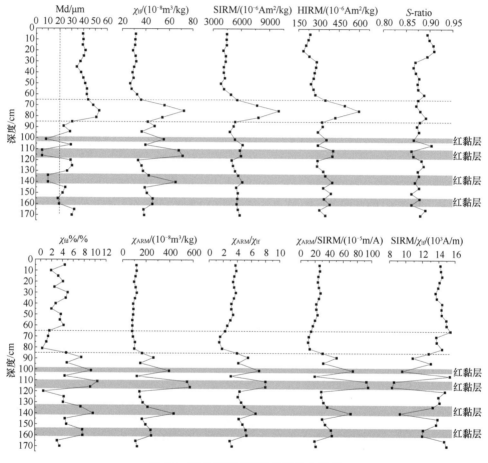

图 5.9　高分辨剖面磁学参数分布特征

通过高分辨剖面的磁学参数变化可以得出，磁学性质是指示三角洲河口-近海土壤和沉积物沉积动力与物源变化的敏感指标，尤其对于黄河口区域多相复杂的沉积过程，常用的铅同位素法计算沉积速率较为困难并常常会出现误判（Qiao et al.，2011；Zhou et al.，2016），而根据磁学参数变化能够做出简便快速区分，相较于铅同位素法判断沉积过程具有明显优点。

5.3.3 磁学性质对碳氮变化的识别

营养元素（如 C、N）和金属元素（如 Cr、Cu、Ni、Pb、Zn、Ti、Zr）是判断环境与物源变化的敏感指标（Reynolds et al.，2001；Magiera et al.，2006）。高分辨率剖面营养元素和金属元素的分布如图 5.10 所示。可以看出，营养元素和金属元素的剖面分布与磁学参数分布具有较高的一致性，同样可分为 3 部分。第 1 部分（剖面上部 0～65cm），此段总有机碳（TOC）和总氮（TN）含量在 0～10cm（TOC，3.14g/kg；TN，0.32g/kg）和 25～35cm（TOC，3.04g/kg；TN，0.29g/kg）处出现峰值，并在 35～65cm 段整体上呈降低趋势（TOC，0.98～2.74g/kg；TN，0.09～0.24g/kg）。这一分布模式主要是由于表层具有较高的植物残体和农业径流输入（Han et al.，2010；Wang et al.，2013）。总无机碳（total inorganic carbon，TIC）[（8.64±0.32）g/kg]、Cr [（60.8±2.5）μg/g]、Cu [（15.5±1.5）μg/g]、Ni [（22.2±1.6）μg/g]、Zn [（48.8±4.5）μg/g]、Ti [（3495±194）μg/g] 和 Zr [（221±30）μg/g] 的含量则在 0～65cm 段呈稳定分布模式。其中，Pb 在 20～35cm 处出现峰值并与 TOC 和 TN 的分布特征较一致，说明表层中有机质对 Pb 的吸附截留起重要作用（Li et al.，2014），除此段外，Pb 在 0～65cm [（19.2±1.2）μg/g] 的其他段变化较小。

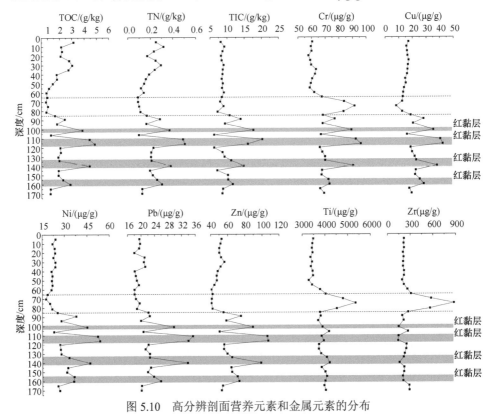

图 5.10 高分辨剖面营养元素和金属元素的分布

第 2 部分（剖面中部 65～85cm），Cr、Ti 和 Zr 含量出现明显峰值。Ti 和 Zr 化学性质稳定，常用于判断物源变化（Muhs et al.，2001）。结合磁学性质，在此段 Cr、Ti、Zr、χ_{lf}、SIRM 和 HIRM 的快速增大及 χ_{fd}%、χ_{ARM}/χ_{lf} 和 $\chi_{ARM}/SIRM$ 的快速减小可以确证物源的明显变化，这一变化主要由粗颗粒碎屑高铬型钛磁铁矿和锆石等重矿物的快速输入造成。

第 3 部分（剖面下部 85～170cm），红黏层表现出对 TOC［（3.52±1.14）g/kg］、TN［（0.36±0.11）g/kg］、TIC［（14.5±3.7）g/kg］］、Cr［（83.2±11.1）μg/g］、Cu［（33.1±7.8）μg/g］、Ni［（43.3±8.2）μg/g］、Pb［（29.2±5.3）μg/g］和 Zn［（87.1±17.5）μg/g］的显著富集，是营养元素和金属元素的蓄积库。但尽管红黏层具有显著富集特征，这些重金属含量仍低于《土壤环境质量农用地土壤污染风险管控标准（试行）》（GB 15618—2018）中的风险筛选值（pH>7.5，Cr，250μg/g；Cu，100μg/g；Ni，190μg/g；Pb，170μg/g；Zn，300μg/g）。

营养元素和金属元素与磁学参数的剖面分布具有较高的一致性，说明磁学参数是预测三角洲-河口-近海土壤和沉积物环境变化的有力指标，尤其能够在复杂沉积环境中做出快速识别。虽然磁学参数也用于重金属污染识别（Magiera et al.，2006），但黄河三角洲地区重金属浓度较低，说明自然沉积过程是控制剖面金属元素变化的主要因素。通过磁学曲线识别的 3 个部分说明水动力分选是控制营养元素和金属元素变化的主要营力，即环境指标主要受土壤和沉积物粒级控制，表现出细粒级富集、粗粒级贫化的趋势。另外，在某一段时期内物源的改变也会造成区域环境突变。

参 考 文 献

车延路. 2014. 大洋河流域水文特性分析. 资源与环境科学, (7): 264-265.

陈晓敏. 1997. 不信东风唤不回——小清河、支脉河治理透视. 山东农业(农村经济版), 1: 8-9.

丁喜桂, 叶思源, 王吉松. 2011. 黄河三角洲湿地土壤、植物碳氮稳定同位素的组成特征. 海洋地质前沿, 27(2): 66-71.

国家海洋局. 2014a. 海洋环境质量公报. http: //www.coi.gov.cn/gongbao/nrhuanjing/nr2014/201503/t20150316_32223.html.

国家海洋局. 2014b. 海洋环境信息. http: //www.soa.gov.cn/zwgk/hyhjxx/201411/t20141106_34010.html.

郝竹青, 王卫山, 滕尚军. 2005. 山东省莱州市王河地下水库效益分析. 水利发展研究, 5(4): 44-45.

冷维亮, 郭照河, 毕钦祥, 等. 2013. 健康潍河生态指标体系与评价方法初探. 治淮, 12: 33-34.

李宝玉, 李刚, 高春雨, 等. 2014. 环渤海区域主要养殖产品比较优势分析. 中国农学通报,

30(32): 48-53.

李志伟, 崔力拓. 2012. 秦皇岛主要入海河流污染及其对近岸海域影响研究. 生态环境学报, 21(7): 1285-1288.

梁立章, 刘丹, 田文英. 2011. 复州河流域水资源现状分析. 东北水利水电, 29(10): 29-30.

刘成, 王兆印, 黄文典, 等. 2007. 海河流域主要河口水沙污染现状分析. 水利学报, 38(8): 920-925.

卢升高. 2005. 土壤频率磁化率与矿物粒度的关系及其环境意义. 应用基础与工程科学学报, 8(1): 9-15.

吕爱军, 穆阿丽, 许宏伟. 2006. 抗生素在水产养殖中的应用. 中国动物保健, 12: 42-44.

毛天宇, 戴明新, 彭士涛, 等. 2009. 近10年渤海湾重金属(Cu, Zn, Pb, Cd, Hg)污染时空变化趋势分析. 天津大学学报, 42(9): 817-825.

齐维晓, 刘会娟, 曲久辉, 等. 2010. 天津主要纳污及入海河流中有机氯农药的污染现状及特征. 环境科学学报, 30(8): 1543-1550.

曲平波. 2009. 潍坊市白浪河环境综合治理工程环境影响评价研究. 中国海洋大学硕士学位论文.

隋艺, 李宪峰, 赵越. 2014. 潍坊市虞河上游改造工程绿化景观规划浅析. 南方农业, 8(4): 14-16.

王海瑞. 2014. 东营市广利河整治途径及效益分析. 山东水利, 1: 9-10.

王焕松, 李子成, 雷坤, 等. 2010. 近20年大、小凌河入海径流量和输沙量变化及其驱动力分析. 环境科学研究, 23(10): 1236-1242.

王流泉, 牛俊. 1982. 北排河流域治涝工程经济分析. 水利水电技术, (11): 1-7.

王润梅, 唐建辉, 黄国培, 等. 2015. 环渤海地区河流河口及海洋表层沉积物有机质特征和来源. 海洋与湖沼, 46(3): 497-507.

夏斌. 2007. 2005年夏季环渤海16条主要河流的污染状况及入海通量. 中国海洋大学硕士学位论文.

徐琳, 罗义, 徐冰洁. 2010. 海河底泥中12种抗生素残留的液相色谱串联质谱同时检测. 分析测试学报, 29(1): 17-21.

杨淑宽, 谭见安, 李玉海, 等. 1983. 中国科学院地理研究所三十年(1953—1983)科研工作的回顾. 地理研究, 2(4): 1-10.

袁顺全, 赵烨, 李强, 等. 2008. 弥河流域农用地土壤重金属含量特征及其影响因素. 安徽农业科学, 36(10): 4237-4238.

张双翼, 孙娟. 2012. 碧流河水库水质现状调查与分析. 现代农业科技, (7): 278.

章强, 朱静敏, 等. 2014. 中国主要水域抗生素污染现状及其生态环境效应研究进展. 环境化学, 33(7): 1075-1083.

Alkhatib M, Lehmann M F, Del Giorgio P A. 2012. The nitrogen isotope effect of benthic remineralization-nitrification-denitrification coupling in an estuarine environment. Biogeosciences, 9(5): 1633-1646.

Arzayus K M, Canuel E A. 2004. Organic matter degradation in sediments of the York River Estuary: effects of biological vs. physical mixing. Geochimica et Cosmochimica Acta, 69(2): 455-464.

Awiti A O, Walsh M G, Kinyamario J. 2008. Dynamics of topsoil carbon and nitrogen along a tropical forest-cropland chronosequence: evidence from stable isotope analysis and spectroscopy. Agriculture, Ecosystems & Environment, 127(3): 265-272.

Bai J H, Xiao R, Zhang K J, et al. 2013. Soil organic carbon as affected by land use in young and old reclaimed regions of a coastal estuary wetland, China. Soil Use and Management, 29(1): 57-64.

Banerjee S K, King J, Marvin J. 1981. A rapid method for magnetic granulometry with applications to environmental studies. Geophysical Research Letters, 8(4): 333-336.

Bannon R O, Roman C T. 2008. Using stable isotopes to monitor anthropogenic nitrogen inputs to estuaries. Ecological Applications, 18(1): 22-30.

Bauer J E, Cai W J, Raymond P A, et al. 2013. The changing carbon cycle of the coastal ocean. Nature, 504(7478): 61-70.

Berner R A. 1989. Biogeochemical cycles of carbon and sulfur and their effect on atmospheric oxygen over Phanerozoic time. Palaeogeography, Palaeoclimatology, Palaeoecology, 75(1-2): 97-122.

Bianchi T S, Allison M A. 2009. Large-river delta-front estuaries as natural "recorders" of global environmental change. Proceedings of the National Academy of Sciences, 106(20): 8085-8092.

Blair N E, Aller R C. 2012. The fate of terrestrial organic carbon in the marine environment. Annual Review of Marine Science, 4: 401-423.

Bloemendal J, Liu X. 2005. Rock magnetism and geochemistry of two plio-pleistocene Chinese loess-palaeosol implications for quantitative palaeoprecipitation reconstruction. Palaeogeography Palaeoclimatology Palaeoecology, 226(1): 149-166.

Bodar C, Berthault F, De Bruijn J, et al. 2003. Evaluation of EU risk assessments existing chemicals. Chemosphere, 53(8): 1039-1047.

Boxall A B A, Fogg L A, Blackwell P A, et al. 2004. Veterinary medicines in the environment// Ware G W. Reviews of Environmental Contamination and Toxicology. New York: Springer.

Burhenne J, Ludwig M, Nikoloudis P, et al. 1997. Photolytic degradation of fluoroquinolone carboxylic acids in aqueous solution. Part I : primary photoproducts and half-lives. Environmental Science and Pollution Research, 4(1): 10-15.

Cai D L. 1994. Geochemical studies on organic carbon isotope of the Huanghe River (Yellow River) Estuary. Science China Chemistry, 37(8): 1001-1015.

Calder J A, Parker P L. 1968. Stable carbon isotope ratios as indexes of petrochemical pollution of aquatic systems. Environmental Science and Technology, 2(7): 535-539.

Cao Y C, Sun G Q, Xing G X, et al. 1991. Natural abundance of $\delta^{15}N$ in main N-containing chemical fertilizers of China. Pedosphere, 1(4): 377-382.

Careddu G, Costantini M L, Calizza E, et al. 2015. Effects of terrestrial input on macrobenthic food webs of coastal sea are detected by stable isotope analysis in Gaeta Gulf. Estuarine, Coastal and Shelf Science, 154: 158-168.

Chang W, Lin W. 2007. Spatial distribution of dissolved Pb, Hg, Cd, Cu and as in the Bohai Sea. Journal of Environmental Sciences, 19: 1061-1066.

Chen C P, Mei B W, Cao Y C. 2005. Nitrogen isotopic geochemical characteristics of crude oils in several basins of China. Science China Earth Science, 48(8): 1211-1219.

Cook R L, Stape J L, Binkley D. 2013. Soil carbon dynamics following reforestation of tropical pastures. Soil Science Society of America Journal, 78(1): 290-296.

Dearing J A, Dann R J L, Hay K, et al. 1996. Frequency-dependent susceptibility measurements of environmental materials. Geophysical Journal International, 124(1): 228-240.

Deng C L, Zhu R X, Verosub K L, et al. 2004. Mineral magnetic properties of loess/paleosol couplets of the central loess plateau of China over the last 1.2 Myr. Journal of Geophysical Research: Solid Earth, 109: B01103.

Evans M E, Heller F. 2003. Environmental Magnetism: Principles and Applications of Enviromagnetics. San Diego: Academic Press.

Gothwal R, Shashidhar T. 2015. Antibiotic pollution in the environment: a review. Clean-Soil, Air, Water, 43(4): 479-489.

Guo J H, Liu X J, Zhang Y, et al. 2010. Significant acidification in major Chinese croplands. Science, 327(5968): 1008-1010.

Halling-Sørensen B. 2000. Algal toxicity of antibacterial agents used in intensive farming. Chemosphere, 40(7): 731-739.

Han F P, Hu W, Zheng J Y, et al. 2010. Estimating soil organic carbon storage and distribution in a catchment of Loess Plateau, China. Geoderma, 154(3-4): 261-266.

Hernando M D, Mezcua M, Fernández-Alba A, et al. 2006. Environmental risk assessment of pharmaceutical residues in wastewater effluents, surface waters and sediments. Talanta, 69(2): 334-342.

Högberg P, Johannisson C, Yarwood S, et al. 2011. Recovery of ectomycorrhiza after 'nitrogen saturation' of a conifer forest. New Phytologist, 189(2): 515-525.

Hu X F, Xu L F, Pan Y, et al. 2009. Influence of the aging of Fe oxides on the decline of magnetic susceptibility of the Tertiary red clay in the Chinese Loess Plateau. Quaternary International, 209(1): 22-30.

Huang W W, Zhang J. 1990. Effect of particle size on transition metal concentrations in the Changjiang (Yangtze River) and the Huanghe (Yellow River), China. Science of the Total

Environment, 94(3): 187-207.

Isidori M, Lavorgna M, Nardelli A, et al. 2005. Toxic and genotoxic evaluation of six antibiotics on non-target organisms. Science of the Total Environment, 346(1-3): 87-98.

Ji L, Chen W, Duan L, et al. 2009. Mechanisms for strong adsorption of tetracycline to carbon nanotubes: a comparative study using activated carbon and graphite as adsorbents. Environmental Science & Technology, 43(7): 2322-2327.

Jia A, Hu J, Wu X, et al. 2011. Occurrence and source apportionment of sulfonamides and their metabolites in Liaodong Bay and the adjacent Liao River basin, North China. Environmental Toxicology and Chemistry, 30(6): 1252-1260.

Jiang L, Hu X, Yin D, et al. 2011. Occurrence, distribution and seasonal variation of antibiotics in the Huangpu River, Shanghai, China. Chemosphere, 82(6): 822-828.

Jiang Y, Li M, Guo C, et al. 2014. Distribution and ecological risk of antibiotics in a typical effluent-receiving river (Wangyang River) in North China. Chemosphere, 112: 267-274.

Jun Z, Yan Q, Wei Q, et al. 2007. Historical evolvement trends of nutrients in waters of Bohai Bay from 1985 to 2003. Environmental Science, 28(3): 494-499.

Kemper N. 2008. Veterinary antibiotics in the aquatic and terrestrial environment. Ecological Indicators, 8(1): 1-13.

Kiehn W M, Mendelssohn I A, White J R. 2013. Biogeochemical recovery of oligohaline wetland soils experiencing a salinity pulse. Soil Science Society of America Journal, 77(6): 2205-2215.

Kim C, Carlson K. 2007. Temporal and spatial trends in the occurrence of human and veterinary antibiotics in aqueous and river sediment matrices. Environmental Science & Technology, 41(1): 50-57.

Kolar B, Arnuš L, Jeretin B, et al. 2014. The toxic effect of oxytetracycline and trimethoprim in the aquatic environment. Chemosphere, 115: 75-80.

Lalumera M, Calamari D, Galli P, et al. 2004. Preliminary investigation on the environmental occurrence and effects of antibiotics used in aquaculture in Italy. Chemosphere, 54(5): 661-668.

Lamb A L, Wilson G P, Leng M J. 2006. A review of coastal palaeoclimate and relative sea-level reconstructions using δ^{13}C and C/N ratios in organic material. Earth-Science Reviews, 75(1): 29-57.

Le T, Munekage Y. 2004. Residues of selected antibiotics in water and mud from shrimp ponds in mangrove areas in Viet Nam. Marine Pollution Bulletin, 49(11-12): 922-929.

Li C, Yang S, Zhang W. 2012. Magnetic properties of sediments from major rivers, aeolian dust, loess soil and desert in China. Journal of Asian Earth Sciences, 45: 190-200.

Li Y, Zhang H B, Chen X B, et al. 2014. Distribution of heavy metals in soils of the Yellow River Delta: concentrations in different soil horizons and source identification. Journal of Soils and

Sediments, 14(6): 1158-1168.

Liang X, Chen B, Nie X, et al. 2013a. The distribution and partitioning of common antibiotics in water and sediment of the Pearl River Estuary, South China. Chemosphere, 92(11): 1410-1416.

Liang X, Shi Z, Huang X. 2013b. Occurrence of antibiotics in typical aquaculture of the Pearl River Estuary. Ecology & Environmental Sciences, 22(2): 304-310.

Liu C, Zheng X, Zhou Z, et al. 2010. Nitrous oxide and nitric oxide emissions from an irrigated cotton field in Northern China. Plant and Soil, 332(1-2): 123-134.

Liu D, Li X, Emeis K C, et al. 2015. Distribution and sources of organic matter in surface sediments of Bohai Sea near the Yellow River Estuary, China. Estuarine, Coastal and Shelf Science, 165: 128-136.

Liu H, Zhang G, Liu Q, et al. 2009. The occurrence of chloramphenicol and tetracyclines in municipal sewage and the Nanming River, Guiyang City, China. Journal of Environmental Monitoring, 11(6): 1199-1205.

Liu Q S, Roberts A P, Torrent J, et al. 2007a. What do the HIRM and S-ratio really measure in environmental magnetism? Geochemistry, Geophysics, Geosystems, 8(9): Q9011.

Liu Q, Deng C, Torrent J, et al. 2007b. Review of recent developments in mineral magnetism of the Chinese loess. Quaternary Science Reviews, 26(3): 368-385.

Magiera T, Strzyszcz Z, Kapicka A, et al. 2006. Discrimination of lithogenic and anthropogenic influences on topsoil magnetic susceptibility in Central Europe. Geoderma, 130(3-4): 299-311.

Maher B A. 1988. Magnetic properties of some synthetic sub-micron magnetites. Geophysical Journal of the Royal Astronomical Society, 94(1): 83-96.

Meyers P A. 1994. Preservation of elemental and isotopic source identification of sedimentary organic matter. Chemical Geology, 114(3-4): 289-302.

Muhs D R, Bettis E A, Been J, et al. 2001. Impact of climate and parent material on chemical weathering in loess-derived soils of the Mississippi River Valley. Soil Science Society of America Journal, 65(6): 1761-1777.

Oldfield F. 1991. Environmental magnetism—a personal perspective. Quaternary Science Reviews, 10(1): 73-85.

Park S, Choi K. 2008. Hazard assessment of commonly used agricultural antibiotics on aquatic ecosystems. Ecotoxicology, 17(6): 526-538.

Pei R, Kim C, Carlson H, et al. 2006. Effect of river landscape on the sediment concentrations of antibiotics and corresponding antibiotic resistance genes (ARG). Water Research, 40(12): 2427-2435.

Qiao S Q, Shi X F, Zhu A M, et al. 2010. Distribution and transport of suspended sediments off the Yellow River (Huanghe) mouth and the nearby Bohai Sea. Estuarine, Coastal and Shelf Science,

86(3): 337-344.

Qiao Y, Hao Q, Peng S, et al. 2011. Geochemical characteristics of the eolian deposits in southern China, and their implications for provenance and weathering intensity. Palaeogeography, Palaeoclimatology, Palaeoecology, 308(3): 513-523.

Ramaswamy V, Gaye B, Shirodkar P V, ct al. 2008. Distribution and sources of organic carbon, nitrogen and their isotopic signatures in sediments from the Ayeyarwady (Irrawaddy) continental shelf, northern Andaman Sea. Marine Chemistry, 111(3): 137-150.

Raymond P A, Bauer J E. 2001. Riverine export of aged terrestrial organic matter to the North Atlantic Ocean. Nature, 409(6819): 497-500.

Regnier P, Friedlingstein P, Ciais P, et al. 2013. Anthropogenic perturbation of the carbon fluxes from land to ocean. Nature Geoscience, 6(8): 597-607.

Reynolds R, Belnap J, Reheis M, et al. 2001. Aeolian dust in Colorado Plateau soils: nutrient inputs and recent change in source. Proceedings of the National Academy of Sciences of the United States of America, 98(13): 7123-7127.

Robinson A A, Belden J B, Lydy M J. 2005. Toxicity of fluoroquinolone antibiotics to aquatic organisms. Environmental Toxicology and Chemistry, 24(2): 423-430.

Ruiz-Fernández A C, Hillaire-Marcel C, Ghaleb B, et al. 2002. Recent sedimentary history of anthropogenic impacts on the Culiacan River Estuary, northwestern Mexico: geochemical evidence from organic matter and nutrients. Environmental Pollution, 118(3): 365-377.

Rumpel C, Kögel-Knabner I. 2011. Deep soil organic matter—a key but poorly understood component of terrestrial C cycle. Plant and Soil, 338(1-2): 143-158.

Schreiner K M, Bianchi T S, Eglinton T I, et al. 2013. Sources of terrigenous inputs to surface sediments of the Colville River Delta and Simpson's Lagoon, Beaufort Sea, Alaska. Journal of Geophysical Research: Biogeosciences, 118(2): 808-824.

Schultz D J, Calder J A. 1976. Organic carbon $^{13}C/^{12}C$ variations in estuarine sediments. Geochimica et Cosmochimica Acta, 40(4): 381-385.

Tamtam F, Mercier F, Le Bot et al. 2008. Occurrence and fate of antibiotics in the Seine River in various hydrological conditions. Science of the Total Environment, 393(1): 84-95.

Tang X, Ellert B H, Hao X Y, et al. 2012. Temporal changes in soil organic carbon contents and $\delta^{13}C$ values under long-term maize-wheat rotation systems with various soil and climate conditions. Geoderma, 183-184: 67-73.

Tao S Q, Eglinton T I, Montluçon D B, et al. 2015. Pre-aged soil organic carbon as a major component of the Yellow River suspended load: regional significance and global relevance. Earth and Planetary Science Letters, 414: 77-86.

Thompson R, Oldfield F. 1986. Environmental Magnetism. London: Allen and Unwin.

Torrent J, Liu Q, Bloemendal J, et al. 2007. Magnetic enhancement and iron oxides in the upper Luochuan loess-paleosol sequence, Chinese Loess Plateau. Soil Science Society of America Journal, 71(5): 1570-1578.

Wang S Q, Fan J W, Song M H, et al. 2013. Patterns of SOC and soil ^{13}C and their relations to climatic factors and soil characteristics on the Qinghai-Tibetan Plateau. Plant and Soil, 363(1-2): 243-255.

Wu Z, Yu Z, Song X, et al. 2013. Application of an integrated methodology for eutrophication assessment: a case study in the Bohai Sea. Chinese Journal of Oceanology and Limnology, 31(5): 1064-1078.

Xiong Y, Geng A. 2000. Carbon isotopic composition of individual n-alkanes in asphaltene pyrolysates of biodegraded crude oils from the Liaohe Basin, China. Organic Geochemistry, 31(12): 1441-1449.

Yang F, Ying G, Zhao L, et al. 2010. Simultaneous determination of four classes of antibiotics in sediments of the Pearl Rivers using RRLC-MS/MS. Science of the Total Environment, 408(16): 3424-3432.

Yu F L, Zong Y Q, Lloyd J M, et al. 2010. Bulk organic δ^{13}C and C/N as indicators for sediment sources in the Pearl River Delta and Estuary, southern China. Estuarine, Coastal and Shelf Science, 87(4): 618-630.

Zhang D, Lin L, Luo Z, et al. 2011. Occurrence of selected antibiotics in Jiulongjiang River in various seasons, South China. Journal of Environmental Monitoring, 13(7): 1953-1960.

Zhang J, Wu Y, Jennerjahn T C, et al. 2007. Distribution of organic matter in the Changjiang (Yangtze River) Estuary and their stable carbon and nitrogen isotopic ratios: implications for source discrimination and sedimentary dynamics. Marine Chemistry, 106(1): 111-126.

Zhang J, Zhang G, Zheng Q, et al. 2012. Occurrence and risks of antibiotics in the Laizhou Bay, China: impacts of river discharge. Ecotoxicology and Environmental Safety, 80: 208-215.

Zhang R J, Tang J, Li J, et al. 2013. Occurrence and risks of antibiotics in the coastal aquatic environment of the Yellow Sea, North China. Science of the Total Environment, 450-451: 197-204.

Zhang Y, Liu X J, Fangmeier A, et al. 2008. Nitrogen inputs and isotopes in precipitation in the North China Plain. Atmospheric Environment, 42(7): 1436-1448.

Zhao J L, Yang G G, Liu Y S, et al. 2010. Occurrence and risks of triclosan and triclocarban in the Pearl River system, South China: from source to the receiving environment. Journal of Hazardous Materials, 179(1-3): 215-222.

Zheng H, Oldfield F, Shaw J, et al. 1991. The magnetic properties of particle-sized samples from the Luo Chuan loess section: evidence for pedogenesis. Physics of the Earth and Planetary Interiors,

68(3): 250-258.

Zhou J, Ying G, Zhao L, et al. 2011. Trends in the occurrence of human and veterinary antibiotics in the sediments of the Yellow River, Hai River and Liao River in northern China. Environmental Pollution, 159(7): 1877-1885.

Zhou L Y, Liu J, Saito Y, et al. 2016. Modern sediment characteristics and accumulation rates from the delta front to prodelta of the Yellow River (Huanghe). Geo-Marine Letters, 36(4): 247-258.

Zou S, Xu W, Zhang R, et al. 2011. Occurrence and distribution of antibiotics in coastal water of the Bohai Bay, China: impacts of river discharge and aquaculture activities. Environmental Pollution, 159(10): 2913-2920.

黄海暖流对渤海海峡
微生物群落结构变化的影响

6.1 黄海暖流简介

渤海是位于中国北部重要的边缘海,是经济鱼类产卵和水产养殖的重要区域。渤海是一个半封闭的浅海,主要由辽东湾、渤海湾和莱州湾组成,由于它特殊的地理位置,渤海仅通过渤海海峡与黄海相连(Li et al.,2015),因此赋予了渤海特殊的地理学和生态学意义。几乎每年冬季,一股强大的高温高盐暖流会通过黄海水槽流入渤海,我们称之为黄海暖流(Xu et al.,2009)。黄海暖流由于具有高温高盐的特点,对渤海的水文气候环境造成了很大的影响。

气候变化会给海岸带地区带来普遍的影响,尤其是温度的变化已经受到人们广泛的关注。有研究发现随着波罗的海温度的升高,浮游植物暴发的时间发生了明显改变(Paerl and Huisman,2008)。还有相关的假设已经被验证,温度升高是导致水母暴发的重要原因(Sun,2012)。

目前已经有许多研究专注于黄海暖流导致的渤海营养盐、浮游动物生物量的迁移及黄海暖流水文动力学的研究,但是目前还不是十分清楚黄海暖流如何影响浮游病毒及浮游细菌的动态变化、群落组成及它们之间的关系。因此,为了了解黄海暖流对渤海海域微生物群落及生物量动态变化的影响,我们通过流式细胞仪计数与高通量测序技术研究黄海暖流对渤海海峡浮游病毒和浮游细菌的空间分布情况及群落结构变化的影响。

6.2 样品采集与分析

6.2.1 采样区域

考虑到渤海海峡的特殊地理位置及黄海暖流的路径,我们选择渤海海峡作为采样区域。作为流式数据分析的样品来源于渤海海峡表层水和底层水,于 2013 年 12 月取自渤海海峡 4 个断面,分别为 K、E、L 和 R 断面(表 6.1)。

表 6.1　2013 年 12 月采样站位

站位	经度/(°N)	纬度/(°E)
K2	121.889	38.665
K6	122.317	37.999
K7	122.467	37.765
K8	122.558	37.593
E2	121.500	38.500
E3	121.500	38.300

续表

站位	经度/（°N）	纬度/（°E）
E4	121.500	38.050
E6	121.500	37.700
L2	121.224	38.517
L4	121.164	38.370
L5	121.108	38.233
L7	120.969	37.900
R3	120.979	38.899
R5	120.760	38.500
R6	120.628	38.234
R7	120.495	37.992

6.2.2　采样方法

海水样品采集于 2013 年 12 月，搭载向阳红 8 号科考船，纵贯渤海海峡 4 个断面。表层海水样品取自距离海水表层 2～5m 的位置，底层海水取自靠近海底的位置。海水的垂直温度和盐度利用 CTD（Sea-Bird 911 Plus，Sea-Bird Electronic，Bellevue，WA，USA）测定。将海水转移到 2mL 除菌的冻存管中，用终浓度为 0.5%的戊二醛固定，于 4℃放置 5min，然后置于液氮中保存，回到实验室后于–80℃保存直至样品分析，样品于返回实验室之后一个月内测定完成（Brussaard，2004；Wang et al.，2016）。

6.2.3　流式细胞仪检测分析

利用 BD Accuri C6^{TM} 流式细胞仪（BD biosciences，San Jose，CA，USA）对浮游病毒和浮游细菌进行分类与计数。将 3 份平行样品放于 37℃水浴中进行融化，用经过 0.22μm 滤膜过滤的 TE 缓冲液（10mmol/L Tris，1mmol/L EDTA）将样品稀释 10 倍。然后加入提前稀释好的 SYBR-Ⅰ Green 染料（1∶500 稀释，分子探针）在 80℃水浴中避光孵育 10min（Gasol and Del Giorgio，2000）。在上机检测之前加入终浓度为 10^5beads/mL 的黄色荧光小球作为参照，每次检测之前都要充分混匀。我们将 PBS 缓冲液作为鞘液，对机器进行优化之后，将前向角设置为纵坐标，将侧向角设置为横坐标，所有的数据测试完之后都利用 Flowjo 软件（TreeStar，San Carlos，CA，USA）进行分析处理。

6.3 浮游病毒及细菌的分布特征

6.3.1 浮游病毒的分布特征

在水平分布上，2013 年冬季（以下简称冬季），浮游病毒丰度的变化范围为 $9.88 \times 10^6 \sim 7.80 \times 10^7$cells/mL，平均为 3.60×10^7cells/mL；2014 年夏季（以下简称夏季），浮游病毒丰度的变化范围为 $2.31 \times 10^6 \sim 3.92 \times 10^8$cells/mL，平均为 7.47×10^7cells/mL。夏季表层浮游病毒丰度大约为冬季表层的 2.4 倍。夏季底层浮游病毒丰度大约为冬季底层的 1.5 倍。我们将渤海海峡作为分界线，发现在表层水中，冬季东北部浮游病毒丰度大约为西南部的 1.7 倍；在夏季正好相反，西南部浮游病毒丰度大约为东北部的 1.6 倍。而在底层水中，无论是冬季还是夏季，靠近山东半岛的浮游病毒丰度均高于靠近辽东半岛的浮游病毒丰度，分别为 1.04 倍和 1.26 倍（图 6.1）。

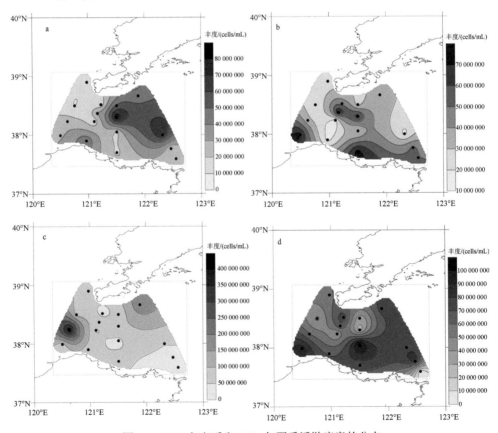

图 6.1 2013 年冬季和 2014 年夏季浮游病毒的分布

a. 2013 年冬季表层；b. 2013 年冬季底层；c. 2014 年夏季表层；d. 2014 年夏季底层

在垂直分布上，冬季底层的浮游病毒丰度显著高于表层的浮游病毒丰度，约为 1.28 倍。而与之相反，在夏季表层的浮游病毒丰度显著高于底层的浮游病毒丰度，约为 1.44 倍。另外，比较夏季与冬季浮游病毒的垂直丰度发现，夏季底层丰度约为冬季的 1.49 倍，夏季表层丰度约为冬季的 2.75 倍，即冬季和夏季浮游病毒的垂直分布有很人的差异（图 6.2）。

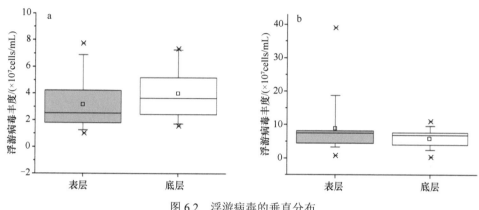

图 6.2　浮游病毒的垂直分布
a. 2013 年冬季；b. 2014 年夏季

6.3.2　浮游细菌的分布特征

在水平分布上，冬季浮游细菌的丰度为 $3.51×10^5 \sim 5.15×10^6$ cells/mL，夏季浮游细菌的丰度为 $5.09×10^5 \sim 3.44×10^7$ cells/mL。冬季（$1.84×10^6$ cells/mL）浮游细菌的平均丰度显著低于夏季（$5.05×10^6$ cells/mL）。而在冬季表层水中 E2 站位呈现出极高值，为 $4.77×10^6$ cells/mL，在底层水中 E6 和 R7 站位表现出较高值，分别为 $4.64×10^6$ cells/mL 和 $5.15×10^6$ cells/mL。夏季结果完全不同，表层水中丰度最高站位为 R6，底层水中丰度最高站位为 R3（图 6.3）。

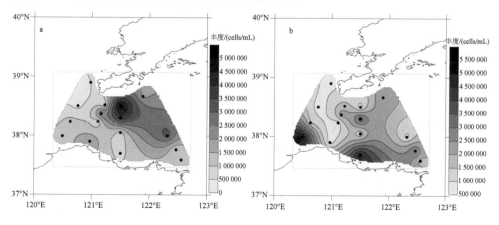

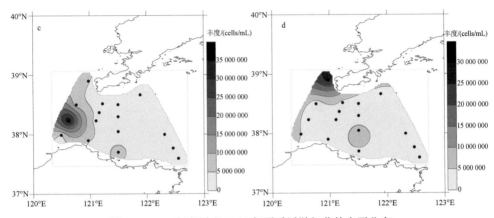

图 6.3　2013 年冬季和 2014 年夏季浮游细菌的水平分布

a. 2013 年冬季表层；b. 2013 年冬季底层；c. 2014 年夏季表层；d. 2014 年夏季底层

　　在垂直分布上，夏季浮游细菌的丰度约为冬季的 2.83 倍。冬季底层浮游细菌的丰度略高于表层浮游细菌的丰度，约为 1.17 倍；相反，夏季表层浮游细菌的丰度略高于底层浮游细菌的丰度，约为 1.14 倍（图 6.4）。浮游细菌的分布趋势与浮游病毒的分布趋势接近一致。

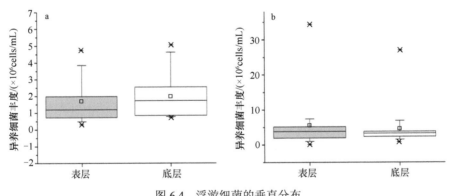

图 6.4　浮游细菌的垂直分布

a. 2013 年冬季；b. 2014 年夏季

6.3.3　环境因子的作用分析

　　利用 RDA 分析环境因子与样本和微生物群落之间的关系（图 6.5）。其中，环境因子主要有温度（Tem）、盐度（Sal）、溶解氧（Do）、总的浮游病毒丰度（TV）、总的浮游细菌丰度（TB）、浮游病毒丰度与浮游细菌丰度之间的比值（VBR）、磷酸盐浓度（PHOSP）、硅酸盐浓度（SILIC）、亚硝酸盐浓度（NITRI）、铵盐浓度（AMMON）和硝酸盐浓度（NITRA）。研究发现，温度和磷酸盐浓度对样本分布和群落组成影响最大。其中，磷酸盐浓度与样本和微生物群落组成有显著的正相关关系（*p*=0.044）。

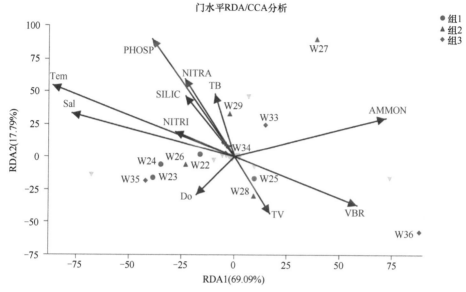

图 6.5　RDA 分析环境因子与样本微生物群落之间的关系

通过 Spearman 相关性分析发现（表 6.2，表 6.3），冬季浮游病毒丰度和浮游细菌丰度与磷酸盐浓度呈显著正相关关系；而夏季浮游病毒丰度与硝酸盐的浓度呈显著负相关关系，浮游细菌丰度与盐度呈显著负相关关系，与硝酸盐的浓度呈极显著负相关关系。

表 6.2　利用 Spearman 相关性分析研究冬季浮游病毒丰度（VA）和浮游细菌丰度（BA）与环境因子之间的关系

	VA	BA	Tem	Sal	Depth	NO$_2$-N	NO$_3$-N	NH$_4$-N	PO$_4$-P	SiO$_2$	Chla
VA	1.000	0.946**	0.275	0.116	0.183	0.209	−0.246	−0.297	0.378*	−0.254	−0.186
BA	0.946**	1.000	0.272	0.126	0.089	0.242	−0.263	−0.320	0.395*	−0.297	−0.232

注：Depth 表示深度；Chla 表示叶绿素 a
*p<0.05；**p<0.01

表 6.3　利用 Spearman 相关性分析研究夏季浮游病毒丰度（VA）和浮游细菌丰度（BA）与环境因子之间的关系

	VA	BA	Tem	Sal	Depth	NO$_2$-N	NO$_3$-N	NH$_4$-N	PO$_4$-P	SiO$_2$	Chla
VA	1.000	0.642**	0.174	−0.287	−0.172	0.002	−0.449*	0.123	−0.136	0.048	0.312
BA	0.642**	1.000	0.132	−0.405*	−0.137	0.203	−0.489**	0.023	−0.095	0.129	0.295

注：Depth 表示深度；Chla 表示叶绿素 a
*p<0.05；**p<0.01

6.4 讨论

在渤海海峡，冬季和夏季浮游病毒的平均丰度分别为 $3.60×10^7$cells/mL 和 $7.47×10^7$cells/mL，浮游细菌的平均丰度分别为 $1.84×10^6$cells/mL 和 $5.05×10^6$cells/mL。这一调查研究结果显著高于先前研究中北黄海浮游病毒和浮游细菌的丰度，据报道在北黄海浮游病毒的平均丰度为 $1.37×10^7$cells/mL，浮游细菌的平均丰度为 $1.64×10^6$cells/mL（Bai et al.，2012）。在本研究中浮游病毒的平均丰度比浮游细菌的平均丰度高约一个数量级。已有研究发现，浮游病毒会对浮游细菌的群落结构多样性产生很大的影响（Sandaa et al.，2009），在水生态系统中浮游病毒被认为是调节浮游细菌丰度和浮游植物丰度的主要因素（Weinbauer，2004）。

渤海海域浮游病毒丰度与浮游细菌丰度受环境因子的影响很大。环境因子尤其是河口输出影响较大，海水营养盐浓度受到影响，在南海海域珠江口和大亚湾环境因子是控制浮游细菌丰度和浮游病毒丰度的重要因素（Ni et al.，2015）。另外，在青岛沿岸海域海水中营养盐的浓度对微生物群落结构的分布具有重要影响，它们对微生物群落结构同时存在拮抗作用和协同作用（Wang et al.，2010）。在渤海海域，由黄海暖流驱动的外海输入对浮游病毒丰度和浮游细菌丰度起重要的调控作用。夏季无论是浮游病毒丰度还是浮游细菌丰度都显著高于冬季，可能是由于夏季温度较适宜、营养较充足，浮游生物快速生长导致的（Kong et al.，2014）。这是因为浮游细菌丰度和浮游病毒丰度通常会随着富营养化程度的增加而升高（Liu et al.，2006；Jiao et al.，2006），并且它们之间的协同作用也会大大促进浮游生物的增长，导致分布情况发生变化（Shiah and Ducklow，1994）。

在本研究中，冬季底层浮游病毒丰度和浮游细菌丰度大于表层，这一结果明显与先前研究的其他海域有所差别（Wang et al.，2010）。可能是冬季大量有机质在海底的积累导致浮游病毒丰度和浮游细菌丰度分布出现底层高、表层低的现象（Lin et al.，2014）。另外，在冬季黄海暖流会带来高温高盐水（Xu et al.，2009），使渤海水环境发生较大的变化，因此浮游病毒丰度和浮游细菌丰度也会受到严重的影响。夏季表层浮游病毒丰度明显高于底层，表明无论是在分层水域还是不分层水域浮游病毒丰度和浮游细菌丰度会随着水深的变化而变化（Wang et al.，2010；Magagnini et al.，2007），然而在本研究中我们发现浮游病毒丰度和浮游细菌丰度与深度的关系不是很大，可能是由于渤海是相对较浅的海，因此浮游病毒丰度和浮游细菌丰度随深度变化不是很明显。

通过对整个调查区域的研究我们发现，浮游细菌的水平分布与浮游病毒的水平分布保持一致的趋势。并且通过 Spearman 相关性分析发现，浮游细菌丰度与浮游病毒丰度之间有显著的相关性（$p<0.01$）。这一结果与先前的研究发现是一致的，揭示了浮游病毒在水生态系统中的重要作用（Wommack and Colwell，2000）。通过研究环境因子与浮游细菌丰度和浮游病毒丰度之间相关性，发现在冬季它们的丰度会随着磷酸盐浓度的增大而增大，在夏季它们的丰度会随着硝酸盐浓度的增大而减小。这可能是由于冬季黄海暖流带来了高温高盐的水，其对渤海的影响明显大于夏季（Song et al.，2009；Xu et al.，2009）。而硝酸盐的浓度与浮游病毒丰度呈显著负相关关系，这可能是由浮游细菌与浮游植物之间的相互作用导致对该过程产生拮抗作用导致的（Moore et al.，1995）。

6.5　本章小结

本章调查了冬季和夏季表层及底层浮游病毒丰度与浮游细菌丰度的分布特征，并且研究了冬季黄海暖流影响下细菌群落结构的变化。分析发现浮游生物的分布与营养盐之间有一定的联系。结果显示，这两类微生物类群的分布与温度、硝酸盐浓度、磷酸盐浓度和盐度等的变化有关，并且温度是影响细菌群落结构变化的主要因素，细菌群落结构受黄海暖流的影响自东向西呈现出一定的分布模式，细菌群落结构多样性呈现东高西低的趋势。本章针对水环境变化对微生物群落结构的影响进行了研究，将为进一步研究海洋生态系统的稳定性和可持续发展提供理论依据。

参 考 文 献

Bai X G, Wang M, Liang Y T, et al. 2012. Distribution of microbial populations and their relationship with environmental variables in the North Yellow Sea, China. Journal of Ocean University of China, 11(1): 75-85.

Brussaard C P. 2004. Optimisation of procedures for counting viruses by flow cytometry. Applied and Environmental Microbiology, 70(3): 1506-1513.

Gasol J M, Del Giorgio P A. 2000. Using flow cytometry for counting natural planktonic bacteria and understanding the structure of planktonic bacterial communities. Scientia Marina, 64(2): 197-224.

Jiao N Z, Zhao Y L, Luo T W, et al. 2006. Natural and anthropo-genic forcing on the dynamics of virioplankton in the Yangtze River Estuary. Journal of the Marine Biological Association of the United Kingdom, 86(3): 543-550.

Kong X P, Ye S H. 2014. The impact of water temperature on water quality indexes in north of Liaodong Bay. Marine Pollution Bulletin, 80(1-2): 245-249.

Kuehn J S, Gorden P J, Munro D, et al. 2013. Bacterial community profiling of milk samples as a means to understand culture-negative bovine clinical mastitis. PloS One, 8(4): e61959.

Li Y F, Guo L, Feng H. 2015. Status and trends of sediment metal pollution in Bohai Sea, China. Current Pollution Reports, 1(4): 191-202.

Lin T, Wang L F, Chen Y J, et al. 2014. Sources and preservation of sedimentary organic matter in the southern Bohai Sea and the Yellow Sea: evidence from lipid biomarkers. Marine Pollution Bulletin, 86(1-2): 210-218.

Liu Y M, Yuan X P, Zhang Q Y. 2006. Spatial distribution and morphologic diversity of virioplankton in Lake Donghu, China. Acta Oecologica, 29(3): 328-334.

Magagnini M, Corinaldesi C, Monticelli L S, et al. 2007. Viral abundance and distribution in mesopelagic and bathypelagic waters of the Mediterranean Sea. Deep Sea Research Part I : Oceanographic Research Papers, 54(8): 1209-1220.

Moore L R, Goericke R, Chisholm S W. 1995. Comparative physiology of Synechococcusand Prochlorococcus: influence of light and temperature on growth, pigments, fluorescence and absorptive properties. Marine Ecology Progress Series, 116(1): 259-275.

Ni Z X, Huang X P, Zhang X. 2015. Picoplankton and virioplankton abundance and community structure in Pearl River Estuary and Daya Bay, South China. Journal of Environmental Sciences, 32: 146-154.

Paerl H W, Huisman J. 2008. Climate: blooms like it hot. Science, 320(5872): 57-58.

Parsons R J, Nelson C E, Carlson C A, et al. 2015. Marine bacterioplankton community turnover within seasonally hypoxic waters of a subtropical sound: Devil's Hole, Bermuda. Environmental Microbiology, 17(10): 3481-3499.

Pruesse E, Quast C, Knittel K, et al. 2007. SILVA: a comprehensive online resource for quality checked and aligned ribosomal RNA sequence data compatible with ARB. Nucleic Acids Research, 35(21): 7188-7196.

Riegman R, Winter C. 2003. Lysis of plankton in the nonstatified southern North Sea during summer and autumn 2000. Acta Oecologica, 24: S133-S138.

Sandaa R A, Gómez-Consarnau L, Pinhassi J, et al. 2009. Viral control of bacterial biodiversity-evidence from a nutrient-enriched marine mesocosm experiment. Environmental Microbiology, 11(10): 2585-2597.

Shiah F K, Ducklow H W. 1994. Temperature and substrate regulation of bacterial abundance, production and specific growth rate in Chesapeake Bay, USA. Marine Ecology-Progress Series, 103: 297-308.

Song D H, Bao X W, Wang X H, et al. 2009. The inter-annual variability of the Yellow Sea Warm Current surface axis and its influencing factors. Chinese Journal of Oceanology and Limnology, 27(3): 607-613.

Sun S. 2012. New perception of jellyfish bloom in the East China Sea and Yellow Sea. Oceanologia et Limnologia Sinica, 43(3): 406-410.

Wang C X, Wang Y B, Paterson J S, et al. 2016. Macroscale distribution of virioplankton and hetero-trophic bacteria in the Bohai Sea. FEMS Microbiology Ecology, 92(3): fiw017.

Wang M, Liang Y T, Bai X G, et al. 2010. Distribution of microbial populations and their relationship with environmental parameters in the coastal waters of Qingdao, China. Environmental microbiology, 12(7): 1926-1939.

Weinbauer M G. 2004. Ecology of prokaryotic viruses. FEMS Microbiology Ecology, 28(2): 127-181.

Wommack K E, Colwell R R. 2000. Virioplankton: viruses in aquatic ecosystems. Microbiology and Molecular Biology Reviews, 64(1): 69-114.

Xu L L, Wu D X, Lin X P, et al. 2009. The study of the Yellow Sea warm current and its seasonal variability. Journal of Hydrodynamics, 21(2): 159-165.

第 7 章

微微型浮游生物随
季节变化的分布特征

7.1　微微型浮游生物简介

　　微微型浮游生物主要包括浮游病毒、浮游细菌、聚球藻、原绿球藻、微微型真核生物等，它们的直径大多数都小于 20μm，在海洋生态系统中发挥着重要的作用（Sieburth et al.，1978）。其中，浮游病毒是海洋环境中丰度和数量最高的微微型浮游生物类群，它能够通过侵染和裂解宿主细胞来调控宿主的群落结构和多样性情况。浮游病毒和浮游细菌作为海洋初级生产力的代表，是海洋微食物网的重要组成部分，在海洋生态系统中能量代谢和物质循环过程中发挥着重要的作用（Contreras-Coll et al.，2002；马玉等，2016）。人们已经逐渐将研究浮游病毒和浮游细菌的时空分布及细菌群落组成作为检测水体环境安全和养殖体系污染程度的重要指标（朱志红等，2011；Katz and Grant，2014；焦念志等，2006），浮游细菌和浮游病毒较小的体积和快速的繁衍更替使之会对海洋环境变化做出迅速反应，因此研究浮游病毒和浮游细菌的时空分布变化及群落结构多样性会对评估海洋生态系统稳定性具有重要的意义。

　　本章针对渤海海域 4 个季节（2014 年春季、2014 年秋季、2015 年夏季、2015年冬季）浮游病毒和浮游细菌的时空分布特征及 2015 年夏季和 2015 年冬季浮游细菌的群落结构多样性与环境调控因素进行大面调查。本章基于流式细胞仪和高通量测序技术分析浮游病毒和浮游细菌的时空分布特征及影响因素，分析冬季和夏季两个差异明显的季节细菌群落结构变化及调控的主要环境因素，以期为维护该海域生态系统可持续发展和进行渤海海域健康机制研究提供一定的理论基础。

7.2　样品采集与分析

7.2.1　样品采集

　　于 2014 年春季（61 个站位）、2014 年秋季（39 个站位）、2015 年夏季（59个站位）和 2015 年冬季（33 个站位）进行样品采集，站位如图 7.1 所示。分别采集各站位的表、中、底层样品，底层样品采集于距离海底约 1m 深处。每个站位分别采集 5 个平行样品待后续分析。经过 CTD 采集的样品先经过 20 目的无菌筛绢过滤，然后取过滤后的样品加入到提前装入无菌戊二醛的冻存管中进行样品固定，样品置于冻存管后放于避光的室温下约 15min，然后将采集的样品置于液氮中储存，待回到实验室之后再转移到–80℃冰箱中储存，直至进行浮游细菌和浮游病毒的分析。对于测序样品的采集，取筛绢过滤后的水样，经过 0.22μm 的聚碳酸酯膜（Millipore，USA）过滤，样品富集于滤膜上之后迅速将滤膜置于无菌的冻存管中，然后放到液氮中储存，同样回到实验室之后转移到–80℃冰箱中储存，待后续测序分析以研究细菌群落结构多样性。

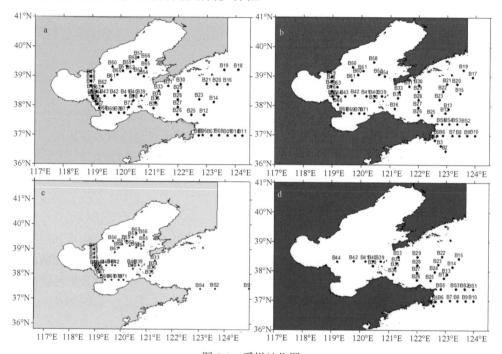

图 7.1　采样站位图

a. 2014 年春季；b. 2015 年夏季；c. 2014 年秋季；d. 2015 年冬季

7.2.2　浮游病毒和浮游细菌检测分析

取出冻存的海水样品置于 37℃融化处理，然后将海水样品利用无菌的 TE 缓冲液（10mmol/L Tris，1mmol/L EDTA）稀释 10 倍。每 500μL 样品中加入 20μL 提前配好的 SYBR-Ⅰ Green 染料，SYBR-Ⅰ Green 染料母液的配制按照 1：500 进行稀释，然后将处理好的样品置于 80℃避光水浴放置 10min。上机检测之前每个样品中加入 1μL 黄色荧光小球，利用 BD Accuri C6™ 流式细胞仪进行上机检测。样品的流速为 66μL/min，检测时间为 1min（Paterson et al.，2013）。

7.2.3　细菌群落结构多样性分析

提取海水样品细菌基因组 DNA 之后，将 DNA 样品送至北京诺禾致源生物信息科技有限公司进行 16S Illumina HiSeq 高通量测序，进行 V3-V4 区 PCR 扩增，PCR 扩增采用的引物为 515F（5′-GTGCCAGCMGCCGCGGTAA-3′）和 806R（5′-GGAC TACHVGGGTWTCTAAT-3′）（Wang et al.，2016）。按照 PCR 反应条件：95℃预变性 10min；95℃变性 45s；55℃退火 1min；72℃延伸 45s；35 次循环；72℃延伸 10min；于 4℃保温进行 PCR 扩增。扩增后的产物利用琼脂糖凝胶电泳进行样品检测，检测合格的样品进行后续的 Illumina HiSeq 高通量测序分析。

7.2.4 环境参数的测定

海水样品对应的温度、盐度和深度等参数由 CTD 采集获得。利用营养盐自动分析仪（AA3，Seal Analytical Ltd.，UK）分析获得海水样品的营养盐浓度，如磷酸盐、硝酸盐、亚硝酸盐、铵盐和硅酸盐的浓度（Yu et al.，2016）。

7.2.5 数据分析

利用 FlowJo 软件（TreeStar，San Carlos，CA，USA）进行浮游病毒和浮游细菌数据的读取及分析，利用 Surfer 8 和 ODV 软件绘制采样站位图、浮游细菌和浮游病毒的丰度变化图，并且利用 SPSS 22.0 统计分析软件、R 软件分析浮游病毒和浮游细菌丰度及物种多样性与环境因子之间的关系。

7.3 浮游生物的时空分布

7.3.1 浮游病毒的分布情况

首先对渤海大面表层浮游病毒的水平分布（图 7.2）进行了分析，发现在 2014 年春季，表层浮游病毒丰度为 $4.726×10^5 \sim 5.083×10^8$cells/mL，平均丰度为 $3.773×10^7$cells/mL，高丰度区域位于渤海西北方向靠近渤海湾的东北角。2015 年夏季，表层浮游病毒丰度为 $1.018×10^6 \sim 6.472×10^7$cells/mL，平均丰度为 $1.561×10^7$cells/mL，高丰度区域位于山东半岛的北部区域。2014 年秋季，渤海表层浮游病毒丰度为 $1.238×10^6 \sim 1.251×10^8$cells/mL，平均丰度为 $1.747×10^7$cells/mL，高丰度区域位于渤海中靠近黄河口的区域。2015 年冬季，表层浮游病毒丰度为 $4.985×10^5 \sim 6.449×10^6$cells/mL，平均丰度为 $2.586×10^6$cells/mL，高丰度区域位于渤海西部渤海湾区域内。从水平分布上看，浮游病毒丰度在渤海西部较渤海东部区域大。4 个季节的浮游病毒平均丰度排序为 2014 年春季>2014 年秋季> 2015 年夏季>2015 年冬季，4 个季节浮游病毒的水平分布表现出明显的差异（$p<0.05$）。

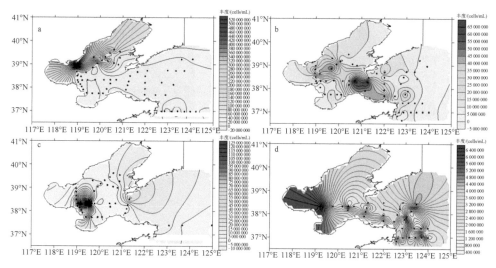

图 7.2　表层浮游病毒的水平分布

a. 2014 年春季；b. 2015 年夏季；c. 2014 年秋季；d. 2015 年冬季

通过分析 4 个季节浮游病毒的垂直分布（图 7.3），发现各个季节浮游病毒分布都不是很均匀，但随着深度的增加没有明显的分层现象。2014 年春季，在断面距离 1000～2000km 的位置呈现浮 游病毒丰度相对较低的趋势；2015 年夏季和 2014 年秋季，随着站位之间距离的增加，浮游病毒丰度呈现略微增高的趋势；2015 年冬季，浮游病毒的垂直分布表现为中层偏高、表层和底层偏低的趋势。

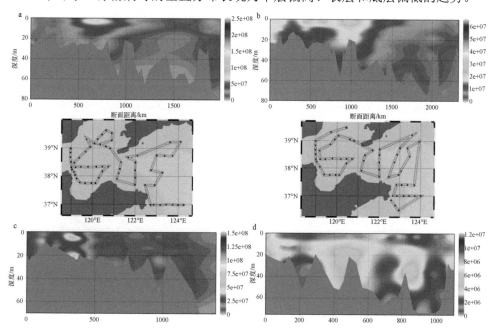

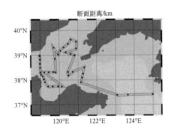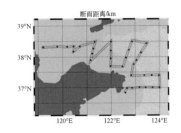

图 7.3　浮游病毒的垂直分布

a. 2014 年春季；b. 2015 年夏季；c. 2014 年秋季；d. 2015 年冬季

7.3.2　浮游细菌的分布情况

浮游细菌的水平分布与浮游病毒的水平分布趋于一致，但存在一定的差异。根据图 7.4 可以看出，在 2014 年春季，浮游细菌丰度的最高值出现在渤海湾的东北部区域，沿着海岸线区域表现出较高的丰度，其范围为 $4.179 \times 10^5 \sim 2.921 \times 10^8$ cells/mL，平均为 2.540×10^7 cells/mL。在 2015 年夏季，浮游细菌的水平分布与浮游病毒的基本一致，最高丰度都位于山东半岛的北部区域，靠近烟台市北部的表层浮游细菌丰度范围为 $2.302 \times 10^5 \sim 1.701 \times 10^7$ cells/mL，平均为 2.266×10^6 cells/mL。在 2014 年秋季，浮游细菌的水平分布与浮游病毒的水平分布差异较大，最高丰度位于接近辽东半岛南部的区域，其范围为 $5.880 \times 10^5 \sim 5.706 \times 10^6$ cells/mL，平均为 1.973×10^6 cells/mL。在 2015 年冬季，浮游细菌的分布与浮游病毒的分布正好相反，丰度较高区域位于渤海东部靠近渤海海峡的位置。

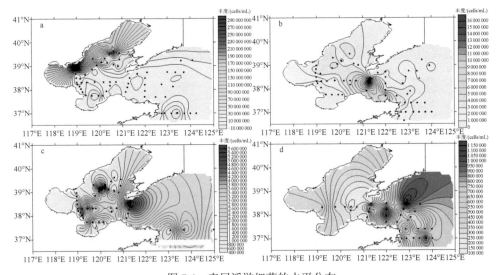

图 7.4　表层浮游细菌的水平分布

a. 2014 年春季；b. 2015 年夏季；c. 2014 年秋季；d. 2015 年冬季

浮游细菌的垂直分布如图 7.5 所示。在 2014 年春季，在断面距离为 500～1000km 的区域内浮游细菌丰度出现了较高值，其他区域浮游细菌的垂直分布较均匀。在 2015 年夏季，浮游细菌的垂直分布呈现出表层丰度略高于底层丰度的趋势。在 2014 年秋季，浮游细菌的丰度在断面距离为 400km 和 1000km 处的底层出现较高值，与浮游病毒的分布趋势相比垂直丰度分布并不均匀。在 2015 年冬季，浮游细菌的垂直分布在中层位置出现了较高的峰值，表现为断面距离为 400～1000km 时丰度较高。对 4 个季节进行比较，发现浮游细菌的垂直分布只有夏季呈现一定的分布趋势，表层较底层丰度高；而在春季、秋季和冬季丰度分布变化趋势都不是很明显，垂直分布上表现出一定的不均匀性。

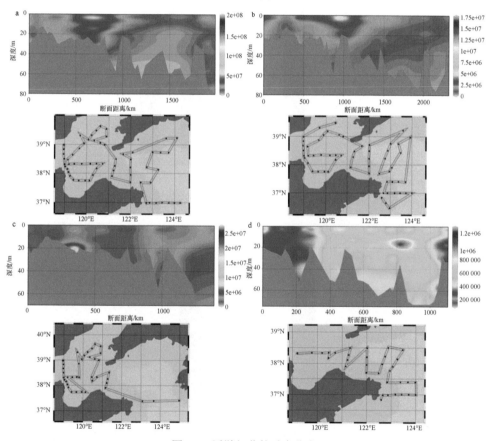

图 7.5   浮游细菌的垂直分布
a. 2014 年春季；b. 2015 年夏季；c. 2014 年秋季；d. 2015 年冬季

7.3.3   季节变化对浮游病毒和浮游细菌分布的影响

根据季节变化对浮游病毒平均分布的影响（图 7.6）分析可以发现，春季和夏季表层浮游病毒的平均丰度大于底层水浮游病毒的丰度，秋季、冬季表层和底层的浮游细菌丰度没有太大的差异。表层浮游病毒的平均丰度春季最高，其次为秋季、夏季和冬季；而底层的浮游病毒丰度分布趋势与表层一致，平均丰度表现为春季>秋季>夏季>冬季。对于浮游细菌的丰度分布（图 7.7），春季和夏季表层浮游细菌的丰度明显大于底层浮游细菌的平均丰度（$p<0.01$），而秋季底层的浮游细菌丰度要大于表层的浮游细菌丰度,在冬季表层和底层的浮游细菌丰度相差不大。表层浮游细菌的丰度表现为春季>夏季>秋季>冬季，底层春季浮游细菌的平均丰度最大，其次为秋季，再次为夏季和冬季。

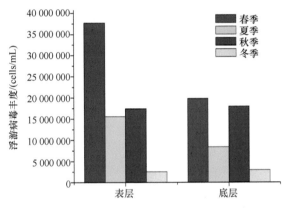

图 7.6　季节变化对浮游病毒丰度的影响

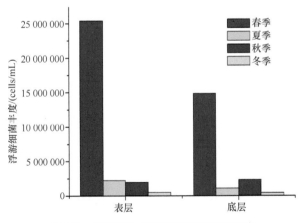

图 7.7　季节变化对浮游细菌丰度的影响

7.3.4　深度与温度对浮游病毒和浮游细菌分布的影响

浮游病毒丰度和浮游细菌丰度与深度之间的关系如图 7.8 所示。在春季，浮

游病毒丰度受深度影响不是很大，随着深度的增加，浮游病毒的丰度大多集中在
$1×10^8$cells/mL 以内。而在夏季和秋季，浮游病毒丰度随着深度的增大表现出降低
的趋势，即深度越大浮游病毒的丰度越低。在冬季，随着深度的增大浮游病毒丰
度没有明显的降低或上升趋势，分布相对均匀。随着深度的变化，浮游细菌丰度
与浮游病毒丰度表现出不一致的趋势。在春季和夏季，随着深度的增大，浮游细
菌丰度表现出降低的趋势。在秋季，浮游细菌丰度受深度影响不是很大，主要集
中在 $5×10^6$cells/mL 左右。在冬季，浮游细菌与浮游病毒在深度的影响下，没有明
显的规律，浮游细菌丰度随深度变化呈现较均匀的分布状态。

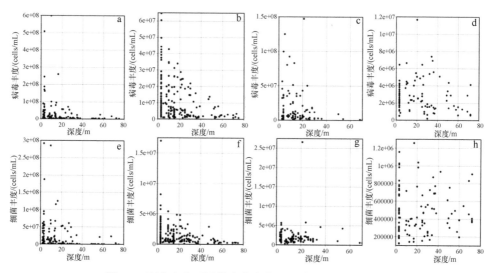

图 7.8　深度变化对浮游病毒丰度和浮游细菌丰度的影响
a. 春季-浮游病毒；b. 夏季-浮游病毒；c. 秋季-浮游病毒；d. 冬季-浮游病毒；
e. 春季-浮游细菌；f. 夏季-浮游细菌；g. 秋季-浮游细菌；h. 冬季-浮游细菌

　　我们进一步分析了浮游病毒丰度和浮游细菌丰度与温度之间的关系，如图
7.9 所示。在春季，随着温度的上升，浮游病毒丰度逐渐升高，当温度约为 11℃
时，浮游病毒的丰度达到最高值，而后随着温度的上升，浮游病毒丰度又呈现
逐渐下降的趋势。在夏季，随着温度的升高，浮游病毒丰度表现出逐渐上升的
趋势，即浮游病毒的丰度分布随着温度的升高而升高。在秋季，浮游病毒的丰
度主要集中在 12～13℃。在冬季，温度对浮游病毒丰度的影响不是很大，即随
温度变化，浮游病毒丰度变化不是很明显。由图 7.9 可以看出，温度对浮游细菌
丰度的影响与温度对浮游病毒的影响不大相同，春季、夏季和秋季，浮游细菌
的丰度都随着温度的升高有明显的降低趋势，即随着温度的升高浮游细菌的丰
度表现出下降的趋势。而在冬季，与浮游病毒相似，浮游细菌丰度受温度的变
化影响不大。

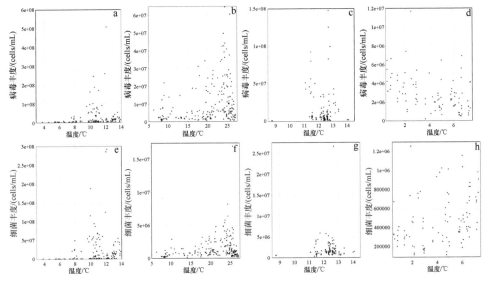

图 7.9　温度变化对浮游病毒丰度和浮游细菌丰度的影响

a. 春季-浮游病毒；b. 夏季-浮游病毒；c. 秋季-浮游病毒；d. 冬季-浮游病毒；

e. 春季-浮游细菌；f. 夏季-浮游细菌；g. 秋季-浮游细菌；h. 冬季-浮游细菌

7.3.5　浮游病毒和浮游细菌的分布与环境因子之间的相关性

通过对浮游病毒和浮游细菌的分布与环境因子之间的关系进行 Spearman 相关性分析（图 7.10）发现，在春季，温度、盐度及溶解氧都对浮游病毒丰度和浮游细菌丰度有影响，它们之间存在明显的相关性（$p<0.01$）。在夏季，对浮游病毒丰度和浮游细菌丰度产生影响的环境因子主要有温度、盐度和磷酸盐浓度，它们之间存在明显的相关性（$p<0.01$），另外，浮游病毒丰度和浮游细菌丰度与硅酸盐的浓度之间存在相关性（$p<0.05$）。在秋季，浮游病毒丰度与温度、盐度、溶解氧、亚硝酸盐的浓度、硝酸盐的浓度和磷酸盐的浓度之间存在明显的相关性（$p<0.01$），浮游病毒丰度与铵盐的浓度之间也存在相关性（$p<0.05$）；浮游细菌丰度与温度、溶解氧和亚硝酸盐浓度之间存在显著的相关性（$p<0.01$），浮游细菌丰度与铵盐的浓度之间也有相关性（$p<0.05$）。在冬季，浮游病毒丰度与温度和盐度之间存在显著的相关性（$p<0.01$）；浮游细菌丰度与温度之间存在显著的相关性（$p<0.01$），浮游细菌丰度与盐度和硝酸盐的浓度之间也存在相关性（$p<0.05$）。说明温度、盐度对浮游病毒和浮游细菌的分布起重要的作用，在秋季，营养盐的浓度对浮游病毒和浮游细菌的分布起至关重要的作用。

		Dept	Temp	Sali	Do	Dens	Turb	Fluo	
春季	TV	0.010 151	0.000 151	0.000 151	0.002 151	0.000 151	0.066 151	0.013 151	
	TB	0.000 151	0.000 151	0.000 151	0.000 151	0.000 151	0.004 151	0.012 151	

		Dept	Temp	Sali	Do	Phos	Nitra	Ammo	Nitri	Sili
夏季	TV	0.000 196	0.000 196	0.000 196	0.215 196	0.005 124	0.949 124	0.194 124	0.268 124	0.045 124
	TB	0.000 196	0.004 196	0.000 196	0.082 196	0.001 124	0.109 124	0.194 124	0.913 124	0.026 124

		Dept	Temp	Sali	Do	Condi	Nitri	Ammo	Nitra	Phos	Sili
秋季	TV	0.000 151	0.000 151	0.000 151	0.000 151	0.000 151	0.000 129	0.035 129	0.003 92	0.001 92	0.054 92
	TB	0.000 151	0.000 151	0.157 151	0.000 151	0.000 151	0.000 129	0.018 129	0.136 92	0.974 92	0.698 92

		Dept	Temp	Sali	Do	Phos	Sili	Nitri	Ammo	Nitra
冬季	TV	0.072 98	0.000 98	0.000 98	0.805 98	0.365 96	0.562 96	0.094 96	0.083 96	0.243 96
	TB	0.595 98	0.000 98	0.014 98	0.463 98	0.723 96	0.684 96	0.819 96	0.082 96	0.030 96

图 7.10　浮游病毒和浮游细菌的分布与环境因子之间的相关性

7.4　浮游生物分布的影响因素

7.4.1　季节变化对浮游病毒和浮游细菌分布的影响

　　根据本研究的调查结果发现，浮游病毒和浮游细菌的丰度随季节变化显著，其中，温度是导致浮游病毒和浮游细菌丰度分布差异比较显著的主要原因，这和先前研究的其他海域的结果是一致的（蔡兰兰等，2015；段翠兰等，2012）。尤其在夏季，随着温度的升高，浮游病毒丰度和浮游细菌丰度显著上升，这可能是由于夏季光照充足、营养丰富、水温较高、细胞的新陈代谢速率加快，因此浮游病毒丰度和浮游细菌丰度快速上升（Cochran and Paul，1998）。而且在夏季，降雨量大大增加导致地表径流的通量加大，使得大量的营养盐汇入海水，导致近岸海域夏季营养盐浓度较高，为浮游病毒和浮游细菌的生长补充了营养（沈丽新等，2018）。而对 4 个季节表层和底层平均丰度的比较发现，春季浮游病毒和浮游细菌的丰度都是最大的，这与其他海域调查研究结果有些差别。可能是由于春季大量的微微型浮游植物暴发，释放到水体的溶解性有机质大量增加，因此浮游病毒和浮游细菌的生长繁殖速度加快。就像在地中海区域，春季的浮游植物暴发导致春季浮游细菌丰度明显上升（Alonso-Sáez，2014），使浮游病毒丰度和浮游细菌丰度表现出明显的季节性差异。

7.4.2　浮游病毒和浮游细菌的水平分布特征

　　夏季和秋季浮游病毒水平分布的高丰度区域分别出现在山东半岛北部和渤海

中靠近黄河口的区域，春季和冬季高丰度区域主要位于渤海湾东北角和渤海湾内。春季和夏季浮游细菌的分布与浮游病毒的分布相似，分别位于渤海湾东北部和山东半岛北部，秋季和冬季浮游细菌高丰度区域则为辽东半岛南部和渤海海峡处。渤海是半封闭的海，容易受近岸河口输出和人类活动干扰，造成海水富营养化程度极高，因此浮游病毒丰度和浮游细菌丰度大大增加（王润梅等，2015；Bec et al.，2011）。尤其在夏季和秋季，浮游病毒丰度和浮游细菌丰度与环境中营养盐的浓度呈现显著的相关性（$p<0.05$）。海水中的氮营养盐可以促进浮游植物的生长，大量浮游植物的增加可以释放溶解性有机质供浮游细菌利用，因此浮游细菌丰度和浮游植物丰度的增加共同促进浮游病毒丰度发生改变（Agawin et al.，2000；Martínez-García et al.，2010）。海水温度、盐度及营养盐的浓度显著影响浮游病毒和浮游细菌的水平分布。

7.4.3　浮游病毒和浮游细菌的垂直分布特征

对于浮游病毒和浮游细菌的垂直分布，夏季表层丰度均明显大于底层丰度。这可能是因为表层光照充足，有助于浮游植物进行光合作用快速生长，所以释放出大量的溶解性有机质，从而促进浮游病毒丰度和浮游细菌丰度升高（Kirk，1983）。而在春季和冬季，由于季风气候影响，对海水的扰动较大，一些水体中的颗粒悬浮物质也会影响光线的射入，使水体光照射入减少，因此水体出现大量混浊分层现象，使得微微型浮游生物的丰度减小，所以浮游病毒和浮游细菌垂直分布出现不均匀的现象（Bowers et al.，2009）。

7.4.4　浮游细菌群落结构变化

选择渤海海峡区域典型断面比较夏季和冬季细菌群落结构的变化。发现放线菌纲（Actinobacteria）、浮霉菌纲（Planctomycetacia）、鞘脂杆菌纲（Sphingobacteriia）的丰度在夏季明显高于冬季，其中，鞘脂杆菌纲（Sphingobacteriia）一般在淡水区域占优势地位。出现这样的结果可能是由于夏季降水丰富、河流径流量加大，因此夏季鞘脂杆菌纲（Sphingobacteriia）的丰度升高，并且该类群与环境因子之间没有明显的相关性，很有可能是雨水冲刷带到海里的。γ-变形菌纲（Gammaproteobacteria）通常控制交替单胞菌目（Alteromonadales）、海洋螺菌属（*Oceanospirillum*）的栖息环境，在我们的研究中冬季目水平上出现了较高丰度的交替单胞菌目和海洋螺菌目，这与先前的研究一致（Fuhrman et al.，1993；Suzuki et al.，2004）。通过多样性分析发现，冬季细菌群落结构多样性显著大于夏季，可能是由于冬季受黄海暖流的影响，带来的高温高盐的水使渤海水环境发生变化（李伟等，2012），从而刺激冬季浮游细菌表现出较高的群落结构多样性。在冬季占优势地位的菌群主要是变形菌门（Proteobacteria），并且γ-变形菌纲（Gammaproteobacteria）和α-变形菌纲（Alphaproteobacteria）占主要地位。夏季优势类群主要为蓝细菌门（Cyanobacteria），该结果与秦皇岛近海海域结果一致（马玉等，2016）。并且温度、铵盐的浓度、浮游细菌丰度、盐度和溶解氧对门水平上物种的组成分布具有重要的影响，说明随季节变化和营养盐浓度的变化，细菌群落结构组成会发生明显的变化。随季节的变化，细菌群落结构多样性发生了相应的变化，细菌功能类群对环境变化十分敏感，该结果与先前关于全球尺度大洋环境下及草原风蚀和沉积模拟环境下微生物群落结构与环境因子之间的适应关系一致（Louca et al.，2016，2017）。

7.5　本章小结

综上所述，本章分析了随季节变化浮游病毒和浮游细菌的分布特征及浮游细菌群落结构多样性。发现随季节的变化，浮游病毒丰度和浮游细菌丰度存在较大的差异，环境因子对微微型浮游生物的分布起重要的作用，尤其是温度、盐度及硝酸盐和磷酸盐的浓度。另外，通过比较夏季和冬季浮游细菌群落结构组成的差异，以及引起差异的主要因素，发现温度、盐度、铵盐的浓度和浮游细菌丰度都对细菌群落结构组成有重要的影响。研究微微型浮游生物的分布模式及群落结构特性将有助于深入研究海洋微生物分布及群落演替规律，为开发海洋功能微生物类群奠定理论基础。

参 考 文 献

蔡兰兰, 殷思博, 杨芸兰, 等. 2015. 厦门海域春季浮游病毒的丰度及形态多样性分析. 厦门大学学报(自然科学版), 54(6): 829-836.

段翠兰, 李洪波, 邹勇, 等. 2012. 江苏沿岸海域浮游病毒的时空分布. 水生生物学报, 36(5): 971-977.

焦念志, 等. 2006. 海洋微型生物生态学. 北京: 科学出版社.

马玉, 汪岷, 夏骏, 等. 2016. 秦皇岛褐潮期超微型浮游生物丰度及多样性研究. 中国海洋大学学报(自然科学版), (6): 142-150.

沈丽新, 王思鹏, 梁春玲, 等. 2018. 三门湾微型浮游生物丰度的时空变化特征. 海洋学报, 40(2): 117-126.

王润梅, 唐建辉, 黄国培, 等. 2015. 环渤海地区河流河口及海洋表层沉积物有机质特征和来源. 海洋与湖沼, 46(3): 497-507.

朱志红, 林钦, 黄洪辉. 2011. 大鹏澳网箱养殖区春季细菌的时空分布特征. 海洋环境科学, 30(1): 68-71.

Agawin N S R, Duarte C M, Agust S. 2000. Response of Mediterranean *Synechococcus* growth and loss rates to experimental nutrient inputs. Marine Ecology Progress Series, 206: 97-106.

Alonso-Sáez L. 2014. Winter bloom of a rare betaproteobacterium in the Arctic Ocean. Frontiers in Microbiology, 5: 425.

Bec B, Collos Y, Souchu P, et al. 2011. Distribution of picophytoplankton and nanophytoplankton along an anthropogenic eutrophication gradient in French Mediterranean coastal lagoons. Aquatic Microbial Ecology, 63(1): 29-45.

Bowers D G, Braithwaite K M, Nimmo-Smith W A M, et al. 2009. Light scattering by particles suspended in the sea: the role of particle size and density. Continental Shelf Research, 29(14): 1748-1755.

Cai L L, Yin S B, Yang Y L, et al. 2015. Abundance and morphological diversity of virioplankton in spring in the coastal waters of Xiamen. Journal of Xiamen University: Natural Science, 54(6): 829-836.

Cochran P K, Paul J H. 1998. Seasonal abundance of lysogenic bacteria in a subtropical estuary. Applied Environmental Microbiology, 64(6): 2308-2312.

Contreras-Coll N, Lucena F, Mooijman K, et al. 2002. Occurrence and levels of indicator bacterio-phages in bathing waters throughout Europe. Water Research, 36(20): 4963-4974.

Fuhrman J A, McCallum K, Davis A A. 1993. Phylogenetic diversity of subsurface marine microbial communities from the Atlantic and Pacific Oceans. Applied Environmental Microbiology, 59(5): 1294-1302.

Katz L A, Grant J R. 2014. Taxon-rich phylogenomic analyses resolve the eukaryotic tree of life and reveal the power of subsampling by sites. Systematic Biology, 64(3): 406-415.

Kirk J T O. 1983. Light and Photosynthesis in Aquatic Ecosystems. Cambridge: Cambridge University Press.

Louca S, Jacques S, Pires A P F, et al. 2017. Functional structure of the bromeliad tank microbiome is strongly shaped by local geochemical conditions. Environmental Microbiology, 19(8): 3132-3151.

Louca S, Parfrey LW, Doebeli M. 2016. Decoupling function and taxonomy in the global ocean microbiome. Science, 353(6305): 1272-1277.

Martínez-García S, Fernndez E, Álvarez-Salgado X A, et al. 2010. Differential responses of phytoplankton and heterotrophic bacteria to organic and inorganic nutrient additions in coastal waters off the NW Iberian Peninsula. Marine Ecology Progress, 416: 17-33.

Paterson J S, Nayar S, Mitchell J G, et al. 2013. Population-specific shifts in viral and microbial abundance within a cryptic upwelling. Journal of Marine Systems, 113-114

Sieburth J M N, Smetace K V, Lenz J. 1978. Pelagic ecosystem structure: heterotrophic compartments of the plankton and their relationship to plankton size fractions. Limnology and Oceanography, 23(6): 1256-1263.

Suzuki M T, Preston C M, Beja O, et al. 2004. Phylogenetic screening of ribosomal RNA gene-containing clones in bacterial artificial chromosome (BAC) libraries from different depths in Monterey Bay. Microbial Ecology, 48(4): 473-488.

Wang H, Wang B, Dong W W, et al. 2016. Co-acclimation of bacterial communities under stresses of hydrocarbons with different structures. Scientific Reports, 6: 34588.

Yu S, Yao P, Liu J, et al. 2016. Diversity, abundance, and niche differentiation of ammonia oxidizing prokaryotes in mud deposits of the eastern China marginal seas. Frontiers in Microbiology, 7: 137.

第 8 章

渤海海峡表层海水浮游细菌
群落结构对水环境变化的响应

8.1　海洋细菌及渤海海峡简介

海洋细菌在全球海洋生态系统中发挥着重要的功能，在海洋生物地球化学循环中也发挥着重要作用，同时又是微生物食物网中的重要环节（Cho and Azam，1988；Fuhrman et al.，2015；Bunse and Pinhassi，2017）。海洋细菌生长迅速，对物理化学梯度和环境变化的反应能力显著，有特定的时空分布模式（Bunse and Pinhassi，2017；Lindh et al.，2015）。海洋表层的细菌通常表现出明显的季节和空间变化模式，并受不同因素（如光照、气候和营养盐）的影响（Bunse and Pinhassi，2017；Lindh et al.，2015）。许多生物地理学研究表明，区域性因素对海洋细菌群落的形成也起着重要作用，而各种区域性因素的相对重要性与空间尺度和生境类型有关（Lindström and Langenheder，2012；Lindh et al.，2015）。因此，阐明细菌群落的时空分布模式及它们与环境变化的关系，有助于深入了解微生物介导的生态过程及其与环境之间的关系，从而进一步阐明微生物产生和维持的机制。

渤海海峡是连接渤海和黄海的唯一水通道，对渤海与外海之间的水交换和物质交换有着至关重要的作用（Bi et al.，2011；Li et al.，2015）。渤海海峡大致以北隍城岛为界分为南北两部分，海峡北部较为狭窄且水深较深，是主要的水通道，海峡南部较宽且水深较浅（Bi et al.，2011；Li et al.，2015）。高盐度的外海水从海峡北部进入渤海，低盐度的沿岸水则通过海峡南部流入黄海（Li et al.，2015；Fang et al.，2000；Cheng et al.，2004）。受东亚季风的季节性变化影响，渤海存在季节性变化的环流，在渤海环流和黄海暖流的共同影响下，渤海海峡区域的水动力条件也呈现出典型的季节性变化模式，特别是在冬、夏两季最为典型（Bi et al.，2011；Chen，2009）。在冬季，高温高盐、低营养盐的黄海暖流从海峡北部进入渤海，而低温低盐、营养盐丰富的渤海沿岸水占据海峡南部（Bi et al.，2011；Fang et al.，2000；Chen，2009；Hainbucher et al.，2004）。相比之下，夏季渤海海峡的水动力较弱，海峡南、北两侧水温和盐度的差异也明显减弱。该海域不仅具有典型的水动力条件，还受人类活动的显著影响，渤海海峡两岸以大连、烟台、威海等城市为中心分布着重要的港口和水产养殖区。受水动力及人类活动的双重影响，该海域环境条件变化剧烈，然而以往在该海域的研究主要集中在对物理过程的研究（Bi et al.，2011；Li et al.，2015；Cheng et al.，2004；Guo et al.，2016），而针对生物群落与环境变化相互作用的研究寥寥无几（Wang et al.，2016）。

本章通过 16S rRNA 基因高通量测序技术研究了渤海海峡表层水体的细菌群落结构，目的是：①阐明渤海海峡细菌群落的多样性与时空分布模式；②探究细菌群落对环境变化的响应，从而更好地理解在自然和人类活动共同影响下沿海环境中微生物是如何组成群落及如何与环境相互作用的。

8.2　样品采集与分析

8.2.1　样品采集

分别于 2013 年冬季（12 月）和 2014 年夏季（8 月）在渤海海峡设置 13 个站位（表 8.1），采用 Niskin 瓶采集各站位水样，取 2L 表层水，经过 0.22μm 的聚碳酸酯膜（直径为 47 mm）过滤将微生物样品收集到滤膜上，将滤膜置于无菌冻存管中，保存于−80℃（Wang et al.，2018）。

表 8.1　渤海海峡采样站位信息

站位	经度/（°E）	纬度/（°N）
A1	121.89	38.67
A2	122.08	38.35
A3	122.32	38.00
A4	122.47	37.77
A5	122.56	37.59
B1	121.50	38.50
B2	121.50	38.30
B3	121.50	38.05
B4	121.50	37.70
C2	121.22	38.52
C3	121.16	38.37
C4	121.11	38.23
C5	120.97	37.90

8.2.2　DNA 提取和高通量测序

使用 FastDNA®Spin Kit for Soil 试剂盒进行 DNA 提取。利用 NanoDrop 核酸测定样品的 DNA 浓度。对各样品 DNA 的 *16S rRNA* 基因 V4-V5 区进行 PCR 扩增。引物为 515F （5′-GTGCCAGCMGCCGCGGTAA-3′）和 907R （5′-CCCCGYCAATTCMTTTRAGT-3′）。扩增后得到的 PCR 产物利用 1%的琼脂糖凝胶电泳进行检测。然后将 PCR 产物送至天津诺禾致源生物信息科技有限公司，利用 Illumina HiSeq 2500 平台进行双端测序（Wang et al.，2018）。

8.2.3　数据处理

序列拼接和数据处理使用 Mothur v.1.36.1 完成，保留不含模糊碱基、碱基平均质量分数>25、长度>260bp 的序列用于下游数据分析。使用 UCHIME 算法去除序列中的嵌合体。用组平均算法进行序列聚类，阈值为 97%。保留总出现频次>2 且至少出现在两个样品中的序列用于进一步的分析。α 多样性通过 Mothur 软件计算得到，t 检验通过 SPSS v.18.0 软件完成，β 多样性的计算和绘图通过 R 软件的 vegan v.2.3-3 包和 ggplot2 v.2.2.0 包完成（Wang et al.，2018）。

8.3　细菌群落的时空变异及其与环境因子的联系

8.3.1　细菌群落的季节差异

ANOSIM 结果表明，细菌群落组成在夏季和冬季之间的差异显著（表 8.2）。Mann-Whitney U 检验显示，在相对丰度大于 1% 的属中，有 10 个属有明显的季节性变化（图 8.1）。聚球藻属（*Synechococcus*）及 Family Ⅰ 和弧菌科（Vibrionaceae）不可鉴定的属在夏季的相对丰度明显高于冬季，而在冬季有显著优势的属多数为寡营养类群，如远洋杆菌属（*Pelagibacter*）、OM43 及 SAR86 和 Surface 2 两个科中不可鉴定的属。

表 8.2　ANOSIM 分析比较（属水平）细菌群落组成的差异

分组		r	p
季节		**0.7849**	**0.001**
断面	冬季		
	两两比较	0.362	**0.005**
	A 和 B	0.588	**0.019**
	B 和 C	0.490	0.050
	A 和 C	−0.031	0.575
	夏季		
	两两比较	0.359	**0.005**
	A 和 B	0.388	0.016
	B 和 C	0.313	0.145
	A 和 C	0.413	**0.035**
	B1、B2 和其他站位	0.882	0.016

注：加粗的 p 为差异显著

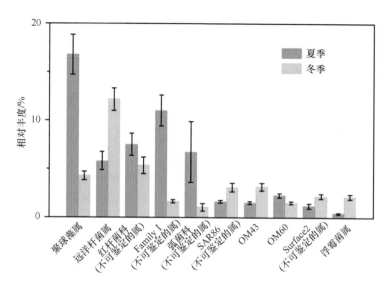

图 8.1　不同季节相对丰度有显著差异的细菌类群

细菌群落的 α 多样性指数也表现出明显的季节差异，冬季细菌的 Chao1 指数、Shannon 多样性和均匀度高于夏季（t 检验，$p<0.05$），其中，Shannon 多样性和均匀度的差异尤为显著（$p<0.01$）（表 8.3）。冬季细菌群落 α 多样性高于夏季，一方面是由于冬季水体的营养盐充足，细菌种群的竞争和捕食压力都较小，另一方面很可能是由于水体层化消失及黄海暖流输入引起的水体在垂直方向上混合，因此渤海海峡的微生物 α 多样性明显升高。

表 8.3　冬、夏两季细菌群落的 α 多样性比较

站位	冬季				夏季			
	Chao1 指数	Shannon 多样性（H'）	均匀度（E）	覆盖度/%	Chao1 指数	Shannon 多样性（H'）	均匀度（E）	覆盖度/%
A1	6707	5.759	0.733	89.80	6611	5.080	0.652	89.89
A2	6672	5.615	0.717	89.66	6330	4.951	0.642	90.46
A3	9080	6.087	0.754	86.33	7679	5.379	0.677	87.97
A4	7098	5.621	0.718	89.44	5816	5.137	0.667	90.97
A5	6963	5.451	0.695	89.43	7527	5.511	0.696	88.64
B1	7001	5.680	0.724	89.49	6197	4.411	0.577	91.06
B2	7437	6.143	0.762	87.43	6064	4.901	0.632	90.44
B3	7076	5.565	0.709	89.21	7182	5.114	0.656	89.67
B4	6570	5.386	0.689	89.83	6171	4.910	0.637	90.55
C1	6783	5.706	0.728	89.64	6609	5.197	0.669	90.06
C2	8008	5.803	0.732	88.52	7343	5.214	0.662	88.78
C3	6487	5.793	0.736	89.47	5874	5.108	0.667	91.18
C4	8035	5.703	0.715	87.81	5587	5.083	0.661	91.19

8.3.2　细菌群落的空间变化

ANOSIM 和 NMDS 结果都表明，夏季 B1 和 B2 站位的细菌群落组成与其他站位差异显著（$p<0.05$），而在冬季 B 断面的细菌群落组成与其他断面的差异显著（$p<0.05$）（图 8.2）。通过分析对空间环境变化表现出高度响应的相对丰度大于 1% 的属发现：夏季，B1 和 B2 站位弧菌科中不可鉴定的属的相对丰度明显高于其他站位，Family I 不可鉴定的属的相对丰度明显低于其他站位；冬季，B 断面远洋杆菌属、Surface 2 及 SAR86、Family I、NS9 类群中不可鉴定的属的相对丰度明显低于其他断面，而 Sva0996 类群中不可鉴定的属的相对丰度明显高于其他断面（图 8.3）。

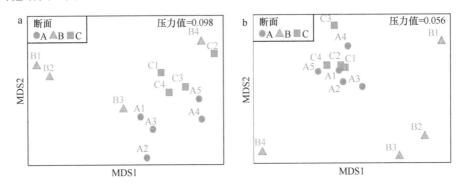

图 8.2　夏、冬两季样品细菌群落组成的 NMDS 分析图

a. 夏季；b. 冬季

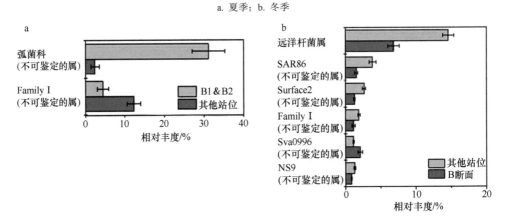

图 8.3　夏、冬两季在空间分布上有显著差异的细菌类群

a. 夏季；b. 冬季

8.3.3　细菌群落与环境因子的联系

BIOENV 分析结果（表 8.4）表明，对于同期测定的 9 个环境因子，即温度（T）、

盐度（Sal）、水深（Depth）、亚硝酸盐浓度（NO_2-N）、硝酸盐浓度（NO_3-N）、铵盐浓度（NH_4-N）、磷酸盐浓度（PO_4-P）、硅酸盐浓度（SiO_3-Si）、叶绿素浓度（Chla），温度是对属水平上细菌群落季节差异解释度最高的因子，能够较好地解释群落在冬、夏两季的差异（R=0.584），其次是营养盐浓度（NO_2-N、PO_4-P）。测定的环境因子对细菌群落在冬、夏季空间上的差异解释度并不高（夏季，温度+盐度+硅酸盐浓度，R=0.314；冬季，温度，R=0.441）。

表 8.4　BIOENV 分析结果

因子数	因子	相关系数
1	T	0.584
2	T、NO_2-N	0.569
3	T、NO_2-N、PO_4-P	0.575
4	T、Sal、NO_2-N、PO_4-P	0.550
5	T、Sal、NO_2-N、PO_4-P、SiO_3-Si	0.506
6	Depth、T、Sal、NO_2-N、PO_4-P、SiO_3-Si	0.478
7	Depth、T、Sal、NO_2-N、NO_3-N、PO_4-P、SiO_3-Si	0.436
8	Depth、T、Sal、NO_2-N、NO_3-N、PO_4-P、SiO_3-Si、Chla	0.383
9	Depth、T、Sal、NO_2-N、NO_3-N、NH_4-N、PO_4-P、SiO_3-Si、Chla	0.324

渤海海峡细菌群落具有明显的空间异质性和斑块性分布特征，其斑块大小为几十千米，与之前报道的结果相当（Hewson et al.，2006）。夏季，B1、B2 站位出现了大量的弧菌科不可鉴定的属。弧菌科是重要的共生性病原菌，能够分解几丁质，常常与硅藻、甲壳动物等有几丁质外壳的海洋浮游生物或游泳生物密切相关。而 B1、B2 站位位于大连沿岸，是重要的水产养殖区域，该区域的水产动物及其代谢产物、碎屑等，很可能是引起该区域弧菌科细菌相对丰度较高的原因之一。冬天，B 断面出现大量的 Sva0996 类群不可鉴定的属，而寡营养类群的相对丰度较其他断面低。目前已有的对 Sva0996 类群的研究十分有限，但是有证据显示其可以利用浮游植物源的溶解有机氮。B 断面特殊的细菌群落组成很可能指示了该区域表层水体较高的植物源有机质含量。B 断面位于渤海海峡中部，是褐藻（如昆布、马尾藻）的重要产区，这很可能是导致其特殊细菌群落组成的原因之一（Wang et al.，2018）。

通过本章分析可以得出以下结论。

（1）渤海海峡表层水体细菌群落表现出显著的季节差异和空间差异。

（2）冬、夏两季细菌群落结构的差异主要是由温度变化引起的，其次是由营养盐（亚硝酸盐、磷酸盐）浓度的变化引起的。

（3）冬、夏两季细菌群落 α 多样性的差异显著，一方面与水体的营养状态有关，另一方面很可能与水文条件（水体层化、黄海暖流输入）有关。

（4）冬、夏两季渤海海峡细菌群落的空间异质性与测定的环境因子的关系较弱，而通过对空间环境变化高度响应的细菌类群进行分析，我们发现群落的空间差异反映了水体有机质类型和来源的差异性。该结论有待进一步验证。

参 考 文 献

Bi N, Yang Z, Wang H, et al. 2011. Seasonal variation of suspended-sediment transport through the southern Bohai Strait. Estuarine Coastal & Shelf Science, 93(3): 239-247.

Bunse C, Pinhassi J. 2017. Marine bacterioplankton seasonal succession dynamics. Trends in Microbiology, 25(6): 494-505.

Chen C T A. 2009. Chemical and physical fronts in the Bohai, Yellow and East China seas. Journal of Marine Systems, 78(3): 394-410.

Cheng P, Gao S, Bokuniewicz H. 2004. Net sediment transport patterns over the Bohai Strait based on grain size trend analysis. Estuarine Coastal & Shelf Science, 60(2): 203-212.

Cho B C, Azam F. 1988. Major role of bacteria in biogeochemical fluxes in the ocean's interior. Nature, 332(6163): 441-443.

Fang Y, Fang G, Zhang Q. 2000. Numerical simulation and dynamic study of the wintertime circulation of the Bohai Sea. Chinese Journal of Oceanology and Limnology, 18(1): 1-9.

Fuhrman J A, Cram J A, Needham D M. 2015. Marine microbial community dynamics and their ecological interpretation. Nature Reviews Microbiology, 13(3): 133-146.

Guo J, Zhang H, Cui T, et al. 2016. Remote sensing observations of the winter Yellow Sea Warm Current invasion into the Bohai Sea, China. Advances in Meteorology, (4): 1-10.

Hainbucher D, Hao W, Pohlmann T, et al. 2004. Variability of the Bohai Sea circulation based on model calculations. Journal of Marine Systems, 44(3): 153-174.

Hewson I, Steele J A, Capone D G, et al. 2006. Temporal and spatial scales of variation in bacterioplankton assemblages of oligotrophic surface waters. Marine Ecology Progress, 311(10): 67-77.

Li Y, Wolanski E, Zhang H. 2015. What processes control the net currents through shallow straits? A review with application to the Bohai Strait, China. Estuarine Coastal & Shelf Science, 158: 1-11.

Lindh M V, Sjöstedt J, Andersson A F, et al. 2015. Disentangling seasonal bacterioplankton population dynamics by high-frequency sampling. Environmental Microbiology, 17(7): 2459-2476.

Lindh M V, Sjöstedt J, Ekstam B, et al. 2017. Metapopulation theory identifies biogeographical patterns among core and satellite marine bacteria scaling from tens to thousands of kilometers. Environmental Microbiology, 19(3): 1222-1236.

Lindström E S, Langenheder S. 2012. Local and regional factors influencing bacterial community assembly. Environmental Microbiology Reports, 4(1): 1-9.

Wang C, Wang Y, Hu X, et al. 2016. Microscale distribution of virioplankton and heterotrophic bacteria in the Bohai Sea. FEMS Microbiology Ecology, 92(3): 1-17.

Wang Y, Wang B, Dann L M, et al. 2018. Bacterial community structure in the Bohai Strait provides insights into organic matter niche partitioning. Continental Shelf Research, 169: 46-54.

第 9 章

渤海浮游植物群落的分布特征

9.1　海洋浮游植物简介

海洋浮游植物作为初级生产者是海洋食物链的第一环节，在海洋生态系统的物质循环和能量转换过程中发挥着重要的作用（喻龙等，2017）。浮游植物的分布与海洋环境之间有十分密切的关系，浮游植物物种分布的变化对环境具有指示作用，环境条件的改变会直接或间接地影响浮游植物的群落结构（冷宇等，2013）。确定海洋中浮游植物的时空分布规律及其演变的环境控制机制，是海洋生态系统结构与功能研究的重要组成部分（傅明珠等，2009）。

渤海是我国唯一的半封闭内海，受沿岸大小河流营养盐输入的影响，生产力较高。作为环渤海圈经济发展和社会发展的重要支持系统，渤海的生态环境健康占有十分重要的战略地位，而浮游植物群落的调查是一项有效了解渤海生态环境现状的手段。近年来，随着渤海沿岸地区工农业的迅速发展，大量工业、生活废水的排入造成渤海海域水污染加重，营养盐结构发生了显著的变化，富营养化和赤潮问题日益突出（郭术津等，2014）。

本章基于多个季节渤海海域浮游植物调查数据，研究浮游植物群落的组成、数量、优势类群及群落多样性的分布和变化趋势，探究浮游植物群落的环境调控机制，以期为渤海环境质量演变趋势预测及污染防治提供参考依据。

9.2　样品采集与分析

9.2.1　叶绿素 a 和网采浮游植物采集与分析

2013 年冬季（12 月）和 2014 年夏季（8 月）在渤海海域设置的 27 个采样站位如表 9.1 所示。每个站位的水样经 0.45μm GF/F 玻璃纤维滤膜抽滤 500mL，滤膜置于干燥容器中密封置于–20℃冰箱中保存，以用于叶绿素 a 的测定。按照《海洋调查规范》（GB/T 12763.6—2007）的方法，用 90%的丙酮萃取，使用叶绿素荧光仪 Trilogy（turner designs）测定叶绿素 a 浓度。按照《海洋调查规范》（GB/T 12763.9—2007），使用浅水Ⅲ型网（孔径为 76μm），自水体底层至表层垂直拖取浮游植物样品。样品用中性甲醛固定，经浓缩后用 Leica DM2500 显微镜进行分类鉴定和个体计数。

表 9.1　2013 年冬季（12 月）、2014 年夏季（8 月）渤海中部及渤海海峡浮游植物调查站位信息

夏季			冬季		
站位	经度/°E	纬度/°N	站位	经度/°E	纬度/°N
E2	121°30′06.78″	38°30′13.14″	E2	121°30′06.78″	38°30′13.14″
E4	121°29′56.76″	38°02′53.82″	E4	121°29′56.76″	38°02′53.82″

续表

夏季			冬季		
站位	经度/°E	纬度/°N	站位	经度/°E	纬度/°N
E6	121°29′45.72″	37°42′12.48″	E6	121°29′45.72″	37°42′12.48″
K2	121°53′06.12″	38°40′41.16″	K2	121°53′06.12″	38°40′41.16″
K5	122°10′44.16″	38°11′47.10″	K5	122°10′44.16″	38°11′47.10″
K7	122°27′25.92″	37°46′15.48″	K7	122°27′25.92″	37°46′15.48″
K8	122°33′05.16″	37°34′27.42″	K8	122°33′05.16″	37°34′27.42″
L3	121°14′06.06″	38°30′17.46″	L3	121°14′06.06″	38°30′17.46″
L4	121°10′02.16″	38°22′13.86″	L4	121°10′02.16″	38°22′13.86″
L5	121°06′32.94″	38°14′05.76″	L5	121°06′32.94″	38°14′05.76″
L6	121°02′33.90″	38°05′24.36″	L6	121°02′33.90″	38°05′24.36″
L7	120°57′58.38″	37°54′24.84″	L7	120°57′58.38″	37°54′24.84″
N5	120°59′43.74″	39°01′29.76″	N5	120°59′43.74″	39°01′29.76″
N7	120°51′27.96″	38°45′30.54″	N7	120°51′27.96″	38°45′30.54″
P1	119°18′26.34″	38°05′05.34″	P1	119°18′26.34″	38°05′05.34″
P3	119°41′01.20″	37°50′01.74″	P3	119°41′01.20″	37°50′01.74″
R3	120°59′24.00″	38°54′52.68″	R3	120°59′24.00″	38°54′52.68″
R5	120°45′18.30″	38°30′13.44″	R5	120°45′18.30″	38°30′13.44″
R6	120°37′30.36″	38°14′04.92″	R6	120°37′30.36″	38°14′04.92″
R7	120°29′36.48″	37°59′32.64″	R7	120°29′36.48″	37°59′32.64″
V4	120°35′34.38″	38°53′57.30″	V4	120°35′34.38″	38°53′57.30″
B10	120°03′56.94″	38°02′05.76″	M1	119°02′33.00″	38°13′57.11″
B6	120°02′52.92″	38°29′51.66″	M3	119°32′30.48″	38°40′03.00″
B7	120°23′05.82″	38°30′17.34″	M5	120°00′01.80″	39°05′31.27″
K6	122°18′48.36″	38°00′13.92″	M7	120°28′08.04″	39°32′10.57″
Q2	120°58′59.10″	39°25′40.44″	N1	120°07′01.20″	39°51′01.87″
Q3	121°09′02.34″	39°18′40.98″	P5	120°05′03.12″	37°37′06.24″

注：两个季节共同选取的站位加粗显示

用 Microsoft Excel 和 Primer5.0 软件进行数据统计，并用 Surfer8 软件制图。

浮游植物 Shannon 多样性指数：

$$H' = -\sum_{i=1}^{S} P_i \log_2 P_i \tag{9.1}$$

优势度指数 Y：

$$Y = \frac{n_i}{N} \times f_i \quad （Y>0.02 \text{ 时定为优势种}） \tag{9.2}$$

种丰富度指数 D：

$$D=(S–1)/\log_2 N \tag{9.3}$$

均匀度指数 J'：

$$J'=H'/\log_2 S \tag{9.4}$$

式中，S 为种类数；P_i 为第 i 种所占比例；n_i 为第 i 种的细胞数量；N 为总个体数；f_i 为第 i 种在各站位出现的频率。

9.2.2 渤海中部冷水结构区浮游植物采集与分析

在渤海，从黄河口到辽东湾湾顶的断面地形特征呈南北不对称的"W"形，渤海的季节性层化一般从 4 月开始，以浅滩南、北两侧的洼地为中心，分别形成两个非对称的"双中心"冷水团（周锋等，2009）。2015 年春季，在渤海中部 M 断面（包含"双中心"冷水团在内）设置 11 个站位（表 9.2），对网采浮游植物群落分布进行研究，其中 M3、M8 为 24h 连续观测站位，每 3h 进行一次观测和样品采集。根据《海洋调查规范》（GB/T 12763.6—2007），使用浅水Ⅲ型网（孔径为 76μm）以分段拖网（采样水层为 0～10m、底～10m）的形式对浮游植物进行采集。样品处理及数据统计方法见 9.2.1 节。

表 9.2 2015 年春季（4 月）渤海中部"双中心"冷水结构区浮游植物调查站位信息

站位	经度/（°E）	纬度/（°N）
M1	119°2′34.80″	38°13′57.00″
M2	119°18′25.20″	38°28′6.96″
M3	**119°32′31.20″**	**38°40′3.00″**
M4	119°46′1.20″	38°53′6.36″
M5	120°0′3.60″	39°5′31.20″
M6	120°14′13.20″	39°18′34.92″
M7	120°28′8.40″	39°32′10.68″
M8	**120°7′1.20″**	**39°51′1.80″**
M9	120°14′56.40″	39°41′29.04″
M10	120°37′58.80″	39°21′34.20″
M11	120°50′2.40″	39°12′4.32″

注：24h 连续观测站位加粗显示

9.3 浮游植物群落的季节变化及分布特征

2013 年冬季（12 月），威海附近海域表、底层水体都观测到高浓度的叶绿素 a，渤海海峡以西的表层水体叶绿素 a 浓度较低，而底层水体叶绿素 a 浓度出现斑块状分布的高值区，如位于渤海湾口、秦皇岛和蓬莱附近的近岸海域（图 9.1a）。2014 年夏季（8 月），表层水体叶绿素 a 浓度最高值出现在渤海海峡中部，底层水体叶绿素 a 浓度则呈现西高东低的趋势，渤海湾口浓度最高（图 9.1b）。

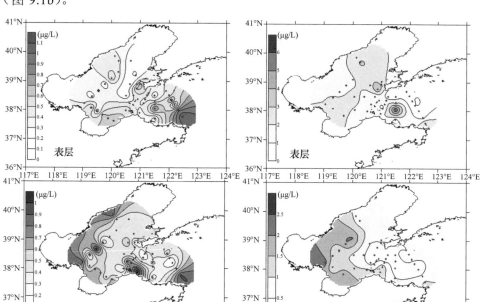

图 9.1　渤海中部及渤海海峡水体叶绿素 a 浓度分布图

a. 2013 年 12 月；b. 2014 年 8 月

　　2013 年冬季（12 月），共鉴定出 25 属 48 种浮游植物物种。其中，硅藻门 40 种，甲藻门 7 种，金藻门 1 种。研究海域各站位的网采浮游植物丰度为 169.6～8824.4cells/L，平均为 1260.6cells/L。浮游植物丰度最高值出现在秦皇岛附近海域，其次是渤海湾口和威海附近海域（图 9.2a）。整个研究海域较突出的浮游植物

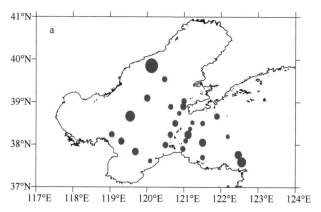

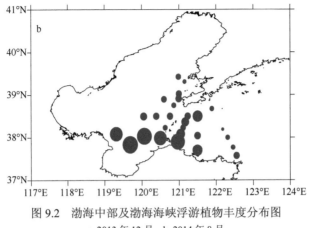

图 9.2　渤海中部及渤海海峡浮游植物丰度分布图
a. 2013 年 12 月；b. 2014 年 8 月

优势种为八幅辐环藻（*Actinocyclus octonarius*）和具槽直链藻（*Melosira sulcata*）（表 9.3），丰度较高的属是直链藻属（*Melosira*）、辐环藻属（*Actinocyclus*）和圆筛藻属（*Coscinodiscus*）（图 9.2a）。

表 9.3　渤海中部及渤海海峡区域浮游植物优势种

	优势种	优势度	平均丰度/（cells/L）
2013 年冬季	八幅辐环藻（*Actinocyclus octonarius*）	0.324	408.0
	具槽直链藻（*Melosira sulcata*）	0.168	248.0
	圆筛藻未定种（*Coscinodiscus* sp.）	0.059	73.9
	尖刺伪菱形藻（*Pseudo-Nitzschia pungens*）	0.027	90.9
	优美施罗藻（*Schroederella delicatula*）	0.025	170.1
2014 年夏季	角毛藻未定种（*Chaetoceros* sp.）	0.333	1170.1
	梭角藻（*Ceratium fusus*）	0.133	414.7
	三角角藻（*Ceratium tripos*）	0.074	230.6
	伏氏海毛藻（*Thalassiothrix frauenfeldii*）	0.046	215.9
	叉状角藻（*Ceratium furca*）	0.043	239.9
	斯氏扁甲藻（*Pyrophacus steinii*）	0.031	108.4
	旋链角毛藻（*Chaetoceros curvisetus*）	0.027	204.5
	圆筛藻未定种（*Coscinodiscus* sp.）	0.026	81.2
	具槽直链藻（*Melosira sulcata*）	0.025	140.4

我们发现，2013 年冬季（12 月）秦皇岛附近海域浮游植物高丰度的出现主要是由于该海域出现了丰度高达 4448.9cells/L 的优美施罗藻（*Schroederella delicatula*）。而秦皇岛附近海域是氮磷营养盐特别是亚硝酸盐的高值区。Pearson 相关性检验结果表明，冬季渤海浮游植物的丰度与亚硝酸盐存在显著的正相关关系，而与其他

环境因子（如表层水温、表层盐度等）没有显著的相关性（表 9.4），因此冬季该海域大量优美施罗藻的出现很可能由水体中高浓度的亚硝酸盐引起。

表 9.4　2013 年冬季（12 月）渤海浮游植物与环境因子的 Pearson 相关性分析

	表层盐度	表层水温	NO_2-N	NO_3-N	NH_4-N	PO_4-P	SiO_2-Si
浮游植物的丰度	0.102	−0.311	0.719[**]	0.237	−0.072	0.240	−0.155

注：营养盐为各水层平均值；$**p<0.01$

2014 年夏季（8 月），共鉴定出浮游植物 33 属 60 种。其中硅藻门 46 种，甲藻门 13 种，金藻门 1 种。研究海域各站位的网采浮游植物丰度为 93.0～14 235.2cells/L，平均为 3118.9cells/L。研究海域南部浮游植物丰度高于北部海域，莱州湾口和蓬莱附近海域的浮游植物丰度最高（图 9.2b）。整个研究海域最突出的浮游植物优势种为角毛藻（*Chaetoceros* sp.），平均丰度高达 1170.1cells/L，其次是梭角藻（*Ceratium fusus*）和三角角藻（*Ceratium tripos*）（表 9.3），丰度较高的属是角毛藻属（*Chaetoceros*）和角藻属（*Ceratium*）（表 9.3）。2014 年夏季（8 月）各调查站位甲藻丰度占浮游植物总丰度的百分比平均为 55.3%，与 2013 年冬季（12 月）（平均百分比为 4.4%）相比大大增加。这与孙军等（2002）的报道相符，渤海甲藻在夏、秋季大量繁殖。此时也是大部分赤潮甲藻种类一年中的萌发生长时期，预防和治理赤潮可考虑在此时加强。

渤海海峡作为连接渤海和黄海唯一的水通道，对于渤海与外海的水交换至关重要（Bi et al.，2011；Li et al.，2015）。以前的报道已证实，黄海水通过渤海海峡北侧水通道进入渤海并与渤海环流交汇，到达渤海湾沿岸后转向，与陆源淡水汇合形成黄海沿岸流，并最终经由渤海海峡南侧水通道流出渤海。由于渤海海峡有十分特殊的水动力特征，而浮游植物群落的分布又与水动力密切相关，因此我们特别关注了渤海海峡的浮游植物群落特征。

2013 年冬季（12 月），渤海海峡浮游植物最高丰度出现在海峡东南部，其次是海峡中部远离海岸的海域。海峡区主要的浮游植物优势种是八幅辐环藻（*Actinocyclus octonarius*）和具槽直链藻（*Melosira sulcata*），丰度最高的属是辐环藻属（*Actinocyclus*）和直链藻属（*Melosira*）（图 9.3a）。2014 年夏季（8 月），位于渤海海峡南侧水通道的蓬莱沿岸海域丰度较高。海峡区较主要的浮游植物优势种为角毛藻未定种（*Chaetoceros* sp.）和梭角藻（*Ceratium fusus*），丰度较高的属是角藻属（*Ceratium*）和角毛藻属（*Chaetoceros*）（图 9.3b）。渤海海峡冬、夏季浮游植物群落组成明显不同，同时海峡南、北侧水通道的浮游植物群落组成也存在显著差异。2013 年冬季（12 月），渤海海峡北侧水通道，直链藻属浮游植物的优势十分明显，而在南侧水通道，辐环藻属的优势更为显著。冬季浮游植物群落的变化受盐度、表层水温和底层硅酸盐浓度的影响最为显著。2014 年夏季（8 月），渤海海峡北侧水通道及渤海海峡以东海域，角藻属浮游植物占优势，而在南侧水通道,角毛藻属的优势较显著(图9.3b)。夏季渤海海峡浮游植物群落的变化与盐度、表层水温、表层亚硝态氮浓度和底层硅酸盐浓度变化的联系最为密切。

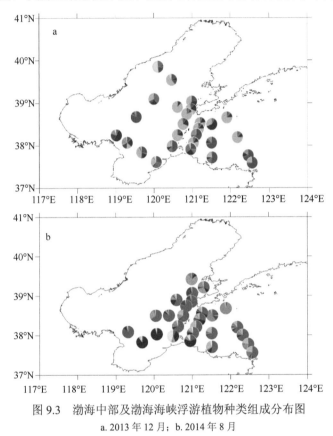

图9.3　渤海中部及渤海海峡浮游植物种类组成分布图

a. 2013年12月;b. 2014年8月

综上所述,渤海浮游植物群落组成和优势种在冬、夏两季有显著不同。2014年夏季(8月)甲藻在浮游植物中所占的比例明显高于2013年冬季(12月)。2013年冬季(12月)秦皇岛附近海域浮游植物的种类组成明显异于其他站位,丰度最高主要是该海域水体高浓度的亚硝酸盐所致。渤海海峡冬、夏季浮游植物群落结构存在明显差异,并且在海流的影响下北侧水通道和南侧水通道浮游植物的优势类群有显著差异。

9.4　渤海中部冷水结构区浮游植物群落的分布特征

2015年春季渤海中部M断面水温在垂向上的分布如图9.4所示。M断面网采浮游植物丰度为81.1~2066.4cells/L,位于辽东湾的M11站位浮游植物平均丰度最高,位于"双中心"冷水团之间的M4站位次之(表9.5)。对于位于"双中心"

冷水团之间的站位 M4，虽然其浮游植物平均丰度较高，但 Shannon 多样性指数（H'）、均匀度指数（J'）、物种数及种丰富度指数（D）均是所有调查站位中最低的，主要是由于 M4 站位出现了丰度高达 1369.2cells/L 的具槽帕拉藻（*Paralia sulcata*），而出现的其他种类较少且丰度较低。M11 站位同样出现了大量的具槽帕拉藻（*Paralia sulcata*），丰度达 1440.6 cells/L，还有丰度相对较高的布氏双尾藻（*Ditylum brightwellii*）。

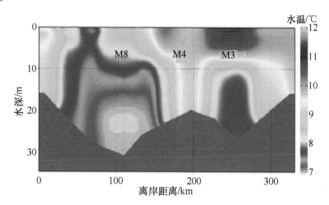

图 9.4　2015 年春季渤海中部 M 断面（包含"双中心"冷水团）水温的垂直分布

表 9.5　2015 年春季渤海中部 M 断面网采浮游植物丰度

站位	平均丰度/（cells/L）
M1	76.5
M2	184.0
M3	281.8
M4	1408.9
M5	151.8
M8	76.9
M11	1690.6

　　基于各站位浮游植物物种组成和丰度数据进行聚类分析，结果显示位于辽东湾的 M11 站位和位于渤海中心的 M4 站位具有相似的浮游植物群落结构，而分别位于两冷水团中心的 M3 和 M8 站位的群落组成并不相似，它们各自与邻近站位的群落组成更为相近（图 9.5）。M4 和 M11 站位群落组成与其他站位的最大区别是具槽帕拉藻丰度都高达 1000cells/L 以上，相似的群落组成可能与渤海环流的作用有关。我们推测这是由于春季渤海中部至辽东湾口的表层水体形成了一个大的顺时针流环（毕聪聪，2013），环流流经的海域水体垂直混合得到加强，M4 和 M11 站位水深都较浅，在 20m 左右，所在海域受到环流的影响较为强烈，致使底栖种类具槽帕拉藻出现于再悬浮水体中。

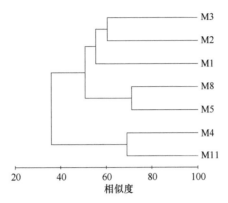

图 9.5　渤海中部 M 断面浮游植物群落聚类分析树状图

　　我们对位于冷水团中心的 M3 和 M8 站位的浮游植物群落进行了连续 24h 的动态观测。在 13:00～17:00 及 22:00 前后，下层（>10m）与上层（<10m）浮游植物丰度的比值明显高于其他时间（图 9.6），主要原因是在该时间段内，M3 站位的具槽帕拉藻、密联角毛藻及 M8 站位的具槽帕拉藻、布氏双尾藻、夜光藻在底层的丰度明显升高，而在上层明显降低。M3 和 M5 站位的浮游植物 Shannon 多样性指数呈现出上层高、下层低的趋势，M8 站位则上、下层比较接近（图 9.7），这可能是由于 M8 站位水深较 M3 和 M5 两个站位深，上、下层分界线距海底

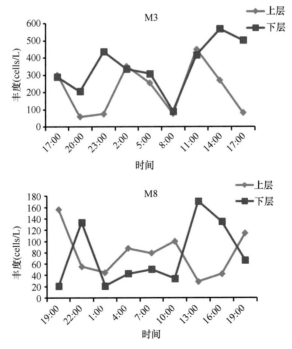

图 9.6　M3 和 M8 站位浮游植物丰度 24 h 动态变化

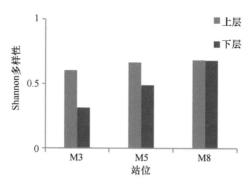

图 9.7　M3、M5、M8 站位各时间点 Shannon 多样性平均值在
上（<10 m）、下层（>10 m）的对比

较远；而 M3 站位上、下层分界线距海底较 M5 站位远，下层多样性却低于 M5
站位，可能与底层冷水的影响有关。

参 考 文 献

毕聪聪. 2013. 渤海环流季节变化及机制分析研究. 中国海洋大学硕士学位论文.

傅明珠, 王宗灵, 孙萍, 等. 2009. 2006 年夏季南黄海浮游植物叶绿素 a 分布特征及其环境调控
机制. 生态学报, 29(10): 5366-5375.

郭术津, 李彦翘, 张翠霞, 等. 2014. 渤海浮游植物群落结构及与环境因子的相关性分析. 海洋
通报, 33(1): 95-105.

冷宇, 赵升, 刘霜, 等. 2013. 黄河口海域夏季浮游植物的分布特征. 水生态学杂志, 34(6):
41-46.

孙军, 刘东艳, 杨世民, 等. 2002. 渤海中部和渤海海峡及邻近海域浮游植物群落结构的初步研
究. 海洋与湖沼, 33(5): 461-471.

王媛媛, 李捷, 石洪华, 等. 2016. 庙岛群岛南部海域浮游生物群落特征初步分析. 海洋科学,
40(6): 30-40.

喻龙, 王磊, 王文君, 等. 2017. 庙岛群岛海域网采浮游植物种类组成及分布. 海洋科学进展,
35(3): 404-413.

周锋, 黄大吉, 苏纪兰. 2009. 夏季渤海温跃层下的双中心冷水结构的数值模拟. 科学通报, (11):
1591-1599.

Bi N, Yang Z, Wang H, et al. 2011. Seasonal variation of suspended-sediment transport through the
southern Bohai Strait. Estuarine Coastal & Shelf Science, 93(3): 239-247.

Li Y, Wolanski E, Zhang H. 2015. What processes control the net currents through shallow straits? A
review with application to the Bohai Strait, China. Estuarine Coastal & Shelf Science, 158: 1-11.

第 10 章

渤海营养盐及浮游植物
群落结构的时空分布特征

渔业资源是海洋经济的重要组成部分，浮游植物是支撑海洋渔业的重要初级生产者。近年来，受海水富营养化的影响，我国沿海有害藻华频发、初级生产力衰退，对渔业生产的可持续性形成威胁。渤海是我国唯一的内海，具有丰富的生物多样性与资源，是我国发展捕捞与养殖、实现国家中长期战略目标的重要海域（方国洪等，2002；王俊和李洪志，2002）。随着环渤海经济区的快速发展，大量的氮、磷等营养物质和有机碳等化学耗氧物质随河流注入渤海，局部水体中营养盐的浓度持续增加与结构变化使渤海呈现富营养化状态，带来初级生产力下降、有害藻华爆发、缺氧等生态问题（Wang et al.，2009）。已有调查资料表明，在人类活动的影响下，渤海的溶解无机氮（DIN）浓度在过去 50 年中（尤其是 20 世纪 80 年代后）持续上升，而磷酸盐（DIP）浓度和硅酸盐（DSi）浓度却出现下降趋势，营养盐结构发生显著改变，N/P 和 N/Si 逐渐升高（于志刚等，2000；Wang et al.，2009；蒋红等，2005）。这些环境因子的变化进一步引起了渤海浮游植物生物量和群落结构的改变，包括叶绿素 a 浓度波动上升、硅藻和甲藻的种群演替、夏季藻华增多等现象（Zhang et al.，2004；郭全，2005；孙军等，2002；Liu and Wang，2013；Wang and Liu，2014）。因此，有必要深入调查渤海营养物质的时空变化，认识浮游植物群落结构的响应特征。在中国科学院战略先导科技专项（A 类）"渤海关键生物群落演变及其与外海、陆源输入的耦合机制"、山东省自然科学杰出青年基金项目"海洋藻类群落结构演变的研究"和国家自然科学基金共享航次支持下，本章对渤海不同海域（渤海湾、莱州湾、渤海中部）开展了调查研究，分析了渤海营养盐的时空变化特征及其对浮游植物生物量和群落结构变动的影响，以期为科学管理和有效修复渤海生态环境提供科学依据。

10.1　渤海湾营养盐及浮游植物群落结构的时空分布特征

渤海湾位于渤海西侧，平均水深约 12.5 m，面积约 $1.47×10^4\ km^2$。20 世纪 80 年代，渤海湾的富营养化问题已经引起关注（邹景忠等，1983；Zou et al.，1985）。近年来，渤海湾的人类活动强度依然很高，城镇人口持续增长，工农业快速发展，富营养化进一步加剧（于志刚等，2000；蒋红等，2005；孙培艳，2007）。例如，2008～2012 年天津近岸海域的营养状态质量指数达到 3.24～4.28，全部处于富营养化状态（尹翠玲等，2015）；2005～2014 年，渤海湾累计出现赤潮 29 次，平均每年出现 2.9 次（中国海洋环境质量公报，2005～2014）。此外，渤海湾的大规模围填海工程导致大量沿海滩涂被围填成陆地，岸线特征发生了显著变化，甚至影响整个海域的水动力环境及物质输运能力（王勇智等，2015；Zhu et al.，2016）。2013～2014 年，课题组在渤海湾的 38 个站位开展了 3 个航次的调查，包括 2013

年 10 月的秋季航次、2014 年 5 月的春季航次及 2014 年 8 月的夏季航次(图 10.1)。调查收集了 228 个样品的营养盐、叶绿素和浮游植物数据，探讨了渤海湾营养盐和浮游植物的空间与季节变化特征，结合历史资料，比较了渤海湾营养盐、浮游植物群落在季节水平上的变化趋势。

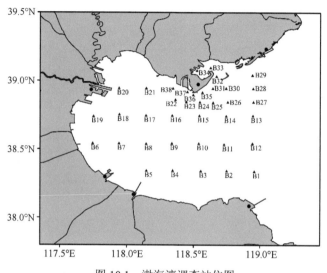

图 10.1　渤海湾调查站位图

10.1.1　渤海湾营养盐浓度与结构的空间和季节分布特征

10.1.1.1　渤海湾溶解无机氮（DIN）的空间和季节分布特征

2013 年秋季、2014 年春季和夏季 3 个季度的调查结果表明，DIN 浓度在季节变化上从高到低依次为春季 [表层，（15.32±7.63）µmol/L；底层，（14.78±10.56）µmol/L、秋季 [表层，（10.42±4.29）µmol/L；底层，（10.04±4.87）µmol/L] 和夏季 [表层，（7.37±5.51）µmol/L；底层，（8.20±4.65）µmol/L]，表层和底层浓度及空间分布的差异不大，表明水体垂直混合比较均匀（图 10.2）。DIN 在 3 个季节的空间分布较为相似，均呈现近岸海域较高、远岸海域较低及西侧湾顶海域较高、湾口海域较低的特点。春季，DIN 的浓度高值主要出现在西侧近岸海域，尤其是天津附近海域，其 DIN 浓度超过了 40µmol/L，而东侧海域，包括曹妃甸附近海域，DIN 浓度较低。夏季，DIN 浓度较高的海域分布于西侧近岸海域，沧州附近 DIN 浓度达到了约 26µmol/L，海湾中央及曹妃甸附近大部分海域 DIN 浓度较低。秋季，DIN 浓度依然为西侧海域较高、东侧海域较低。

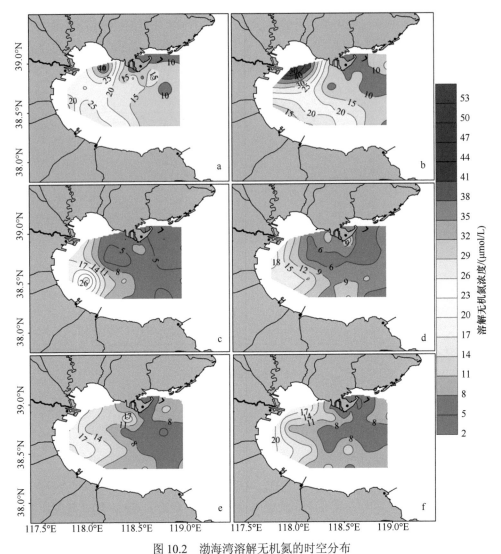

图 10.2　渤海湾溶解无机氮的时空分布

a. 春季（表层）；b. 春季（底层）；c. 夏季（表层）；d. 夏季（底层）；e. 秋季（表层）；f. 秋季（底层）

　　DIN 人类活动输入和浮游植物生长消耗是影响渤海湾 DIN 空间和季节分布的主要原因。环渤海河流的水质状况空间分布表明，河流氮输入是影响渤海湾 DIN 空间分布的重要原因。例如，海河北三河水系（北运河、潮白新河、蓟运河）、海河干流中总氮浓度超过 9mg/L，其中，海河干流总氮浓度为 10.8mg/L，超过流域平均浓度 8.13mg/L。在海河流域不同水系之间，子牙河水系、漳卫河水系、大清河水系、徒骇河、马颊河水系的总氮总量尤其多，均超过了 $40×10^4$t，氨氮的总量超过了 $25×10^4$t，而这些水系均在渤海湾西侧沿海地区入海。农业非点源污染是河流氮的主要来源之一，邱斌等（2012）对海河流域的农村非点源污染现状进行了研究，农村居民生活源、畜禽养殖、农田化肥对总氮排放量的贡献率分别为 96.12%、1.53%和 2.35%，对氨氮的贡献率分别为 97.93%、1.68%和 0.39%。除农村非点源污染外，渤海湾西侧沿岸地区排放的工业废水和城镇生活污水也明显高于其他地区（Liu et al.，2019a；刘西汉等，2020b）。可见，来源于农业、工业和人类活动排放的 DIN 通过环渤海湾西侧河流的输入解释了 3 个季节渤海湾西部 DIN 浓度高的空间分布特征。夏季，低降雨带来的低河流 DIN 输入及海区浮游植物大量生长伴随的 DIN 消耗，共同导致渤海湾海域 DIN 浓度低于春季和秋季（图 10.2）。

10.1.1.2　渤海湾磷酸盐的空间和季节分布特征

与 DIN 浓度的季节变化不同，2013 年秋季、2014 年春季和夏季渤海湾磷酸盐（DIP）浓度在夏季出现最高值 [表层，(0.19 ± 0.06) μmol/L；底层，(0.19 ± 0.06) μmol/L]，其次为春季 [表层，(0.16 ± 0.01) μmol/L；底层，(0.16 ± 0.02) μmol/L] 和秋季 [表层，(0.13 ± 0.01) μmol/L；底层，(0.14 ± 0.03) μmol/L]，表层和底层之间浓度差别不大。DIP 空间分布存在明显的季节差异：春季，渤海湾顶海河河口、天津港等近岸海域和海湾南侧近岸海域浓度较高，而海湾中部浓度较低；夏季，浓度高值区位于曹妃甸附近海域，浓度超过了 0.20μmol/L，高值区逐渐往东南方向延伸，波及大部分湾中央及湾口海域；秋季，浓度高值区依然出现在曹妃甸附近海域（部分站位浓度在 0.15μmol/L 以上），但浓度和浓度高值区范围明显小于夏季，且海湾其他海域 DIP 浓度较低，仅为 0.12～0.13μmol/L（图 10.3）。

DIP 与 DIN 在空间和季节上的分布差异性表明两者在来源和影响因素上存在差异。由于自 2003 年起在河北、天津、山东等省（直辖市）陆续禁止生产、销售和使用含磷洗涤用品，磷排放源头的控制在一定程度削弱了磷的陆源和河流输入，因此相对于 DIN，DIP 受河流和陆源输入的影响相对较弱，仅在天津港周边海域呈现陆源 DIP 输入带来的高浓度分布（邱斌等，2012；张洪等，2015）。2013 年夏季，曹妃甸附近并未出现 DIP 浓度高值现象（河北省海洋环境公报，2013，2014；王红，2015；曲克明，2016）。对比发现，2013 年河北省降雨量和年入海水量分别为 531.2mm 和 24.33 亿 m^3，高于 2014 年的 408.2mm 和 4.4 亿 m^3（河北省水资源公报，2017）。河北省降雨量主要集中在夏季的 7～8 月，2014 年夏季低的降雨量及河流入海量和曹妃甸周边高 DIP 浓度表明该 DIP 主要为非河流来源的陆源输入（Liu et al.，2019a；刘西汉等，2020b）。

除陆源和河流输入外，沉积物再悬浮过程中 DIP 的释放也是影响 DIP 空间和季节分布的重要原因。营养盐在沉积物-水界面的交换过程对近海营养盐的生物地球化学循环具有非常重要的作用，而潮汐、风浪或疏浚等作用下引起的沉积物再悬浮可以改变营养盐在沉积物-水界面的交换速率，会对营养盐的空间分布，尤其是 DIP 和 DSi，产生重要的影响。春季，渤海湾南侧近岸海域出现 DIP 的浓度

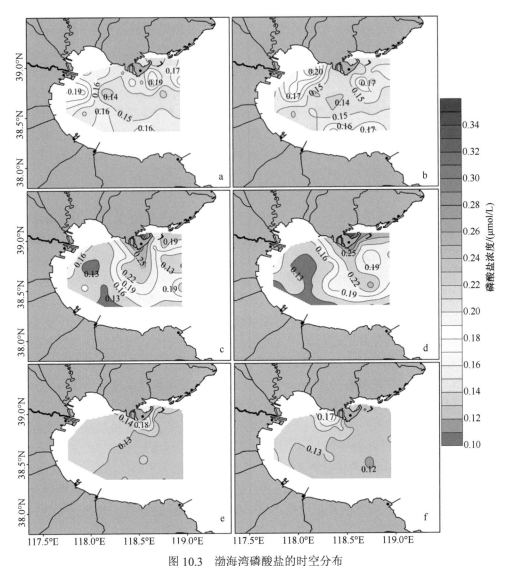

图 10.3　渤海湾磷酸盐的时空分布

a. 春季（表层）；b. 春季（底层）；c. 夏季（表层）；d. 夏季（底层）；e. 秋季（表层）；f. 秋季（底层）

高值分布，底层浓度略高，为 0.15～0.17μmol/L，表层浓度略低，为 0.15～0.16μmol/L，表明沉积物可能是 DIP 的来源。

10.1.1.3　渤海湾硅酸盐的空间和季节分布特征

2013 年秋季、2014 年春季和夏季渤海湾硅酸盐（Dsi）浓度在季节变化上从低到高依次为春季［表层，（3.06±1.98）μmol/L；底层，（3.62±3.04）μmol/L］、夏季［表层，（3.34±1.26）μmol/L；底层，（3.55±1.65）μmol/L］和秋季［表层，

（4.69±2.60）μmol/L；底层，（4.47±2.59）μmol/L］（图 10.4）。DSi 的空间分布在不同季节之间差异明显。春季，DSi 浓度为南侧近岸海域较高、北侧近岸海域较低，与 DIP 相同，底层 DSi 浓度高，说明春季渤海湾南侧近岸海域 DSi 浓度的高值主要受沉积物再悬浮的影响；夏季，浓度高值区主要分布于湾口或湾口靠北侧近海处，体现了外源输入的特点；秋季，曹妃甸西侧海域的 DSi 浓度极高，表层最高浓度达 9μmol/L，底层最高浓度达 10μmol/L，风浪引起的沉积物再悬浮可能是造成 DSi 浓度较高的重要原因（Liu et al.，2019a；刘西汉等，2020b）。

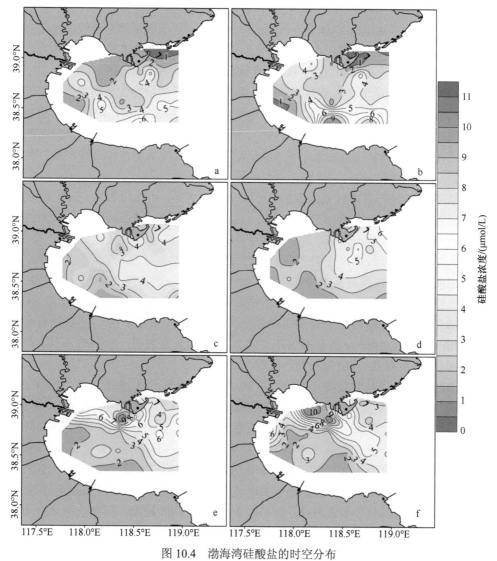

图 10.4　渤海湾硅酸盐的时空分布

a. 春季（表层）；b. 春季（底层）；c. 夏季（表层）；d. 夏季（底层）；e. 秋季（表层）；f. 秋季（底层）

10.1.1.4　渤海湾营养盐结构的空间和季节分布特征

渤海湾营养盐在 2013 年秋季、2014 年春季和夏季 3 个季节均呈现高 DIN、低 DIP 和 DSi 的特点，DIP 和 DSi 的相对限制在春季尤其明显。以下通过 N/P、N/Si 及 Si/P 的空间和季节变化，对渤海湾营养盐限制和主要影响因素进行分析。

渤海湾 N/P 的季节变化与 DIN 相似，从高到低依次为春季（表层，96.56±46.53；底层，93.69±60.23）、秋季（表层，76.06±310.18；底层，75.07±35.22）和夏季（表层，43.08±37.42；底层，48.37±34.52），表层和底层之间的差异不大。N/P 的空间分布与也与 DIN 相似，总体呈现西侧近岸海域较高、东侧远岸海域较低的趋势。春季，天津近海 N/P 较高，在 200 以上；夏季，西侧近岸海域 N/P 依然较高，在 100 左右，最高值位于沧州近岸；秋季，西侧近岸海域的 N/P 为 100~130（图 10.5）。可见，调查的 3 个季节渤海湾 N/P 均远远超过了适合浮游植物生长的雷德菲尔德比率（Redfield ratio）（N/P=16），且大部分海域的 N/P 超过了 22，说明 DIP 相对于 DIN 限制浮游植物的生长（Justić，1995）。结合以上对 DIN 和 DIP 来源及分布的分析，渤海湾的高 N/P 主要由近年来人类活动 DIN 输入的增加及河流等来源 DIP 输入的降低导致（Liu et al.，2019a；刘西汉等，2020b）。

渤海湾 Si/N 在春季较低（表层，0.24±0.23；底层，0.42±0.72），夏季（表层，0.85±0.91；底层，0.68±0.68）和秋季（表层，0.52±0.33；底层，0.53±0.33）差别不大。空间分布方面，春季，高值区位于南侧近海，底层 Si/N 可达到 0.7；夏季，湾口和湾中央海域较高，在湾中央的 B15 站位甚至达到了 1.6；秋季，从曹妃甸到湾口海域 Si/N 较高，基本均在 0.8 以上（图 10.6）。渤海湾 3 个季节的 Si/N 表明，除夏、秋季湾中央和湾口部分站位外，Si/N 均小于 1，表明相对于 DIN，DSi 在大部分海域对浮游植物生长存在限制，该限制在春季尤其严重、在夏季有所缓解（Justić et al.，1995）。N/P 和 Si/N 的空间和季节分布表明，渤海湾基本不存在 DIN 限制（Liu et al.，2019a；刘西汉等，2020b）。

渤海湾 Si/P 在秋季较高（表层，33.80±18.19；底层，33.20±18.28），春季（表层，19.04±11.42；底层，22.38±17.24）和夏季（表层，18.07±7.00；底层，19.09±8.56）差别不大。空间分布表明，春季，南岸近海 Si/P 较高，为 30 以上，向北逐渐降低至小于 10；夏季，湾口海域 Si/P 较高；秋季，Si/P 的高值区位于曹妃甸西侧海域，为 50~70，该高值区从曹妃甸西侧向东南方向延伸至湾口海域（图 10.7）。Si/P 是否大于 22 或小于 10 决定了是否处于 DIP 相对限制或 DSi 相对限制（Justić，1995）。调查期间，渤海湾秋季多数海域浮游植物生长受到 DIP 限制，而春季和夏季 DSi 限制相对明显（Liu et al.，2019a；刘西汉等，2020b）。

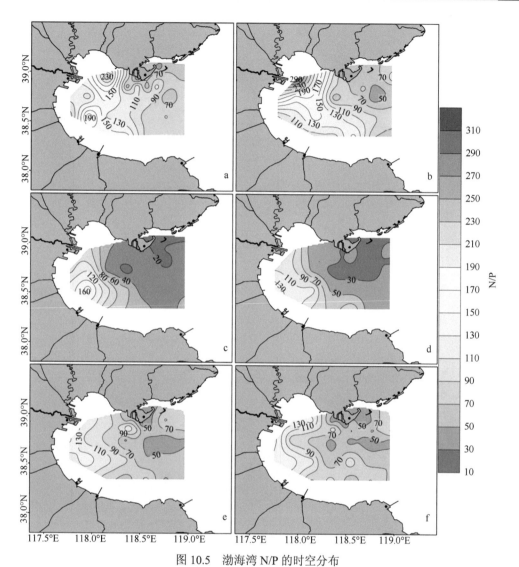

图 10.5　渤海湾 N/P 的时空分布

a. 春季（表层）；b. 春季（底层）；c. 夏季（表层）；d. 夏季（底层）；e. 秋季（表层）；f. 秋季（底层）

10.1.2　渤海湾浮游植物群落结构及其时空分布特征

10.1.2.1　渤海湾浮游植物生物量和丰度分布

2013 年秋季、2014 年春季和夏季渤海湾浮游植物调查结果表明，叶绿素 a 浓度在夏季较高 [表层，（6.46±3.92）μg/L；底层，（5.32±2.77）μg/L]，春季 [表层，（2.16±1.69）μg/L；底层，（2.22±1.25）μg/L] 和秋季 [表层，（2.26±1.85）μg/L；

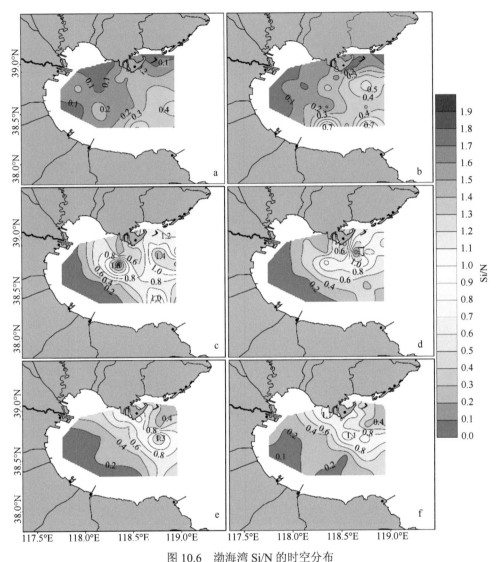

图 10.6　渤海湾 Si/N 的时空分布

a. 春季（表层）；b. 春季（底层）；c. 夏季（表层）；d. 夏季（底层）；e. 秋季（表层）；f. 秋季（底层）

底层，（2.23±1.59）μg/L] 较低。叶绿素 a 空间分布受营养盐影响明显。春季，叶绿素 a 浓度在渤海湾近岸海域较高，而在海湾中央的大面积海域较低，与 DIN 的分布一致。秋季，叶绿素 a 浓度的高值区从西北天津近海向东南方向延伸，夏季，叶绿素 a 浓度的高值区从海湾西北角向湾中央延伸，分别与 DIP 和 DSi 的空间分布一致（图 10.8）（Liu et al.，2019b；刘西汉等，2020a）。

　　2013 年秋季、2014 年春季和夏季渤海湾 3 个季度表层浮游植物丰度的季节变化趋势与叶绿素 a 浓度变化一致，均呈现夏季较高（16.31×10⁴cells/L）、春季

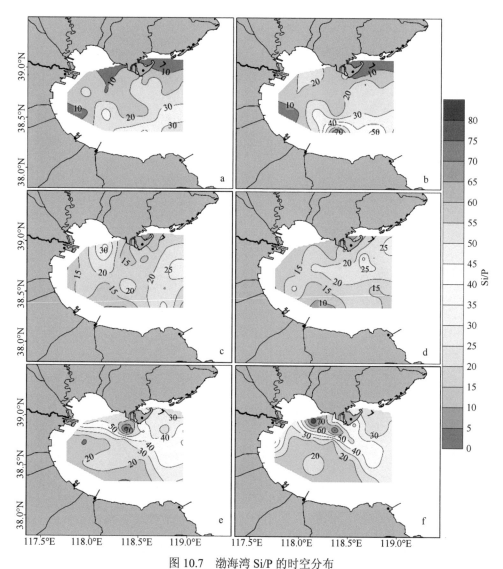

图 10.7　渤海湾 Si/P 的时空分布

a. 春季（表层）；b. 春季（底层）；c. 夏季（表层）；d. 夏季（底层）；e. 秋季（表层）；f. 秋季（底层）

（0.74×10⁴cells/L）和秋季（0.89×10⁴cells/L）相差不大的变化特征。空间分布上，春季，浮游植物丰度的高值区分布在曹妃甸附近、湾西北角海域及黄骅和滨州近岸海域，丰度在 1.0×10⁴cells/L 以上；夏季，浮游植物丰度的空间分布与叶绿素 a 浓度一致，天津附近海域丰度高达 50×10⁴cells/L，高值区向西南方向延伸到滨州近岸，位于海湾中央的 B16 站位的浮游植物丰度也可达到 50×10⁴cells/L，渤海湾湾口稍北侧也存在浮游植物丰度高值区，丰度约为 25×10⁴cells/L；与叶绿素 a 的空间分布不同，秋季，浮游植物丰度高值区分别位于湾口北侧海域（丰度约为

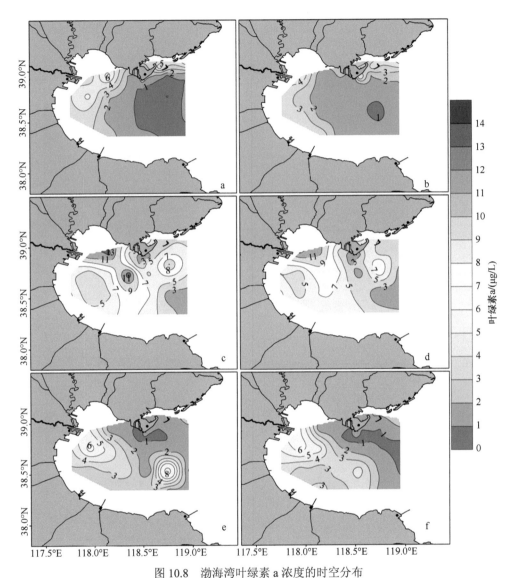

图 10.8　渤海湾叶绿素 a 浓度的时空分布
a. 春季（表层）；b. 春季（底层）；c. 夏季（表层）；d. 夏季（底层）；e. 秋季（表层）；f. 秋季（底层）

$1.6×10^4$cells/L）和渤海湾南侧及西侧近岸海域（丰度约为 $1.0×10^4$cells/L 左右）（图 10.9）（Liu et al.，2019b；刘西汉等，2020a）。

10.1.2.2　渤海湾浮游植物种群组成和优势种类群特征

2013～2014 年渤海湾浮游植物主要类群为硅藻和甲藻，褐胞藻在渤海湾出现的物种极少，所占丰度比例也不高，绿藻的物种数量和丰度比例均非常低，仅在秋季发现。

春季，硅藻是浮游植物的主要类群，占浮游植物总丰度的比例为 89.39%，其次是甲藻，为 10.08%，褐胞藻仅占浮游植物总丰度的 0.53%。柔弱伪菱形藻（*Pseudo-nitzschia delicatissima*）是渤海湾优势度最高的种类，主要分布在曹妃甸周边海域，丰度在 0.5×10⁴cells/L 左右，海湾中央也有一定分布。其他优势度较高的浮游植物种类，如海链藻、小环藻和角毛藻，也主要分布在曹妃甸邻近海域。小环藻的空间分布相对于其他优势种较均匀，除了在曹妃甸周边出现较多，还分布在海湾中央及黄骅港外侧海域，丰度一般为 10²cells/L。

夏季，甲藻代替硅藻成为主要的浮游植物类群，占浮游植物总丰度的比例为 58.4%，甲藻和褐胞藻分别为 29.57% 和 12.03%。裸甲藻是渤海湾优势度最高的

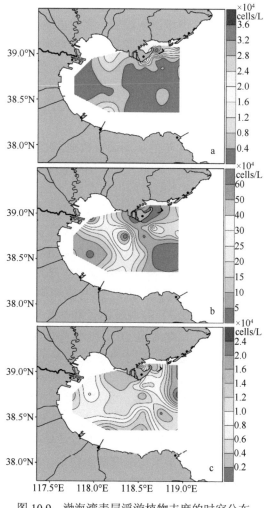

图 10.9　渤海湾表层浮游植物丰度的时空分布

a. 春季；b. 夏季；c. 秋季

物种，主要分布在天津近海及海湾中央，丰度为 10^5cells/L，其他海域，如渤海湾湾口及中央的部分海域，也有较多裸甲藻分布；三叉角藻（*Ceratium trichoceros*）主要分布在天津附近海域，其他海域出现较少。小等刺硅鞭藻（*Dictyocha fibula*）是金藻门硅鞭藻纲（Dictyochophyceae）的主要种类，主要分布在渤海湾湾口靠北侧海域，丰度数量级达到了 10^5cells/L。硅藻中的柔弱伪菱形藻在夏季也出现较多，空间分布较为均匀，包括海湾中央及西侧海域；角毛藻主要分布在滨州港附近，丰度数量级可达 10^5cells/L。

秋季，硅藻、甲藻、褐胞藻和绿藻占浮游植物总丰度的比例分别为 89.12%、7.15%、3.62%和 0.11%。根据优势种分析发现，硅藻中的具槽帕拉藻（*Paralia sulcata*）在浮游植物群落中优势度最高，在渤海湾北部海域出现较多；细弱圆筛藻（*Coscinodiscus subtilis*）在近岸海域出现较多，高值出现在曹妃甸附近及黄骅港外侧海域；圆筛藻主要出现在天津近海等近岸海域；而舟形藻的高值区在渤海湾湾口北侧海域，丰度数量级为 10^3cells/L（Liu et al.，2019b；刘西汉等，2020a）。

10.1.3　渤海湾营养盐和浮游植物的长周期变化特征

结合历史资料和 2013～2014 年的现场调查数据，对渤海湾营养盐长时间尺度上季节和年代变化进行分析（由于 2000 年后，围绕整个渤海湾的生态环境做的研究还不多，大部分研究仅局限在小范围的近岸海域，天津近海是今年研究较多的海域，因此本小节在对渤海湾历史数据分析的基础上，也分析了天津近海的研究资料，通过拟合回归在季节水平和年平均水平上总结渤海湾生态环境的演变特点）。结果表明，20 世纪 90 年代至 21 世纪前 10 年渤海湾 DIN 保持了 20 世纪 80 年代以来的变化趋势，在春季、夏季、秋季及年平均水平上均呈现出逐渐上升的变化趋势（图 10.10）（蒋红等，2005）。这与胶州湾（Shen，2001；沈志良，2002）、大亚湾（Wu et al.，2017）等海域的营养盐长周期变化特征一致，DIN 主要来自于人类活动陆源输入。渤海湾 DIN 在不同季节上升程度基本相似，说明 DIN 的主要来源并不受季节影响，即农业施肥等不是主导因素。近二十年来，环渤海湾主要城市，如天津、滨州、东营等，工业废水略有减少，但城镇生活废水排放量迅速增加（天津市统计年鉴，2015；滨州市统计年鉴，2015；东营市统计年鉴，2015），表明城镇生活废水排放是导致渤海湾 DIN 近二十年来持续增加的主要原因。DIP 的变化趋势具有一定的季节差异：春季和秋季呈现下降的趋势，而夏季呈现升高的趋势，年平均浓度基本稳定，略有降低，与 20 世纪 80 年代以来的减少趋势也较为一致（蒋红等，2005）。DIP 减少主要受地表径流的持续减少、含磷洗涤剂的禁用、污水处理能力提高的影响（Ning et al.，2010；Song，2010），而夏季 DIP 的增多可能与渤海湾水体低溶氧状态下沉积物-水界面的交换作用有关（王晓蓉等，1996；杨波等，2012；张华等，2016）。DSi 浓度在春季、夏季和秋季均呈下降趋势。Ning 等（2010）认为渤海 DSi 主要来自于岩石的风化，

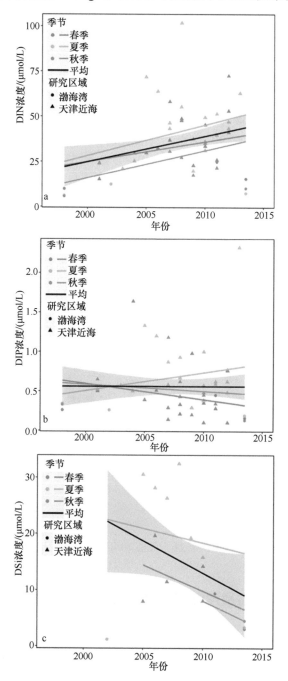

图 10.10   20 世纪 90 年代至 21 世纪前 10 年渤海湾营养盐浓度变化趋势

随河流进入海洋，其浓度逐渐下降的原因在于我国北方兴修水利工程后地表径流量
减少。进入 21 世纪后，DSi 依然处于不断下降的态势之中，这与降雨量的持续减
少、农业灌溉用水增多、城镇居民生活用水增多及地下水枯竭背景下地表径流量的
减少有重要关系（Liu et al.，2019a）。

叶绿素 a 浓度总体上呈现下降趋势，这与 2000 年前逐渐增加的趋势有所不同
（Tang et al.，2003），同时也有一定的季节差异，春季和秋季逐渐下降，夏季逐渐
上升。浮游植物丰度总体上呈上升趋势，从单个季节来看，春季、夏季和秋季均
呈增长趋势，夏季增长最快，秋季居中，春季增长最慢，季节变化间的差异与叶
绿素 a 浓度相近。20 世纪 90 年代至 21 世纪前 10 年渤海湾叶绿素 a 浓度和浮游
植物丰度的变化与营养盐浓度变化密切相关。从季节上来看，春季浮游植物丰度
和 DIN 增加速度在 3 个季节中均最慢，秋季次之（图 10.11）。夏季浮游植物丰度
增加速度明显超出了其他两个季节，但其 DIN 增加速度和秋季基本无差别，表明
夏季 DIN 不是主要影响因素。而叶绿素 a 的浓度变化与 DIP 的季节变化特征相吻
合，一方面说明 DIP 在夏季的持续增长促进了浮游植物生长，另一方面也进一步
说明 DIP 对渤海湾浮游植物生长的限制作用。结合浮游植物丰度和叶绿素 a 浓度
的变化特征来看，渤海湾浮游植物在总生物量降低状况下的总丰度升高，这说明
渤海湾也存在浮游植物小型化的趋势（Liu et al.，2019b）。

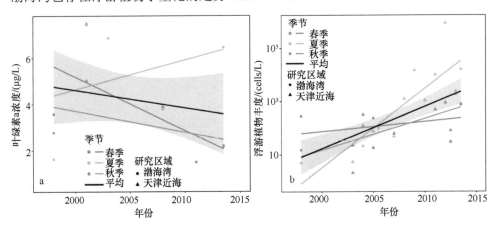

图 10.11　20 世纪 90 年代至 21 世纪前 10 年渤海湾浮游植物丰度变化趋势

10.2　莱州湾营养盐及浮游植物群落结构的时空分布特征

莱州湾（36°59′～37°28′N，119°33′～120°18′E）位于山东半岛西北部、渤海
南部，是渤海三大海湾之一（刘建强，2012）（图 10.12）。莱州湾宽约 96km，
海岸线长约 320km，由于河流泥沙的堆积，大部分海区水深在 10m 之内，平均

水深为 11.2m,最深处达 18m,面积约为 6966.93km² (冯士筰等,2007),沿岸有黄河、小清河、潍河等 10 余条河流入海,饵料丰富,是黄渤海许多重要经济生物的传统产卵场、孵育场和索饵场 (Jin et al,2013;张锦峰等,2014)。莱州湾水深较浅,水交换能力较差,环境极易受人类活动和气候变化影响 (李广楼等,2006)。近年来,莱州湾沿海地区经济发展迅速,海洋资源开发利用力度不断加大,加之海水养殖活动加速、渔业资源过度捕捞等因素,导致海湾生态环境发生较大变化,营养盐结构失衡,渔业资源严重衰退 (郝彦菊等,2005;杜培培等,2017;张锦峰等,2014;孙丕喜等,2006)。本节在对莱州湾 2014 年春季 (5 月)、秋季 (9 月) 海水表层营养盐和浮游植物群落结构空间分布调查的基础上,进一步对莱州湾 2004~2014 年 11 年间营养盐和浮游植物群落结构的年际变化特征进行了分析 (莱州湾采样站位见图 10.12),以反映人类活动影响下莱州湾的长期生态环境变化趋势。

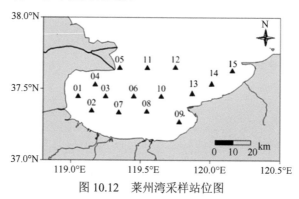

图 10.12 莱州湾采样站位图

10.2.1 莱州湾营养盐浓度与结构的空间和季节分布特征

10.2.1.1 莱州湾营养盐浓度的空间和季节分布特征

2014 年春季 (5 月) 莱州湾 DIN 浓度为 4.9~42.0μmol/L,平均浓度为 (20.2±10.9) μmol/L。DIN 浓度的空间分布表明高值区主要分布在小清河和弥河入海口海域,而东北湾口浓度明显偏低。2014 年秋季 (9 月) DIN 浓度为 3.27~34.7μmol/L,平均浓度为 (15.3±10.4) μmol/L,整体上浓度略低于春季。秋季与春季空间分布趋势基本相同,基本呈现从莱州湾西部靠近小清河河口海域向东北湾口降低的趋势,湾中央部位有一高值区,最高值分布在莱州湾底部小清河河口海域,最低值分布在莱州湾东部靠近龙口市海域 (图 10.13a、b)。对比两个季度的盐度发现,黄河口附近盐度明显低于湾东侧,且秋季盐度略高于春季,表明黄河淡水输入是影响莱州湾盐度的主要原因。2014 年黄河枯水期 (1~6 月)

入海总径流量（53.2 亿 m³）略高于丰水期（7～10 月）的入海总径流量（44.0 亿 m³），且 5 月的径流量明显高于 9 月（黄河泥沙公报，2014）。DIN 的空间分布表明，黄河口淡水输入使莱州湾西侧 DIN 浓度下降，该影响随淡水径流量的增大而增大，在春季对莱州湾的影响较秋季明显。对比两个季节西部 DIN 浓度的高值，小清河及其邻近海域河流的陆源输入是莱州湾 DIN 的主要来源，黄河输入的影响相对较弱（孙慧慧等，2017）。

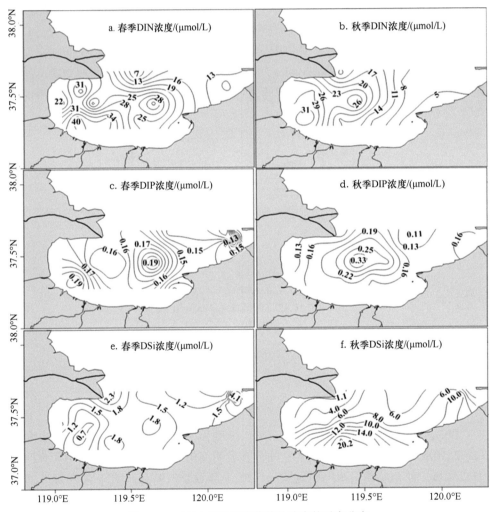

图 10.13　2014 年莱州湾营养盐浓度的时空分布

2014 年春季，莱州湾 DIP 浓度为 0.13～0.19μmol/L，平均浓度为（0.16±0.02）μmol/L，莱州湾中部及西部海域高于其东北部海域，高值区出现在莱州湾中部海域，湾边缘区域浓度偏低。秋季，DIP 浓度为 0.11～0.33μmol/L，平均浓度为（0.17±0.05）μmol/L，整体浓度略高于春季。秋季与春季空间分布趋势基本相同，呈现由莱州湾中部海域向外逐渐降低的变化趋势，最高值分布在莱州湾中部海域，最低值分布在莱州湾湾口偏东北方向海域（图 10.13c、d）。DIP 空间分布表明，春季黄河淡水输入使 DIP 浓度降低，但这一影响在秋季淡水输入量低时不明显。DIP 季节和空间分布表明，莱州湾 DIP 浓度同时受小清河等西部陆源河流输入、黄河淡水输入和沉积物再悬浮释放的影响（孙慧慧等，2017）。

2014 年春季，莱州湾 DSi 浓度为 0.68~4.14μmol/L，平均浓度为（1.66±0.78）μmol/L，莱州湾中部及西部海域 Dsi 浓度低于其东北部海域，高值区出现在莱州湾中部海域，湾边缘区域浓度偏低。秋季，DSi 整体浓度显著高于春季，其值为 10.13~20.2μmol/L，平均浓度为（7.68±5.29）μmol/L，高值区出现在湾中和湾底，整体变化趋势为从莱州湾湾底海域向湾口逐渐降低，最高值分布在莱州湾湾底白浪河口及渭河口海域，最低值分布在黄河口海域（图 10.13e、f）（孙慧慧等，2017）。DSi 空间分布表明，莱州湾 DSi 浓度主要受河流输入影响。2014年春季，黄河淡水输入量高，黄河输入影响明显，南部河流输入也是主要来源；秋季，黄河淡水输入量低，莱州湾 DSi 主要来源为南部河流的陆源输入。

10.2.1.2　莱州湾营养盐结构的空间和季节分布特征

2014 年春季，莱州湾表层海水 N/P 为 29.89~242.84，平均为 125.80±61.05；秋季，N/P 为 25.24~256.25，平均为 89.64±63.61。N/P 空间分布基本呈现从海湾西部到东部逐渐降低的变化趋势，高值区与 DIN 分布类似，均出现在西部小清河口附近，低值区出现在东北角界河口附近，秋季海湾中东部 N/P 明显低于春季（图 10.14a、b）。

2014 年春季，莱州湾 Si/N 为 0.02~0.37，平均为 0.11±0.09；秋季，Si/N 为 0.07~3.69，平均为 0.81±0.91；秋季，海湾 Si/N 明显高于春季。春季在空间上受黄河口 DSi 输入影响，呈现北部湾口中心比值高、南部湾底比值低的分布；秋季，受南部河流 DSi 输入的影响，Si/N 呈现东南部湾底高、西北部黄河口附近低的特点，秋季海湾整体浓度的升高表明，相对于黄河 DSi 输入，莱州湾周边河流 DSi 的贡献更明显（图 10.14c、d）。

2014 年春季，Si/P 为 3.69~28.48，平均为 10.61±5.31；秋季 Si/P 为 10.41~107.86，平均为 44.71，秋季明显高于春季。春季受黄河口 DSi 输入的影响，高值区出现在湾口东部黄河口附近，低值出现在西部小清河口附近；与 Si/N 相同，秋季 Si/P 的空间分布主要受莱州湾南部河流 DSi 输入的影响，呈现南部高、北部低的特点（图 10.14e、f）。

结合 10.2.1.1 小节营养盐浓度和本小节营养盐结构的分析，基于 Justić（1995）营养盐限制的判定标准发现，相对于 DIP 和 DSi，莱州湾 DIN 过量，在春季和

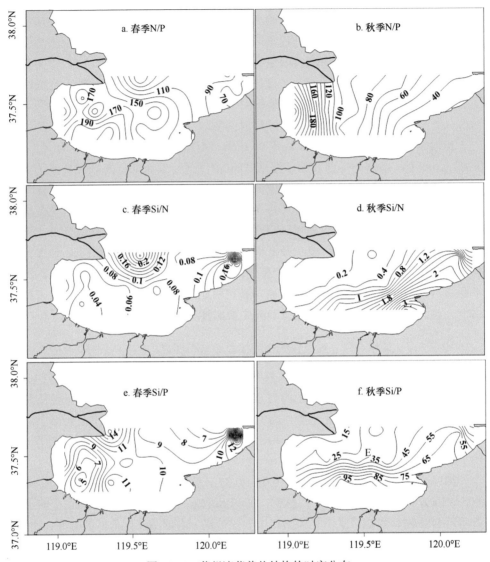

图 10.14　莱州湾营养盐结构的时空分布

秋季均不存在 DIN 的相对限制和绝对限制；春季也不存在 DIP 的绝对限制，但有 1 个站位存在 DIP 的相对限制；DSi 是春季海湾浮游植物生长的主要限制性因子，86.7% 的站位存在 DSi 的相对限制，60% 的站位存在 DSi 的绝对限制，该限制在莱州湾西南部尤其明显。秋季，海湾浮游植物生长的主要限制因子由 DSi 变为 DIP，虽然表层海水不存在 DIP 的绝对限制，但 86.7% 的站位存在 DIP 的相对限制，只有 1 个站位存在 DSi 的相对限制，DSi 的绝对限制基本消失，表明秋季莱州湾南部河流 DSi 的输入在很大程度上缓解了海湾的 DSi 限制情况（孙慧慧等，2017）。

10.2.2 莱州湾浮游植物生物量和群落结构的时空分布特征

10.2.2.1 莱州湾浮游植物叶绿素 a 和细胞丰度分布

2014 年春季，莱州湾叶绿素 a 的浓度范围为 1.91～7.27μg/L，平均为（4.61±2.00）μg/L，空间分布沿西南部小清河口向东北部湾口逐渐降低。秋季，叶绿素 a 的浓度范围为 1.12～11.06μg/L，平均为（4.35±3.47）μg/L，呈现南部湾底浓度高、北部湾口浓度低的空间分布特征（图 10.15a、b）。叶绿素 a 的空间分布与 DSi 类似，进一步表明了 DSi 对莱州湾浮游植物生长的限制作用（孙慧慧等，2017）。

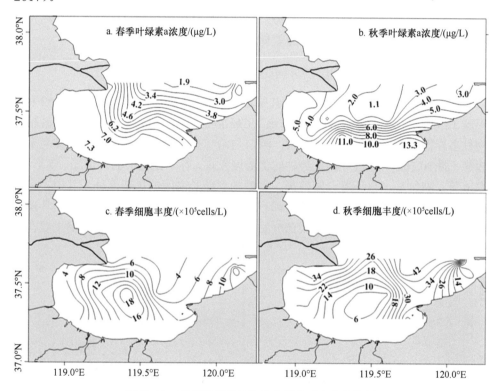

图 10.15 莱州湾浮游植物生物量的时空变化特征

2014 年春季，莱州湾浮游植物群落细胞丰度为 2.80×10³～20.2×10³cells/L，平均细胞丰度为 9.19×10³cells/L，所有站位的总细胞丰度为 1.80×10⁵cells/L；硅藻平均细胞丰度为 9.00×10³cells/L，而甲藻平均细胞丰度只有 0.18×10³cells/L。空间分布表明，细胞丰度高值区出现在湾中和湾底及界河口邻近龙口市海域，湾边缘的细胞丰度相对较低，最低值出现在黄河口和小清河口之间的海域及莱州湾正北部的湾口海域内（图 10.15c）。

2014 年秋季浮游植物丰度明显高于春季，浮游植物群落细胞丰度为 $4.32 \times 10^3 \sim 28.2 \times 10^3$ cells/L，平均细胞丰度为 2.08×10^4 cells/L，所有站位的总细胞丰度为 3.40×10^5 cells/L；硅藻和甲藻平均细胞丰度较春季都有显著增加，尤其是甲藻，其平均细胞丰度增加到 10.14×10^3 cells/L，硅藻平均细胞丰度增加到 18.1×10^3 cells/L。空间分布显示，细胞丰度分布趋势呈现出由莱州湾湾底向四周增加的趋势，细胞丰度的高值区主要出现在湾两侧和湾口海域，尤其是黄河口海域及莱州湾东北部湾口海域存在两个明显高值区，低值区主要分布在莱州湾湾底的白浪河口及潍河口海域（图 10.15d）（孙慧慧等，2017）。

两个季节浮游植物叶绿素 a 浓度与细胞丰度的空间分布存在一定差异性，秋季两者更是呈现相反的整体变化趋势，这种差异性由莱州湾不同海域藻类物种组成、藻体大小及藻体叶绿素含量的差异性导致。

10.2.2.2 莱州湾浮游植物物种群组成和优势种类群

2014 年春季，莱州湾表层海水共鉴定出浮游植物 87 种。其中，硅藻 69 种，甲藻 16 种，金藻、其他［海洋卡盾藻（*Chattonella marina*）］各 1 种。浮游植物物种多样性指数（H'）为 $0.4 \sim 3.7$，湾口与湾中央的物种多样性指数明显高于湾边缘（图 10.16a）。通过分析优势种的优势度发现，春季硅藻类的舟形藻、菱形藻、海链藻、羽纹藻、小环藻、圆筛藻、具槽帕拉藻是海区的优势藻种，其中，舟形藻为主要优势类群，几乎全部站位都有出现，其他优势种，如海链藻、小环藻、羽纹藻和圆筛藻属的种类，在大部分站位出现，而具槽帕拉藻和菱形藻主要在海湾东部 11～15 站位出现。

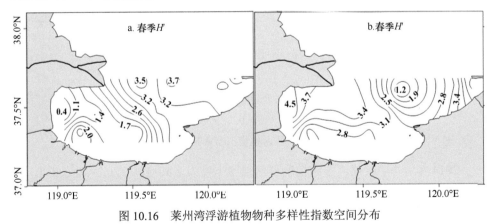

图 10.16 莱州湾浮游植物物种多样性指数空间分布

2014 年秋季共鉴定出浮游植物 112 种，其中，硅藻 81 种，甲藻 27 种，绿藻、金藻、小等刺硅鞭藻及其他（海洋卡盾藻）各 1 种。秋季浮游植物物种多样性指数明显高于春季，硅藻和甲藻种类明显增多，甲藻所占比例有所上升，物种多样性指数为 1.2～4.5，湾中央略高（图 10.16b）。整体来看，秋季浮游植物优势种的组成结构相对丰富，硅藻仍为主要优势类群，包括薄壁几内亚藻、舟形藻、圆筛藻、小环藻、角毛藻、条纹小环藻、菱形藻、曲舟藻、小等刺硅鞭藻、海链藻。其中，小环藻、圆筛藻和舟形藻属物种在全部站位中均占优势，海链藻、菱形藻和斜纹藻属物种在大部分站位中出现，薄壁几内亚藻主要集中分布在莱州湾东北部的 9～15 站位，角毛藻和小等刺硅鞭藻主要集中分布在莱州湾西部和黄河口附近的 1～6 站位及界河口的 15 站位，而条纹小环藻在湾西部 1～10 站位出现（孙慧慧等，2017）。

10.2.3　莱州湾营养盐和浮游植物的长周期变化特征

10.2.3.1　莱州湾营养盐长周期变化特征

通过 2004～2014 年 11 年间莱州湾春季和秋季营养盐浓度的变化分析莱州湾营养盐的长周期年际变化特征，结果如图 10.17 所示。

2004～2014 年 11 年间莱州湾春季 DIN 浓度波动剧烈，中位值为 15.06～53.98μmol/L。年际变化总体呈现下降趋势，2007 年 DIN 浓度最低，2007 年以后 DIN 浓度略低于 2007 年以前（图 10.17a）。秋季 DIN 浓度中位值为 8.14～53.06μmol/L，在 2004 年和 2008 年高于春季，其他时间均低于春季。2004～2014 年秋季 DIN 浓度总体呈现下降的年际变化趋势，2004 年 DIN 浓度最高，2009～2010 年存在最低值（姜会超等，2018）（图 10.17b）。

2004～2014 年春季莱州湾 DIP 浓度整体偏低且波动剧烈，中位值为 0.03～0.39μmol/L，年际变化整体呈现下降趋势。2004～2007 年，DIP 的年际变化趋势与 DIN 较为一致，最低值出现在 2007 年，2008 年 DIP 浓度最高（图 10.17c）。秋季 DIP 浓度整体上略高于春季，中位值为 0.04～0.49μmol/L。变化趋势与春季接近，总体呈下降的年际变化趋势，高值出现在 2005 年、2008 年。2008～2013 年秋季，DIP 浓度的年际变化趋势与 DIN 较为吻合，2009 年和 2010 年均为低值（图 10.17d）。

2004～2014 年春季莱州湾 DSi 呈现下降的年际变化趋势，2005 年浓度相对较高，中位值为 18.6μmol/L，2014 年浓度相对较低，中位值为 8.5μmol/L（图 10.17e）。秋季，DSi 中位值为 15.8～52.9μmol/L，最高值出现在 2008 年，总体呈先上升后下降的年际变化趋势（图 10.17f）（姜会超等，2018）。

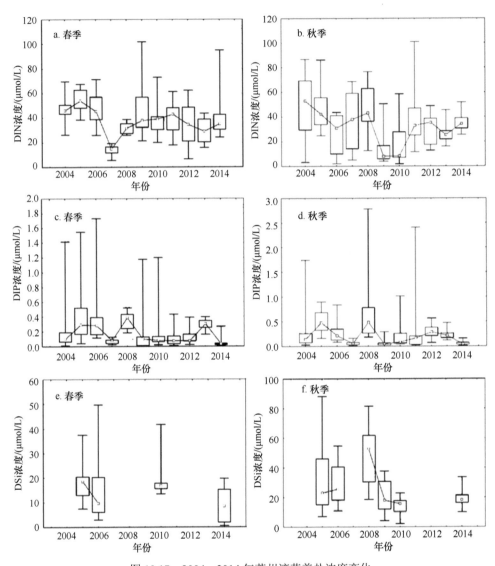

图 10.17 2004～2014 年莱州湾营养盐浓度变化

与 1982～2001 年相比，2004～2014 年莱州湾 DIN 浓度明显升高、DIP 浓度下降、DSi 浓度变化不明显（蒋红等，2005；赵玉庭等，2016；Jin et al.，2013）。DIP 浓度的下降，主要是受 1997 年开始实施的磷限制策略的影响。20 世纪 90 年代以后，我国农业生产施肥由农家肥转为氮肥，流失的氮肥进入莱州湾，导致莱州湾 DIN 浓度上升。虽然 2004～2014 年 DIN 浓度总体趋势相对前期研究偏高，但其年际变化开始呈现下降趋势，这主要与莱州湾营养盐的减排密切相关，尤其是小清河氨氮的减排对莱州湾 DIN 浓度下降有重要贡献（中国海洋环境质量公报，2015）。小清河营养盐的输入，不仅是影响莱州湾营养盐空间分布的主要原因，还是影响海湾营养盐长周期年际变化的重要因素。

10.2.3.2　莱州湾浮游植物长周期变化特征

2004～2014 年,在莱州湾共采集到 370 个浮游植物样品,鉴定出浮游植物 174 种(类)。莱州湾浮游植物以硅藻为主,共包含 144 种,5 月细胞丰度占比为 37.7%～100%,8 月细胞丰度占比为 92.3%～99.9%。其次是甲藻,共包含 27 种,5 月细胞丰度占比为 0～62.3%,8 月细胞丰度占比为 0.01%～4.44%。其他藻(黄藻、褐胞藻)共鉴定出 3 种,5 月细胞丰度占比为 0～13.9%,8 月细胞丰度占比为 0～7.2%。2004～2014 年莱州湾浮游植物丰度呈现非常剧烈的年际波动。春季丰度中位值为 $0.1×10^5$～$14.2×10^5$cells/L,整体呈现先升高后下降的年际变化趋势,在 2011 年达到最高值(图 10.18a)。秋季细胞丰度整体上明显高于春季,为 $2.2×10^5$～$134.4×10^5$cells/L,年际变化趋势较春季差异也较大,总体呈现出明显的下降趋势,2004 年丰度最高(图 10.18b)。莱州湾浮游植物丰度年际变化受海湾营养盐的影响。研究发现,东营市降雨量与莱州湾浮游植物总丰度呈现明显的正相关关系,在丰水年份(2005 年、2007 年和 2009 年)莱州湾浮游植物丰度呈现明显高值,在枯水年份(2008 年和 2014 年)浮游植物丰度普遍较低,表明河流径流营养盐输入影响浮游植物的生长,而径流量下降导致营养盐输入降低可能是导致浮游植物丰度下降的重要原因(Jiang et al.,2018)。

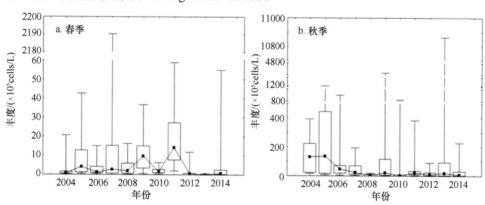

图 10.18　2004～2014 年莱州湾浮游植物丰度变化

2004～2014 年,莱州湾浮游植物物种多样性指数(H')呈波动变化趋势。春季浮游植物物种多样性指数中位值为 1.4～2.8,最高值出现在 2007 年,最低值出现在 2005 年,整体上变化趋势为 2007 年前上升、2007 年后下降(图 10.19a)。秋季,浮游植物物种多样性指数明显高于春季,中位值为 1.6～3.4,最高值出现在 2007 年,最低值出现在 2013 年,与春季相同,总体上亦呈现先上升后下降的趋势(图 10.19b)(Jiang et al.,2018)。

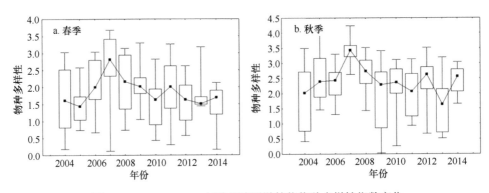

图 10.19　2004～2014 年莱州湾浮游植物物种多样性指数变化

如图 10.20 所示，2004～2014 年，莱州湾浮游植物存在明显的优势种演替现象。春季，除 2007 和 2012～2014 年硅藻为优势种外，其他时间优势种均包含硅藻和甲藻，主要包括梭角藻（*Ceratium fusus*）、夜光藻（*Noctiluca scintillans*）、心形原甲藻（*Prorocentrum cordatum*）等。此外，针胞藻属（*Raphidophyceae*）中的海洋卡盾藻也是春季重要优势种。2004～2011 年，甲藻（主要是夜光藻）占有明显的优势地位，但 2011 年后，甲藻优势度明显下降。浮游植物粒径组成也发生了变化，小细胞藻种，如中肋骨条藻（*Skeletonema costatum*）、海洋卡盾藻和长菱形藻（*Nitzschia longissima*），自 2008 年后优势地位下降，而大细胞硅藻，如辐射圆

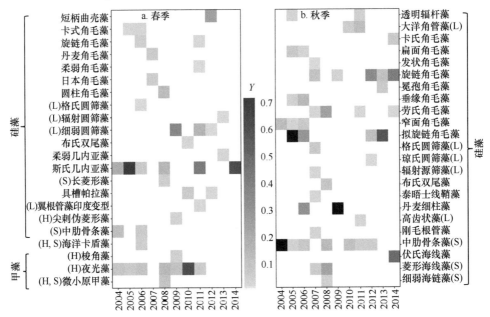

图 10.20　2004～2014 年莱州湾浮游植物优势种演替
L-大细胞藻；S-小细胞藻；H-有毒有害藻

筛藻（*Coscinodiscus radiatus*）、细弱圆筛藻（*Coscinodiscus subtilis*）等，数量增加，成为优势种。

秋季，浮游植物优势种均以硅藻为主，如大洋角管藻（*Cerataulina pelagica*）、琼氏圆筛藻（*Coscinodiscus jonesianus*）、高齿状藻（*Odontella regia*）等。与春季相同，群落结构发生明显年际变化，小细胞藻，如中肋骨条藻、长菱形藻、心形原甲藻等，优势度不断下降，而大细胞藻，如高齿状藻、格氏圆筛藻（*Coscinodiscus granii*）、琼氏圆筛藻等，优势地位逐渐上升。上述分析结果表明浮游植物群落结构处于逐渐修复的过程，向好的方向发展（Jiang et al.，2018）。

10.3　渤海中部营养盐及浮游植物群落结构的时空分布特征

与渤海湾和莱州湾的变化类似，渤海中部营养盐自 20 世纪 80 年代以来，也呈现 DIN 浓度增加、DIP 浓度和 DSi 浓度降低、N/P 增加的变化趋势。1982 年渤海中部 DIP 浓度为 1.06μmol/L，1998 年为 0.03μmol/L，DSi 浓度由 23.00μmol/L 降低至 6.60μmol/L，而 DIN 浓度则由 1.75μmol/L 增高至 5.00μmol/L（于志刚等，2000）。营养盐的变化进一步影响浮游植物的数量和种群结构。本节通过 2012 春季（4 月）和 2013 年夏季（7 月）渤海中部营养盐与叶绿素 a 分布对渤海生态环境进行探讨。

10.3.1　渤海中部营养盐浓度与结构的空间和季节分布特征

10.3.1.1　2012 年春季（4 月）营养盐浓度的空间分布特征

2012 年春季（4 月）渤海中部营养盐空间分布如图 10.21 所示。其中，DIN 浓度的高值区位于莱州湾口与黄河口附近海域。表、中、底层 DIN 浓度分别是 2.37～7.67μmol/L［平均值为（4.11±1.64）μmol/L］、2.43～7.64μmol/L［平均值为（4.60±1.54）μmol/L］、2.43～9.05μmol/L［平均值为（4.76±1.55）μmol/L］。大部分站点中、底层 DIN 浓度略高于表层。

DIP 在调查海区的浓度范围为低于检出限至 0.25μmol/L。在渤海湾口靠近黄河口处与渤海海峡口附近出现了两个高值区，最大值分别是 0.25μmol/L、0.14μmol/L。多数站位表层 DIP 浓度低于中、底层，说明沉积物中营养盐的再释放可能对上层水体中营养盐，尤其是 DIP，有所补充。这与李玲伟（2010）对渤海沉积物-水界面营养盐交换通量的研究发现的"渤海沉积物向上覆水体中释放一定比例的营养盐，尤其是 DIP 的释放可以弥补上层水体中 DIP 的不足"的结论一致。

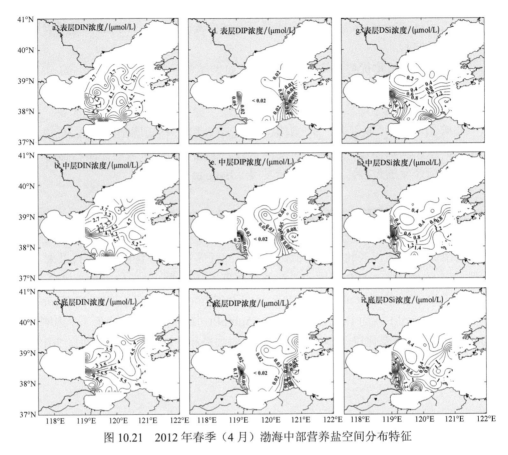

图 10.21　2012 年春季（4 月）渤海中部营养盐空间分布特征

DSi 在调查海区的浓度为 0.12~8.36μmol/L。其中，表层 DSi 浓度为 0.12~5.45μmol/L，平均值为（1.13±1.15）μmol/L；中层 DSi 浓度为 0.12~8.36μmol/L，平均值为（1.39±1.72）μmol/L；底层浓度为 0.13~7.92μmol/L，平均值为（1.36±1.59）μmol/L。黄河口北部渤海湾口中心出现了一个明显高值区（1.21~8.36μmol/L），且莱州湾口处的中、底层 DSi 浓度高于表层，其他海区则无明显差别，表明这两个海区沉积物中营养盐的再释放也是 DSi 的重要来源（刘丽雪等，2014）。

10.3.1.2　2013 年夏季（7 月）营养盐浓度的空间分布特征

2013 年夏季（7 月）渤海中部营养盐空间分布如图 10.22 所示。DIN 浓度为 1.05~17.1μmol/L。表层 DIN 浓度为 1.38~15.93μmol/L，平均值为（5.85±3.56）μmol/L；中层 DIN 浓度为 1.05~13.15μmol/L，平均值为（6.27±3.25）μmol/L；底层 DIN 浓度为 2.95~17.09μmol/L，平均值为（6.47±3.35）μmol/L。大多数中、底层浓度高于表层。水平分布上，DIN 浓度呈现出黄河口周边的渤海湾口和莱州湾口附近浓度高于辽东湾口和渤海海峡的特点。2013 年夏季（7 月）黄河口周边 DIN 浓度明显高于 2012 年春季（4 月），而其他海域浓度差别不大。2013 年夏季黄河口周边 DIN 在空间和季节上的高值现象主要受到黄河调水调沙过程中带来的 DIN 输入影响（Wang et al.，2017）。

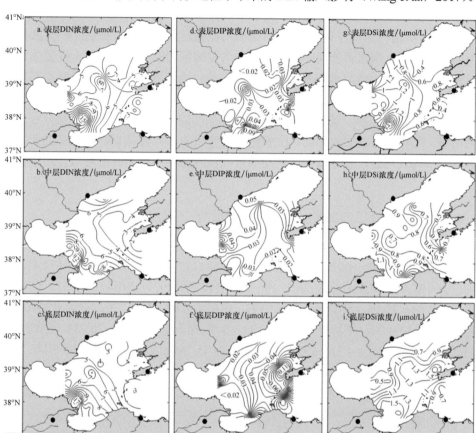

图 10.22　2013 年夏季（7 月）渤海中部营养盐空间分布特征

DIP 浓度整体不高，最低值低于检出限，最高值为 0.11μmol/L。其中，底层平均浓度［（0.04±0.03）μmol/L］略高于表层［（0.03±0.02）μmol/L］与中层［（0.03±0.01）μmol/L］，垂直变化不显著。水平分布上，表层高值区位于莱州湾湾口东部海区，最高值可达 0.09μmol/L；中层分布相对均匀，渤海西北部海区浓度略高；底层高值区则位于辽东湾湾口东部及渤海海峡附近。2013 年夏季（7 月）渤海中部中心海域 DIP 浓度高于 2012 年春季（4 月），但渤海海峡附近浓度低于2012 年春季（4 月）。结合垂直分布分析，夏季渤海中部底层沉积物中营养盐的再释放对 DIP 的补充起了重要作用。

DSi 浓度为 0.22～2.54μmol/L。其中，表层 DSi 浓度为 0.27～2.54μmol/L，平均值为（0.83±0.53）μmol/L，中层 DSi 浓度为 0.22～1.59μmol/L，平均值为（0.84±

0.29）μmol/L；底层 DSi 浓度为 0.32～1.93μmol/L，平均值为（0.98±0.48）μmol/L。大多数站位底层浓度高于中、表层，表明底层沉积物中营养盐的再释放是夏季渤海中部 DSi 的来源。水平分布上，与春季有所区别，渤海湾口中部的 DSi 浓度高值不存在，高值区出现在黄河口附近，渤海海峡附近海区浓度较低（张莹等，2016）。空间分布表明，调水调沙期间黄河 DSi 输入是海区 DSi 的重要来源，受夏季黄河口余流场的影响，黄河水主要沿河口向南侧莱州湾的方向扩散，对渤海中部输入影响相对有限（宋振杰等，2018）。

可见相较于春季，夏季黄河口 3 种营养盐的输入对渤海中部营养盐分布影响更明显，尤其是对表层的影响；沉积物中营养盐的再释放对 DIP 和 DSi 的影响在两个季节均较明显，且春季海区扰动导致沉积物悬浮和对 DSi 的释放作用较夏季更为明显。

10.3.1.3 2012 年春季（4 月）营养盐结构的空间分布特征

2012 年春季（4 月）渤海中部营养盐结构的空间分布特征如图 10.23 所示。N/P 在表层为 42.87～602.60，平均值为 238.64±133.86；中层为 25.29～574.45，平均值为 194.46±137.48；底层为 35.10～1287.11，平均值为 201.67±109.57。Si/N 在表层为 0.04～10.15，平均值为 0.28±0.27；中层为 0.04～1.31，平均值为 0.30±0.31；底层为 0.03～1.34，平均值为 0.29±0.33。Si/P 在表层为 4.58～263.33，平均值为 63.29±64.63；中层为 4.31～197.12，平均值为 45.76±42.29；底层为 4.96～146.20，平均值为 45.86±35.69。春季整个海区呈现明显的 N/P、Si/P 较高而 Si/N 较低的特点。依据 Justić 等（1995）提出的浮游植物生长的化学计量和可能营养盐限制因素

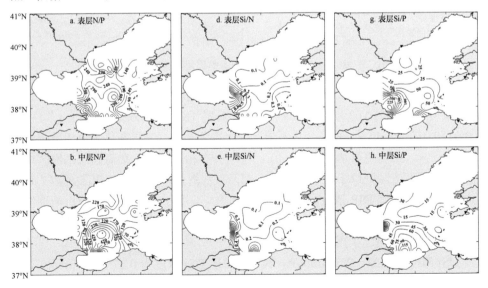

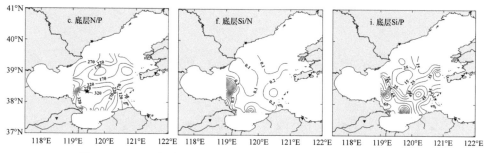

图 10.23　2012 年春季（4 月）渤海中部营养盐结构空间分布特征

标准，2012 年春季（4 月）调查海区 97% 的站位存在 DIP 的绝对限制，71% 的站位存在 DIP 的相对限制，87% 的站位存在 DSi 的绝对限制，13% 的站位存在 DSi 的相对限制。表明海区在调查期间同时存在 DIP 和 DSi 的限制，且 DIP 限制更为严重（刘丽雪等，2014）。

海区的这种营养盐限制状况可能与春季浮游植物生长高峰期对营养盐的消耗和污水排放、氮肥流失等 DIN 的输入有关，而结合 10.3.1.1 小节的分析可知，春季渤海中部 DIP 和 DSi 受陆源输入的影响相对不明显，而下层沉积物中营养盐的再释放不足以补充浮游植物生长的快速消耗，因此造成营养盐结构比例失衡。

10.3.1.4　2013 年夏季（7 月）营养盐浓度和结构的空间分布特征

2013 年夏季（7 月）渤海中部营养盐结构空间分布如图 10.24 所示，N/P 高于 1000 的海域用▲单独标出。表层 N/P 为 48.17~1445.93，平均值为 314.74±299.84；中层为 54.59~718.97，平均值为 226.25±163.23；底层为 31.60~1101.93，平均值为 277.33±223.79。表层 Si/N 为 0.07~0.41，平均值为 0.15±0.07；中层为 0.08~0.54，平均值为 0.16±0.10；底层为 0.07~0.40，平均值为 0.17±0.09。表层 Si/P 为 5.68~304.34，平均值为 48.21±60.83；中层为 11.52~103.29，平均值为 31.52±20.26；底层为 5.49~152.87，平均值为 45.27±37.54（图 10.24）。

与春季一样，夏季渤海中部亦呈现明显的高 N/P、低 Si/N 的特点。高 N/P 主要集中在黄河口附近，对应黄河调水调沙 DIN 输入的影响；低 Si/N 则主要出现在渤海湾口，对应于湾口低的 DSi 浓度。结合营养盐浓度及结构特征对海区营养盐对浮游植物生长可能的限制作用分析发现，在 2013 年夏季（7 月）渤海中部基本不存在 DIN 限制，但几乎所有的站位均存在 DIP 与 DSi 的绝对限制。同时，表层有 50% 的站位存在 DIP 相对限制，有 2 个站位存在 DSi 的相对限制；中层有 57% 的站位存在 DIP 的相对限制，有 1 个站位存在 DSi 的相对限制；底层有 62% 的站位存在 DIP 的相对限制，有 6 个站位存在 DSi 的相对限制。可见，调查期间海区浮游植物生长的影响因素跟春季一样，主要受 DIP 和 DSi 的限制，且 DIP 是更为主要的限制因素（张莹等，2016）。

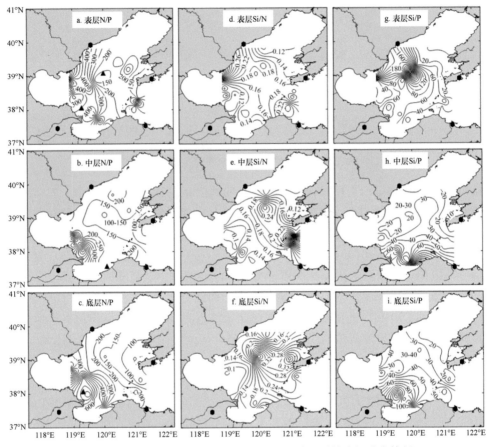

图 10.24　2013 年夏季（7月）渤海中部营养盐结构空间分布特征

10.3.2　渤海中部叶绿素 a 浓度的空间和季节分布特征

　　2012 年春季（4月）渤海中部表层叶绿素 a 浓度为 0.63～3.75μg/L，平均值为（1.66±0.82）μg/L。高值区位于渤海湾湾口，浓度均在 2μg/L 以上；中层和底层叶绿素 a 显示了相近的分布特征，浓度分别为 0.57～5.31μg/L［平均值为（1.80±1.02）μg/L］与 0.75～8.35μg/L ［平均值为（1.92±1.59）μg/L］，在渤海中部靠近渤海湾口处出现了一个明显的叶绿素 a 浓度高值区（图 10.25）。表层叶绿素 a 与营养盐的浓度高值区相近，而中、底层明显不同，可能是由于春季浮游植物生长消耗了大量营养盐，而表层受淡水输入影响，在渤海湾口靠近黄河口处有较多的营养盐补充。对比 3 个水层不同海区的叶绿素 a 浓度发现，渤海中部靠近渤海湾口海区中、底层叶绿素 a 浓度明显高于表层，而在其他海域均为表层叶绿素 a 浓度相对较高，造成这种现象的原因可能是该海域沉积物释放的营养盐促进了中、底层浮游植物的生长。叶绿素 a 浓度与环境因子之间的相关性分析表明，温度和 DIP 浓度是影响 2012 年春季（4 月）渤海中部浮游植物生长的主要因素。其中，温度对表层叶绿素 a 空间分布的影响最明显，而 DIP 浓度主要影响中、底层叶绿素 a 的浓度，进一步证明了营养盐分析中 DIP 的限制作用（刘丽雪，2014；刘丽雪等，2014）。

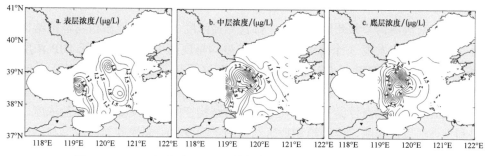

图 10.25　2012 年春季（4 月）渤海中部叶绿素 a 浓度空间分布特征

2013 年夏季（7 月）渤海中部叶绿素 a 表层浓度明显高于春季，为 0.92～7.75μg/L，平均值为（3.54±1.73）μg/L；中层浓度为 1.63～6.57μg/L，平均值为（2.95±1.40）μg/L；底层浓度为 0.96～6.77μg/L，平均值为（2.65±1.45）μg/L（图 10.26）。叶绿素 a 浓度高值区位于滦河口及复州河口附近海区，显示了陆源河流的营养盐输入对海区浮游植物生长的促进作用（孙军等，2003；傅明珠等，2009）。黄河口附近的高营养盐水平并没有带来高的叶绿素 a 浓度，其可能是夏季调水调沙导致该海区海水高度浑浊从而使浮游植物的生长受光限制所致（毕乃双等，2010；刘晓彤和刘光兴，2012）；叶绿素 a 浓度低值区集中在渤海中部及渤海海峡。其垂直分布明显受水深的影响。在水深较浅的黄河口及莱州湾湾口一侧，垂直差异不明显；而在水深较深的辽东湾口与渤海海峡，底层叶绿素 a 浓度明显低于表层，突出显示光限制的影响（郑国侠等，2006；张莹，2016；张莹等，2016）。叶绿素 a 浓度与环境因子的相关性分析表明，与春季影响因素不同，夏季盐度与表层叶绿素 a 浓度分布呈正相关关系且与中、底层叶绿素 a 浓度呈负相关关系，进一步

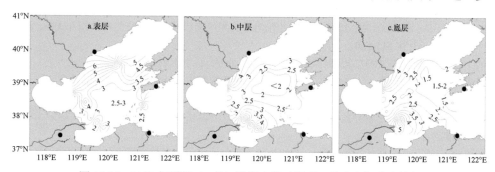

图 10.26　2013 年夏季（7 月）渤海中部叶绿素 a 浓度空间分布特征

表明河流营养盐输入对浮游植物的影响,以及黄河调水调沙带来的水体浊度增加对浮游植物生长的限制作用。

10.4　本章小结

通过对渤海湾、莱州湾和渤海中部营养盐浓度、结构及浮游植物群落结构的时空特征分析,发现 3 个海区的营养盐浓度均呈现高 DIN 浓度、低 DIP 浓度和 DSi 浓度的特点,DIP 与 DSi 存在明显的季节性限制。海区 DIN 主要来源于河流等陆源输入,DIP 和 DSi 则同时受沉积物中营养盐再释放的影响,其影响程度在春季尤其明显。渤海浮游植物生物量和群落结构空间分布主要受营养盐浓度、水温和水体浊度的影响,浮游植物群落结构的年际变化主要受营养盐浓度与结构变化的影响。

对渤海不同海域调查对比发现,近岸受人类活动和河流输入影响明显的海湾(渤海湾和莱州湾)与受人类活动影响相对较弱的渤海中部环境的季节变化存在差异:两个海湾的 DIN 浓度要明显高于渤海中部,且 DIP 和 DSi 浓度的季节变化明显,浮游植物生长在春、夏季均主要受 DSi 限制,秋季转换为 DIP 限制;而渤海中部在春、夏季主要的限制因子均为 DIP。在时间上,渤海湾 DIN 浓度仍呈现持续增加的变化趋势;莱州湾在小清河氨氮减排的治理下,DIN 浓度已经呈现下降的变化趋势,对应渤海湾浮游植物呈现小型化的趋势,莱州湾则呈现大细胞硅藻增多的趋势,浮游植物群落结构处于逐渐修复的状态。

参 考 文 献

毕乃双, 杨作升, 王厚杰, 等. 2010. 黄河调水调沙期间黄河入海水沙的扩散与通量. 海洋地质与第四纪地质, 30(2): 27-34.

杜培培, 吴晓青, 都晓岩, 等, 2017. 莱州湾海域空间开发利用现状评价. 海洋通报, 36(1): 19-26.

方国洪, 王凯, 郭丰义, 等, 2002. 近 30 年渤海水文和气象状况的长期变化及其相互关系. 海洋与湖沼, 33(5): 515-523.

冯士筰, 张经, 魏皓. 2007. 渤海环境动力学导论. 北京: 科学出版社.

傅明珠, 王宗灵, 孙萍, 等. 2009. 2006 年夏季南黄海浮游植物叶绿素 a 分布特征及其环境调控机制. 生态学报, 29(10): 5366-5375.

郭全. 2005. 渤海夏季营养盐和叶绿素分布特征及富营养化状况分析. 中国海洋大学硕士学位论文.

郝彦菊, 王宗灵, 朱明远, 等, 2005. 莱州湾营养盐与浮游植物多样性调查与评价研究. 海洋科学进展, 23(2): 197-204.

姜会超, 王玉珏, 李佳蕙, 等. 2018. 莱州湾营养盐空间分布特征及年际变化趋势. 海洋通报,

37(4): 411-423.

蒋红, 崔敏, 陈碧鹃, 等. 2005. 渤海近 20 年来营养盐变化趋势研究. 海洋水产研究, 26(6): 61-67.

李广楼, 陈碧娟, 崔毅, 等. 2006. 莱州湾浮游植物的生态特征. 中国水产科学, 13(2): 292-299.

李玲伟. 2010. 沉积物-水界面交换和黄河输入对渤海营养盐的影响. 中国海洋大学硕士学位论文.

刘建强. 2012. 莱州湾海洋工程建设对小清河口环境影响数值研究. 中国海洋大学硕士学位论文.

刘丽雪. 2014. 渤海表层沉积物中硅藻的分布特征及其环境指示意义. 中国科学院大学硕士学位论文.

刘丽雪, 王玉珏, 邸宝平, 等. 2014. 2012 年春季渤海中部及邻近海域叶绿素 a 与环境因子的分布特征. 海洋科学, 38(12): 8-15.

刘西汉, 王玉珏, 石雅君, 等. 2020a. 曹妃甸海域浮游植物群落及其在围填海前后的变化分析. 海洋环境科学, 39(3): 379-386.

刘西汉, 王玉珏, 石雅君, 等. 2020b. 曹妃甸近海营养盐和叶绿素 a 的时空分布及其影响因素研究. 海洋环境科学, 39(1): 89-98.

刘晓彤, 刘光兴. 2012. 2009 年夏季黄河口及其邻近水域网采浮游植物的群落结构. 海洋学报, 34(1): 153-162.

邱斌, 李萍萍, 钟晨宇, 等. 2012. 海河流域农村非点源污染现状及空间特征分析. 中国环境科学, 32(3): 564-570.

曲克明. 2016. 渤海生态环境监测图集. 北京: 科学出版社.

沈志良. 2002. 胶州湾营养盐结构的长期变化及其对生态环境的影响. 海洋与湖沼, 33(3): 322-331.

宋振杰, 毕乃双, 吴晓, 等. 2018. 2010 年黄河调水调沙期间河口泥沙输运过程的数值模拟. 海洋湖沼通报, 1: 34-45.

孙慧慧, 刘西汉, 孙西艳, 等. 2017. 莱州湾浮游植物群落结构与环境因子的时空变化特征研究. 海洋环境科学, 36 (5) : 662-669.

孙军, 刘东艳, 柴心玉, 等. 2003. 1998~1999 年春秋季渤海中部及其邻近海域叶绿素 a 浓度及初级生产力估算. 生态学报, 23(3): 517-526.

孙军, 刘东艳, 杨世民, 等. 2002. 渤海中部和渤海海峡及邻近海域浮游植物群落结构的初步研究. 海洋与湖沼, 33(5): 461-471.

孙培艳. 2007. 渤海富营养化变化特征及生态效应分析. 中国海洋大学博士学位论文.

孙丕喜, 王波, 张朝晖, 等. 2006. 莱州湾海水中营养盐分布与富营养化的关系. 海洋科学进展, 24(3): 329-335.

王红. 2015. 曹妃甸海域浮游动物群落结构和环境的季节变化研究. 河北师范大学硕士学位论文.

王俊, 李洪志. 2002. 渤海近岸叶绿素和初级生产力研究. 海洋水产研究, 23(1): 23-28.

王晓蓉, 华兆哲, 徐菱, 等. 1996. 环境条件变化对太湖沉积物磷释放的影响. 环境化学, 15(1): 15-19.

王勇智, 吴頔, 石洪华, 等. 2015. 近十年来渤海湾围填海工程对渤海湾水交换的影响. 海洋与湖沼, 46(3): 471-480.

杨波, 王保栋, 韦钦胜, 等. 2012. 缺氧环境对沉积物中生源要素生物地球化学循环的影响. 海洋科学, 36(5): 124-129.

尹翠玲, 张秋丰, 阚文静, 等. 2015. 天津近岸海域营养盐变化特征及富营养化概况分析. 天津科技大学学报, 30(1): 56-61.

于志刚, 米铁柱, 谢宝东, 等. 2000. 二十年来渤海生态环境参数的演化和相互关系. 海洋环境科学, 19(1): 15-19.

张洪, 林超, 雷沛, 等. 2015. 海河流域河流富营养化程度总体评估. 环境科学学报, 35(8): 2336-2344.

张华, 李艳芳, 唐诚, 等. 2016. 渤海底层缺氧区的空间特征与形成机制. 科学通报, 14: 1612-1620.

张锦峰, 高学鲁, 庄文, 等. 2014. 莱州湾渔业资源与环境变化趋势分析. 海洋湖沼通报, 3: 82-90.

张莹. 2016. 渤海中部浮游植物与环境因子的空间关系及季节差异分析. 中国科学院大学硕士学位论文.

张莹, 王玉珏, 王跃启, 等. 2016. 2013 年夏季渤海环境因子与叶绿素 a 的空间分布特征及相关性分析. 海洋通报, 35(5): 571-578.

赵玉庭, 刘霞, 李佳蕙, 等. 2016. 2013 年莱州湾海域营养盐的平面分布及季节变化规律. 海洋环境科学, 35(1): 95-99.

郑国侠, 宋金明, 戴纪翠, 等. 2006. 南黄海秋季叶绿素a的分布特征与浮游植物的固碳强度. 海洋学报, 28(3): 109-118.

邹景忠, 董丽萍, 秦保平. 1983. 渤海湾富营养化和赤潮问题的初步探讨. 海洋环境科学, 2(2): 41-54.

Jiang H C, Liu D Y, Song X K. 2018. Response of phytoplankton assemblages to nitrogen reduction in the Laizhou Bay, China. Marine Pollution Bulletin, 136: 524-532.

Jin X S, Shan X J, Li X S, et al. 2013. Long-term changes in the fishery ecosystem structure of Laizhou Bay, China. Science China Earth Science, 56(3): 366-374.

Justić D, Rabalais N N, Turner R E. 1995. Stoichiometric nutrient balance and origin of coastal eutrophication. Marine Pollution Bulletin, 30(1): 41-46.

Liu D Y, Wang Y Q. 2013. Trends of satellite derived chlorophyll-a (1997–2011) in the Bohai and Yellow Seas, China: effects of bathymetry on seasonal and inter-annual patterns. Progress in Oceanography, 116: 154-166.

Liu X H, Liu D Y, Wang Y J, et al. 2019a. Temporal and spatial variations and impact factors of nutrients in Bohai Bay, China. Marine Pollution Bulletin, 140: 549-562.

Ning X R, Lin C L, Su J L, et al. 2010. Long-term environmental changes and the responses of the ecosystems in the Bohai Sea during 1960-1996. Deep Sea Research Part II: Topical Studies in Oceanography, 57(11): 1079-1091.

Shen Z L. 2001. Historical changes in nutrient structure and its influences on phytoplantkon composition in Jiaozhou Bay. Estuarine, Coastal and Shelf Science, 52(2): 211-224.

Song J M. 2010. Biogeochemical Processes of Biogenic Elements in China Marginal Seas. Hangzhou: Zhejiang University Press.

Tang Q S, Jin X S, Wang J, et al. 2003. Decadal-scale variations of ecosystem productivity and control mechanisms in the Bohai Sea. Fisheries Oceanography, 12(4-5): 223-233.

Wang X, Cui Z, Guo Q, et al. 2009. Distribution of nutrients and eutrophication assessment in the Bohai Sea of China. Chinese Journal of Oceanology and Limnology, 27(1): 177-183.

Wang Y J, Liu D Y, Lee K, et al. 2017. Impact of Water-Sediment Regulation Scheme on seasonal and spatial variations of biogeochemical factors in the Yellow River estuary. Estuarine, Coastal and Shelf Science, 198: 92-105.

Wang Y Q, Liu D Y. 2014. Reconstruction of satellite chlorophyll-a data using a modified DINEOF method: a case study in the Bohai and Yellow Seas, China. International Journal of Remote Sensing, 35(1): 204-217.

Wu M L, Wang Y S, Wang Y T, et al. 2017. Scenarios of nutrient alterations and responses of phytoplankton in a changing Daya Bay, South China Sea. Journal of Marine Systems, 165: 1-12.

Zhang J, Yu Z G, Raabe T, et al. 2004. Dynamics of inorganic nutrient species in the Bohai seawaters. Journal of Marine Systems, 44(3-4): 189-212.

Zhu G R, Xie Z L, Xu X G, et al. 2016. The landscape change and theory of orderly reclamation sea based on coastal management in rapid industrialization area in Bohai Bay, China. Ocean & Coastal Management, 133: 128-137.

Zou J, Dong L, Qin B. 1985. Preliminary studies on eutrophication and red tide problems in Bohai Bay. Hydrobiologia, 127(1): 27-30.